Anatomie verstehen

Die Organe des Pferdes

Gillian Higgins

mit Stephanie Martin

KOSMOS

Inhalt

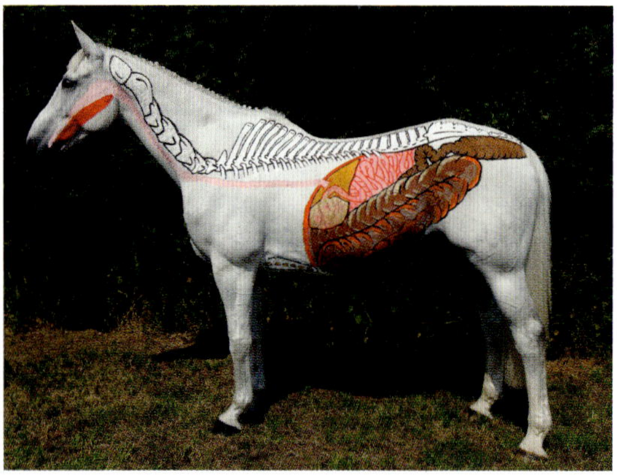

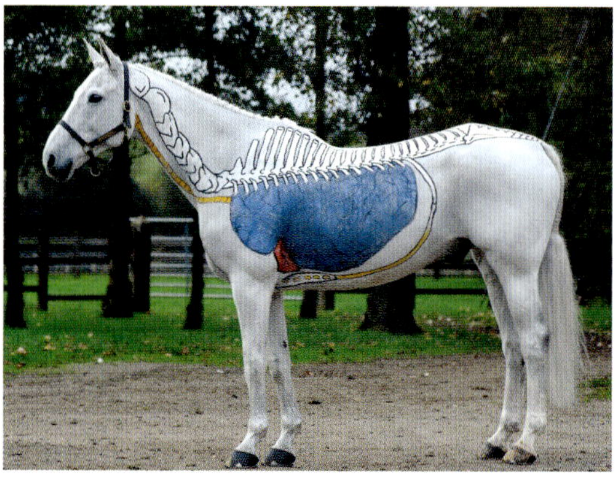

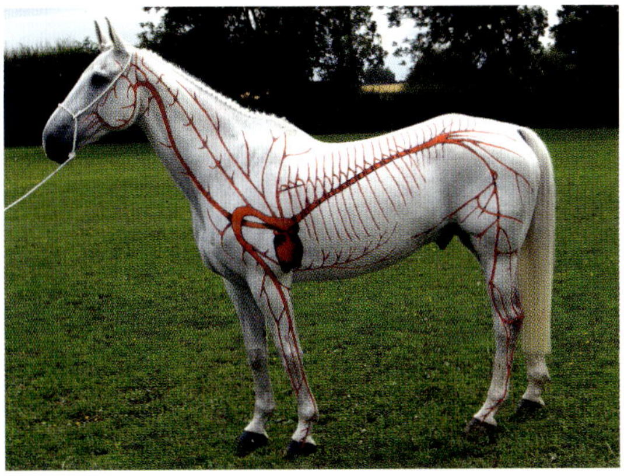

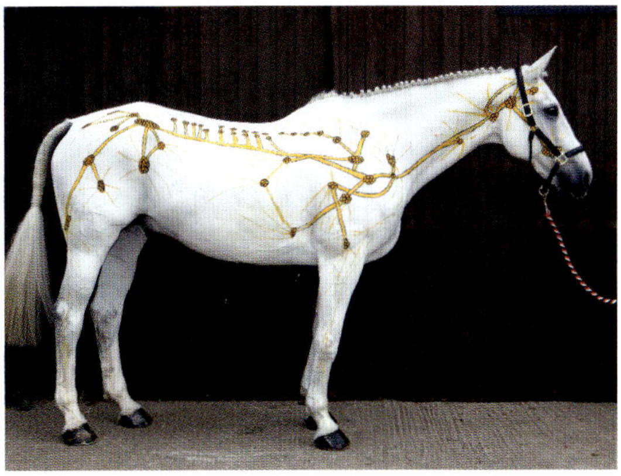

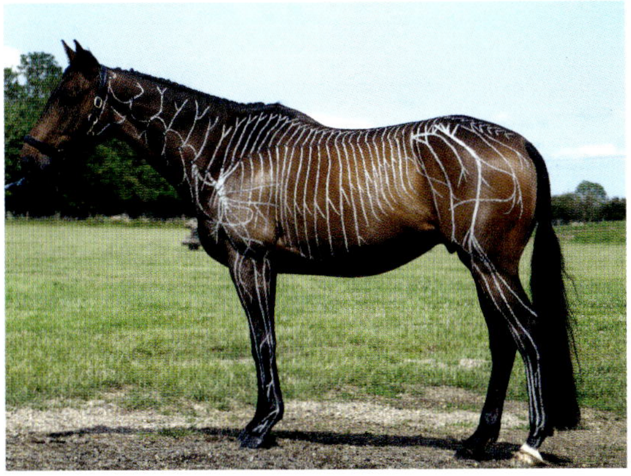

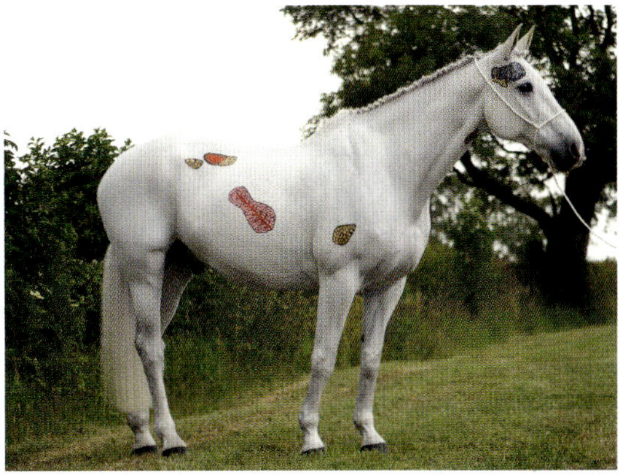

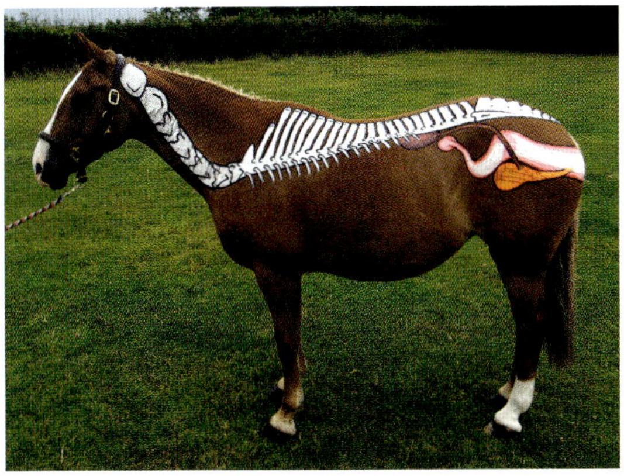

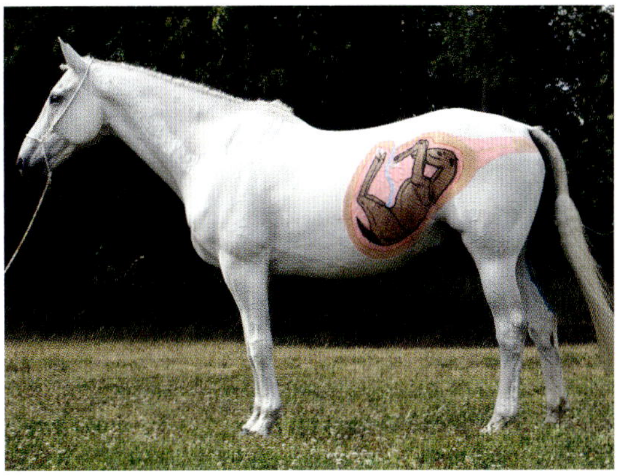

Geleitwort

von Dr. Andrew Hemmings
Neuroanatom und Chefdozent für Tierkunde und Tierproduktion am Royal Agricultural College

Fünfzig Millionen Jahre Evolution formten den Körper unserer Pferde so, dass er perfekt an die Anforderungen ihrer ökologischen Nische angepasst ist. Unsere domestizierten Pferde sind hervorragend für ein Leben als Pflanzenfresser in einer Herde ausgestattet. Sie können sich von kargem Futter ernähren und sind sportlich genug, Raubtieren zu entkommen. Um sich diese Eigenschaften für Wettkämpfe oder in der Freizeit zunutze zu machen, sollten Pferdehalter ein Bewusstsein für die verschiedenen Organsysteme ihres Pferdes entwickeln und dafür, wie sie zusammenarbeiten, um das Pferd gesund zu erhalten. Die bisherigen Bücher von Gillian Higgins haben sich vor allem mit der Anatomie des Bewegungsapparats beschäftigt. Dieses Buch erweitert ihren Ansatz: Die zwölf Organsysteme des Pferdes und ihre Wechselwirkungen werden so erläutert, dass sie immer das praktische Management und das Wohlergehen des Pferdes berücksichtigen. Das neue Buch ist also eine logische Fortsetzung des „Horses Inside Out"-Konzepts. Darüber hinaus zeigen uns Gillians wunderbare Bilder wieder einmal die Schönheit des Pferdes. Eine solche Kombination aus Ästhetik und Fachwissen in einem einzigen Werk ist selten.

Den Pferdekörper verstehen

Das Pferd ist ein hoch entwickelter Organismus, aufgebaut aus Atomen, Molekülen, Zellen, Geweben, Organen und Organsystemen. Damit es sein volles Potenzial entwickeln und ein glückliches, gesundes Leben führen kann, müssen wir Halter, Reiter, Trainer und Therapeuten es einfühlsam reiten, seine Emotionen und sein Verhalten vorhersehen, seine Bedürfnisse erfüllen und ihm die besten Voraussetzungen für den Erfolg geben.

Um das zu schaffen müssen wir die ihm durch Anatomie und Funktion vorgegebenen Möglichkeiten und Grenzen verstehen. Der Pferdekörper ist ein großartiger Apparat. Jedes Organsystem hat seine eigenen Aufgaben, ist aber auch von den anderen abhängig. Diese Fortsetzung von „Anatomie verstehen – besser reiten“ ergründet noch umfassender, wie das Pferd funktioniert, und gibt praktische Hinweise für das Training. Wie „Anatomie verstehen – besser reiten“ kann man es am Stück lesen oder einzelne Aspekte bei Bedarf nachschlagen. Obwohl Vorschläge gemacht werden, wie man die Leistung verbessern kann, ist es nicht als Trainingslehre oder Anatomielehrbuch gedacht. Es soll zum weiteren Lernen anregen, dazu, sein Pferd in einem neuen Licht zu betrachten, es gesund zu erhalten und es aufmerksam und rücksichtsvoll zu reiten.

Die Haut bildet zusammen mit Fell, Hufen und verschiedenen Drüsen die Körperdecke. Sie ist für den Schutz und die Temperaturregulation zuständig – hat also zentrale Bedeutung für die Gesundheit und das Überleben.

Haut und Hautorgane

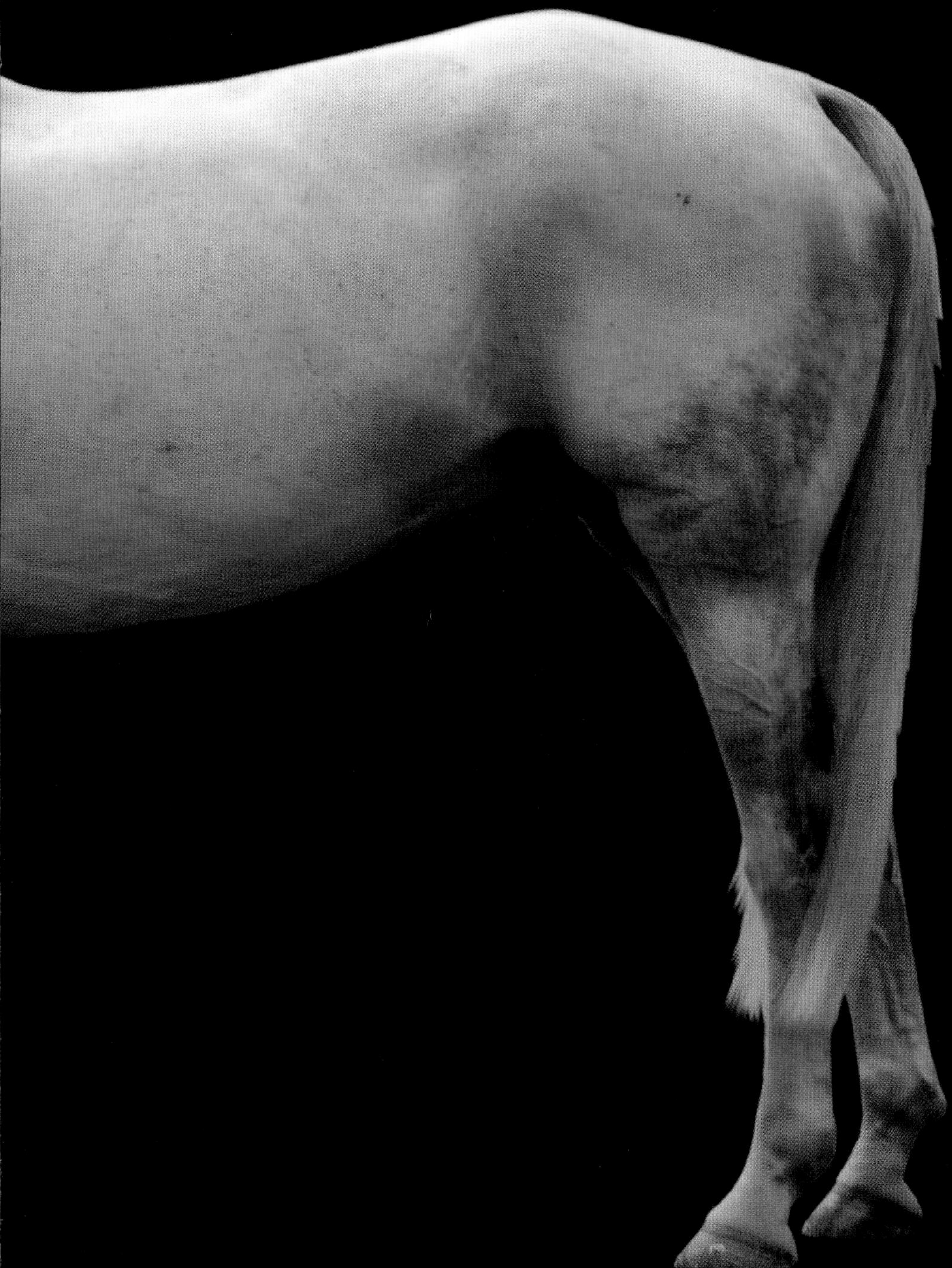

Haut

Die Haut ist ein komplexes System aus Nerven, Geweben und Zellen, das dafür bestimmt ist, den Stoffwechsel des Pferdes mit seiner inneren und äußeren Umgebung in Einklang zu bringen. Aufgebaut ist die Haut aus Oberhaut und Lederhaut. Sie ist das größte und schwerste Organ des Pferdekörpers. Ihr Zustand hat **entscheidende Bedeutung für die Gesundheit und das Überleben**.

Die Oberhaut (Epidermis) besteht aus mehreren Schichten strapazierfähiger Zellen unterschiedlicher Dicke, die sich wie Dachziegel überlappen. Je weiter die Zellen von der untersten, immer neue Zellen produzierenden Schicht nach oben geschoben werden, desto stärker verhornen sie, indem sie Keratin einlagern und schließlich sterben. Talg- und Schweißdrüsen durchziehen die nicht durchblutete Epidermis und bilden die Poren der Hautoberfläche. Mithilfe des Sonnenlichts wird in der Oberhaut Vitamin D aktiviert, das für die Aufnahme von Kalzium, also für starke Knochen und Zähne, wichtig ist. Das tief in der Epidermis zu findende Farbpigment Melanin bestimmt die Hautfarbe und schützt vor UV-Strahlen.

Die **Lederhaut** (Dermis) ist die unter der Epidermis gelegene dicke, lebende Schicht, die viele Blut- und Lymphgefäße, Nervenenden, Haarwurzeln und Schweißdrüsen enthält. Sie ist mit der Unterhaut durch ein dichtes Netz an Kollagenfasern verbunden, die der Haut ihre Elastizität, Geschmeidigkeit und ihr gesundes Aussehen geben. Die Nervenenden in der Dermis dienen im Zusammenspiel mit den Haarbälgen als Sensoren für Berührungen, Druck, Schmerz, Vibration, Kribbeln, Wärme und Kälte. Der Schmerz, der durch mechanische Reize oder extreme Temperaturen entsteht, dient als Warnung vor drohenden oder tatsächlichen Gewebeschäden.

In der Dermis gibt es zwei Arten von Drüsen:

- Die an die Haarfollikel angeschlossenen **Talgdrüsen** produzieren eine Mischung aus Fett, Cholesterin, Eiweiß, Salzen und Pheromonen. Dieser Talg überzieht die Haare, damit sie nicht trocken und brüchig werden. Er hält die Haut geschmeidig, verhindert ihr Austrocknen und das Wachstum bestimmter Bakterien.
- Die **Schweißdrüsen,** deren Sekret über Millionen kleine Poren an die Hautoberfläche fließt.

Die **Unterhaut** (Hypodermis) besteht aus lockerem Bindegewebe und erlaubt der Haut, sich frei zu bewegen. Das hier eingelagerte Fett dient als Isolationsschicht, Energiedepot und Polster zwischen der Lederhaut und dem Hautmuskel, der wiederum an den darunterliegenden Geweben und Organen ansetzt. Die Hypodermis enthält auch große, die Haut versorgende Blutgefäße und Nervenenden, die als Drucksensoren dienen.

Hautbewegungen

Der Hautmuskel (Panniculus carnosus) ist eine dünne Muskelschicht in der Unterhaut am Rumpf des Pferdes. Er ist für Hautbewegungen wie Zucken und Runzeln verantwortlich. Wenn die Nervenenden in der Haut bzw. an den Haarbälgen beispielsweise das Kitzeln einer Fliege registrieren, zieht der Hautmuskel sich reflexartig zusammen und die Haut zuckt. Denken Sie daran, wenn Ihr Pferd das nächste Mal nicht auf Ihren Schenkel reagiert!

Der Hautmuskel reicht nur bis hinunter zum Knie bzw. zum Karpalgelenk und fehlt im Genick. Wenn eine Fliege am Bein landet, wird das Pferd mit dem Huf aufstampfen; wenn sie im Genick landet, wird es den Kopf schütteln. Dies gilt auch als Einflussfaktor bei der Entstehung des Headshaking-Syndroms.

Querschnitt der Haut

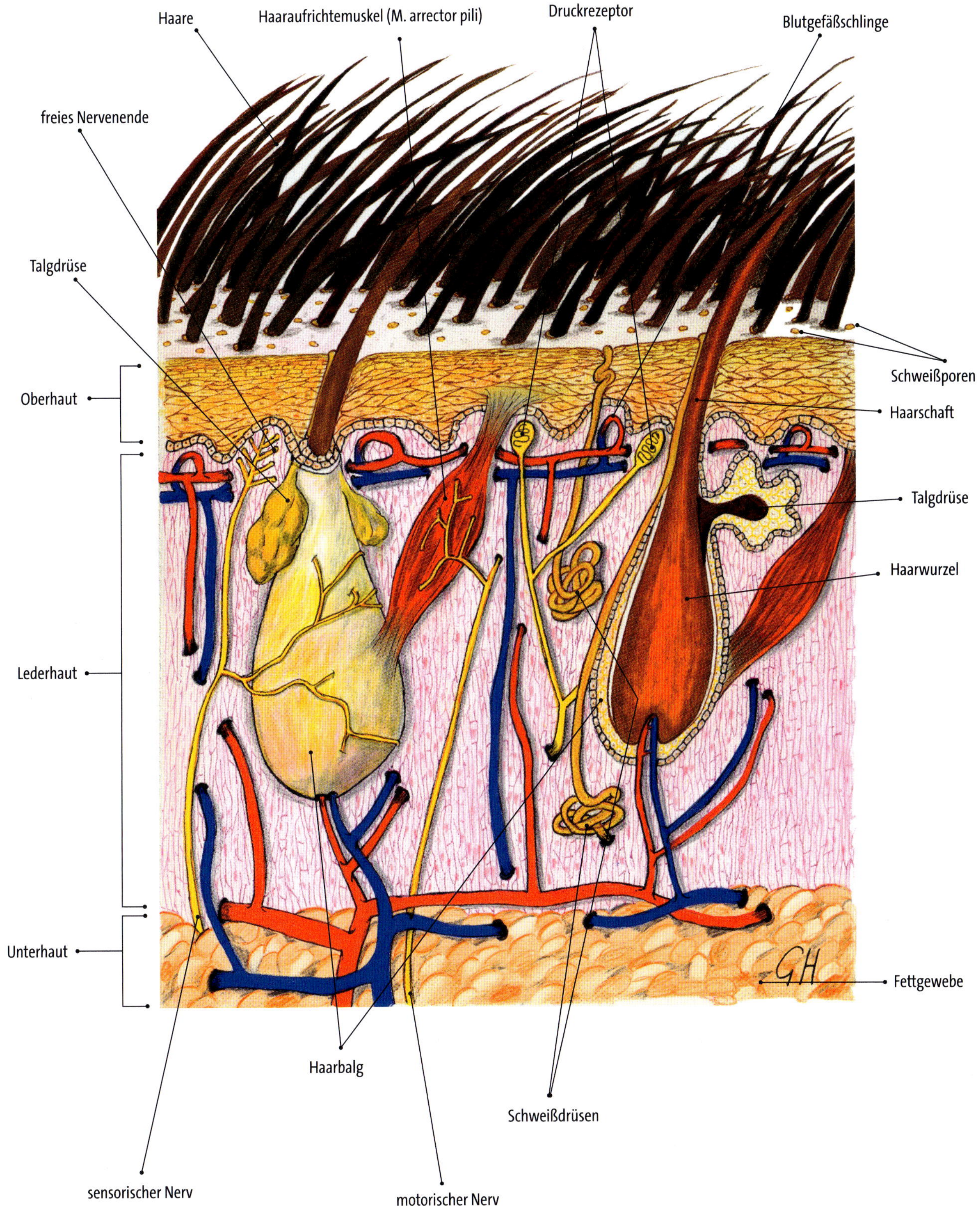

Fell

Die Haare entspringen in der Lederhaut und ziehen schräg durch die Haut hindurch. Jedes Haar besteht aus toten Zellen, die durch Proteine zusammengehalten werden. Es hat eine Wurzel, die vom Haarbalg umgeben ist, und einen Haarschaft. Talgdrüsen geben ihr öliges Sekret in den Haarbalg ab, nähren das Haar und sorgen für einen gesunden Fellglanz, der besonders bei dunklen Pferden auffällt. Diese Öle dienen auch der Isolierung und fetten das Fell, um es Wasser abweisender zu machen.

Es gibt drei verschiedene Haararten beim Pferd:

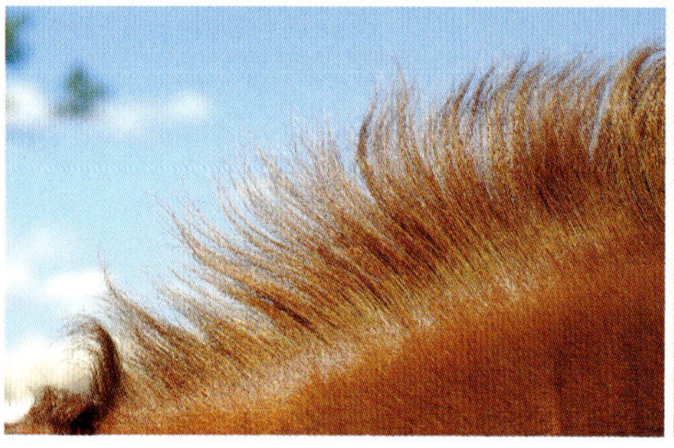

Bleibendes Haar wie Mähne, Schweif und Wimpern

Tasthaar dient dazu, die Entfernung zwischen Maul und einem anderen Objekt abzuschätzen. Es ist besonders nützlich, wenn das Pferd ein Objekt finden muss.

Temporäres Haar, zu dem das feine, dichte Unterhaar und die längeren, gröberen Leithaare gehören. Diese Haare durchlaufen einen Lebenszyklus mit drei Phasen: Wachstumsphase, Übergangsphase und Ruhephase. Letztere endet mit dem durch Hormonschwankungen, Tageslichtlänge und Temperatur ausgelösten halbjährlichen Fellwechsel. Während der Wachstumsphase bildet der Haarfollikel kontinuierlich neue Zellen. Hat das Haar seine endgültige Länge erreicht, endet das Wachstum. Im nächsten Wachstumszyklus wird die alte Haarwurzel aus dem Haarbalg nach oben gedrückt, um Platz für das neue Haar zu machen.

Aufgaben der Haut

Schutz

Die Haut dient als wichtigste physikalische, chemische und biologische Barriere gegen Wetter, Verletzungen, Austrocknung und Infektionen. Sie spielt eine Rolle bei der Regulation des Flüssigkeitshaushalts sowie des Blutdrucks und gibt dem Pferdekörper geschmeidigen Halt. Die Dicke der Haut variiert je nach Körperregion, Rasse, Alter und Geschlecht. Dadurch sind einige Regionen empfindlicher als andere. So ist etwa der Rücken von dickerer, robusterer Haut überzogen als die weniger exponierten Innenseiten der Beine. Im Bereich der Gelenke sorgen besonders viele Talgdrüsen für die nötige Geschmeidigkeit. Gesunde Haut ist Wasser abweisend und quillt dadurch nicht auf oder trocknet aus. Ihr natürlicher, saurer pH-Wert hemmt das Wachstum bestimmter Mikroorganismen und kann manche Bakterien, Pilze und Viren abtöten. Er ist auch wichtig für die Ausscheidung einiger Abfallstoffe.

Das Farbpigment Melanin schützt vor Sonnenstrahlen. Pferde mit weißer Nase oder Schnippe neigen zu Sonnenbrand.

Kommunikation

Das Fell schützt vor Schürfwunden, Fremdkörpern, Bakterien und Sonnenstrahlen. Tastrezeptoren in den Haarbälgen werden aktiviert, sobald ein Haar auch nur leicht bewegt wird. Pferde sind also sehr berührungsempfindlich.

Talgdrüsen geben Öle in den Haarfollikel ab und nähren so das Haar. Diese Sekrete bilden eine Wasser abweisende Fettschicht im Fell, die isoliert und für Glanz sorgt.

Die Haut sondert auch Stoffe ab, die das Verhalten beeinflussen und anziehend auf das andere Geschlecht wirken.

Thermoregulation

Mit Thermoregulation ist die Fähigkeit gemeint, die Körpertemperatur relativ konstant zu halten. Beim Pferd liegt sie um 38 °C. Nervenenden und Rezeptoren in Haut, Skelettmuskeln, Bauchraum und Rückenmark melden die jeweilige Temperatur dem Thermoregulationszentrum im Gehirn, dem Hypothalamus (S. 112).

Steigt die Körpertemperatur aufgrund hoher Umgebungstemperaturen oder Bewegung an, hat das Pferd vier Möglichkeiten gegenzusteuern:

- **Verdunstung**: Dies ist der effektivste Weg, Wärme abzugeben. Der auf die Haut abgegebene Schweiß kühlt das Pferd, wenn er verdunstet. Steigt die Körpertemperatur, wird die Haut besser durchblutet. So gehen etwa 60 % der Wärme, die das Blut transportiert, in den Schweiß über und werden abgegeben, wenn die Flüssigkeit an der Hautoberfläche verdunstet, sodass die Körpertemperatur sinkt. Der Kühleffekt des Schwitzens ist deutlich geringer bei hoher Luftfeuchtigkeit, die die Verdunstung des Schweißes behindert. Unter solchen Bedingungen muss das Pferd schnell und ausgiebig mit kaltem Wasser abgespritzt werden.

- **Wärmeströmung** (Konvektion): Die Luft erwärmt sich, wenn sie über den Pferdekörper streicht, steigt auf und wird durch frische, kühlere Luft ersetzt – besonders wenn eine Brise weht.

- **Wärmestrahlung** (Radiation): Die Blutgefäße in der Haut erweitern sich (siehe rechts), sodass mehr Blut in die Haut gelangt. Ein Teil der Körperwärme strahlt so direkt in die Umgebung ab.

- **Wärmeleitung** (Konduktion): Damit ist der Transfer der Körperwärme in kühles Wasser oder, wenn das Pferd liegt, den Boden gemeint. Je kühler das Wasser ist, desto effektiver senkt die Wärmeleitung die Körpertemperatur.

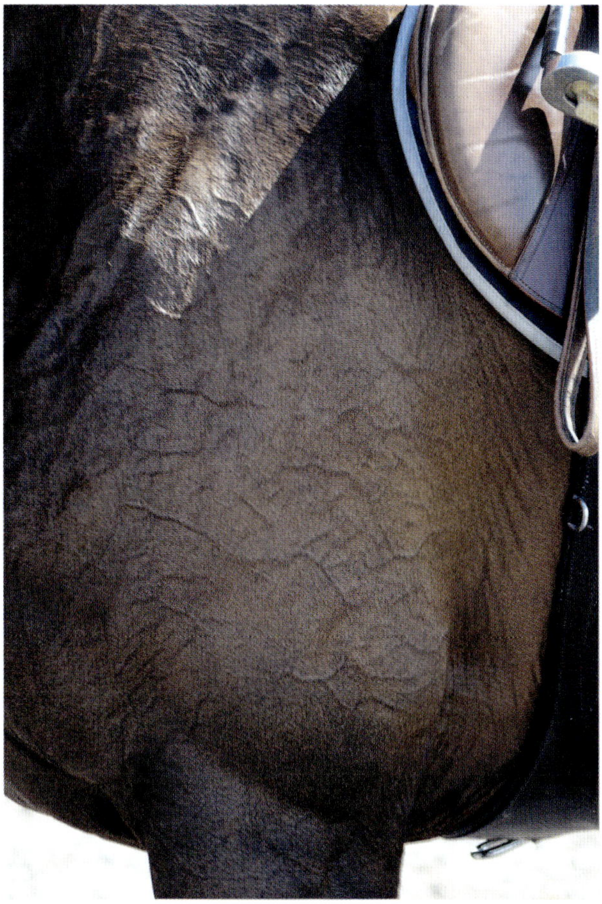

Erweiterte Blutgefäße (Vasodilatation)

Umgekehrt hält sich das Pferd warm durch:
Isolation: Das Pferd bedient sich seines Unterhautfettgewebes.
Gefäßverengung (Vasokonstriktion): Die Blutgefäße in der Haut verengen sich, um Wärmeverluste über die Haut zu reduzieren.
Zittern: Schnelle Kontraktionen der Muskeln unter der Haut produzieren Wärme.

Auch das Fell spielt eine entscheidende Rolle bei der Thermoregulation. Im Winter passt sich das Pferd mit einem längeren, dickeren Fell an die Kälte an. In kühler Umgebung stellen die Haaraufrichtemuskeln das Fell auf, sodass eine isolierende Luftschicht darin gefangen bleibt.

Bedeutung der Elektrolyte

Pferde und Menschen sind die einzigen Tiere, die am ganzen Körper schwitzen. Pferde schwitzen 3- bis 4-mal so stark wie Menschen. Die Elektrolyte in der Körperflüssigkeit regeln die Wasserverteilung im Organismus sowie den Fluss in Zellen hinein und wieder heraus. Gehen zu viele Elektrolyte mit dem Schweiß verloren, kann dies zu Austrocknung, Überhitzung, Erschöpfung, Muskelproblemen und weniger Darmbewegungen führen. Die wichtigsten Elektrolyte sind Natrium, Chlorid, Phosphor, Kalzium und Magnesium. Es ist wichtig, diese nach dem Training wieder zuzuführen.

Huf

Hufkapsel

Am Huf bilden die Hautzellen keratingefüllte Hornsäulen. Der äußere Huf (Hufkapsel) ist quasi die verhornte Verlängerung der Epidermis. Im Zehenbereich ist er dicker als am Ballen. Es dauert etwa zwölf Monate, bis die Hornzellen vom Kronsaum zur Zehenspitze hinuntergewandert sind. Die Hufkapsel besteht zu etwa 25 % aus Wasser, das sowohl aus der Körperflüssigkeit wie auch aus der Umgebung stammt. Die Hufwand ist von einer dünnen Epidermisschicht bedeckt, die den Feuchtigkeitsgehalt im Huf reguliert. Das Hufhorn enthält weder Blutgefäße noch Nerven, weshalb Hufeisen problemlos angenagelt werden können.

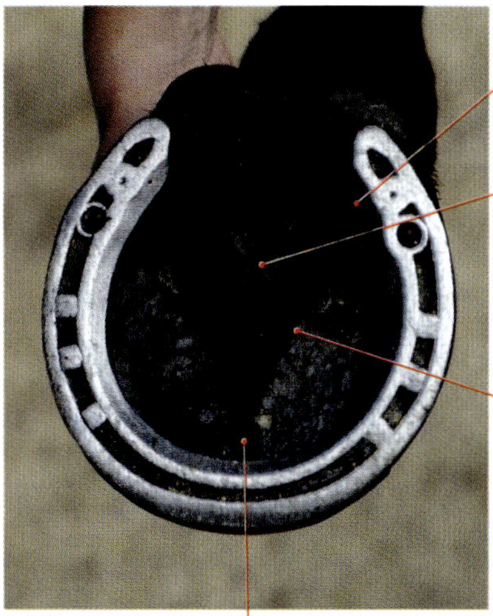

Die Eckstreben entstehen, wo der Ballen sich nach innen stülpt.

Der unempfindliche Strahl ist ein Keil weichen, elastischen Horns mit 45 % Feuchtigkeit und einer zentralen Furche.

Die Strahlfurchen auf jeder Seite des Strahls.

Die Sohle ist eine harte, etwa 2 cm dicke Hornplatte mit 30 % Feuchtigkeit, die sich natürlicherweise abschilfert.

Die Hauptaufgaben des Hufs sind:

- die innen liegenden Strukturen zu schützen.
- Gewicht aufzunehmen.
- Stöße abzufangen.
- für die Blutzirkulation zu sorgen. Blut fließt im Bein hinunter zum Strahlpolster. Das Gewicht des Pferdes drückt das Strahlpolster zusammen und presst das Blut aus dem Strahlpolster heraus, sodass es im Fuß zirkuliert.

Hufinneres

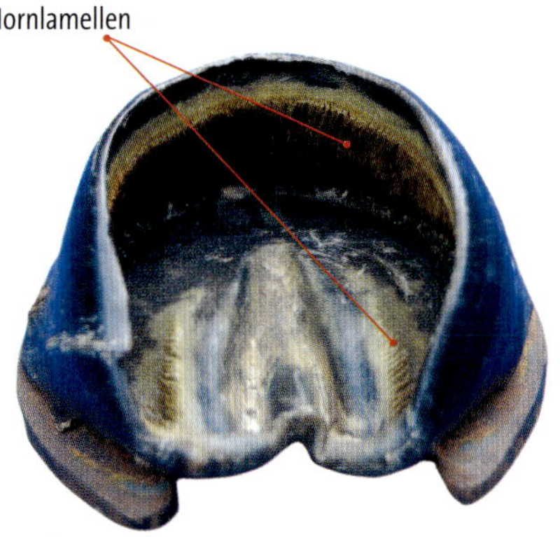

600 gefühllose Hornlammellen der Hornwand sind mit 250 sensiblen Lederhautlamellen verzahnt, die vom Hufbein nach außen wachsen und die Hufkapsel festhalten. Die Lamellen bilden eine große Oberfläche, die dabei hilft, das Blut zu allen Hufstrukturen zu transportieren und das Gewicht zu verteilen. Die auf der Sohle sichtbare Weiße Linie zeigt den Übergang zwischen sensiblen und unsensiblen Lamellen. Hufrehe (Laminitis), eine Entzündung der Hufledehaut, kann zu einer sehr schmerzhaften Trennung beider Lamellenarten führen.

Hufbeschaffenheit

Ausschlaggebend für einen guten Zustand der Hufe sind ein guter Gesundheitszustand und eine ausgewogene Ernährung. Hufbeschaffenheit, Wachstum und Heilung sind abhängig von Nährstoffen aus dem Blut und vom Feuchtigkeitsgehalt des Horns. Huföle und Pflegemittel haben nur einen kosmetischen Effekt. Hat das Pferd einen Riss in der Hufwand oder eine Hufverletzung, kann diese nur durch das Hornwachstum vom Kronsaum abwärts mit einer Geschwindigkeit von etwa 1 cm pro Monat repariert werden. Veränderungen der Fütterung oder Krankheiten können die Hufgesundheit beeinflussen und als Ring in der Hufwand zu sehen sein. Gesundes Hufhorn sollte derb und hart sein, aber nicht spröde. Ein rissiger, leicht schuppender Huf kann ein Anzeichen für Gesundheitsprobleme oder einen fütterungsbedingten Vitamin- und Mineralstoffmangel sein. Ein gutes Ergänzungsfutter zur Förderung der Hufheilung enthält z. B. Biotin, Schwefel, Methionin, Tryptophancholin, Magnesium und Zink. Bei einer ausgewogenen Fütterung sollte eine solche zusätzliche Ergänzung allerdings nicht nötig sein.

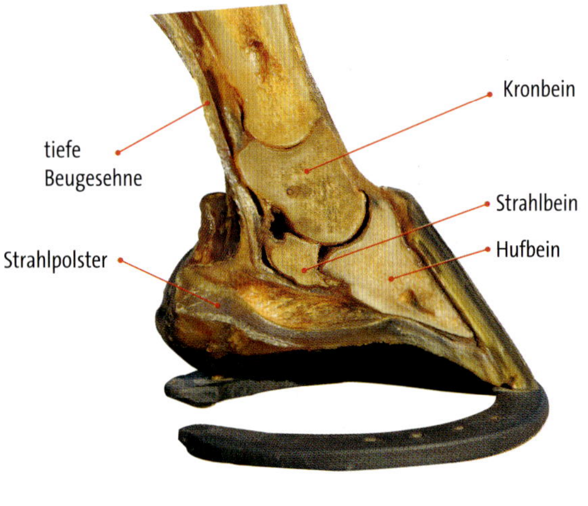

Zwei Knochen werden komplett von der Hufkapsel umschlossen: das halbmondförmige, leichte Hufbein, das von vielen kleinen Kanälchen mit Blutgefäßen und Nerven durchzogen wird, und das Strahlbein, welches das Hufgelenk stützt, wenn das Pferd den Huf aufsetzt. Zusammen mit dem unteren Ende des Kronbeins bilden diese Knochen das Hufgelenk, das hauptsächlich als Stoßdämpfer dient und bei der Blutzirkulation hilft. Mehrere Sehnen und Bänder ziehen am Bein hinunter und setzen an den Fußknochen an. Unter dem Hufgelenk liegt das Strahlpolster aus Bindegewebsfasern und Blutgefäßen.

Die Haut als Spiegel der Gesundheit

An der Haut zeigt sich, wie es um den Ernährungszustand, den Flüssigkeitshaushalt, die inneren Organe und die Abwehrkräfte des Pferdes steht. Sie sollte sich elastisch, glatt, weich und ein wenig warm anfühlen. Straffe Haut ist ein Zeichen für Austrocknung oder Mangelernährung. Um zu testen, ob das Pferd ausgetrocknet ist, zieht man eine Hautfalte auf und prüft, ob sie sofort wieder verstreicht.

Im Freien lebende Pferde haben einen natürlichen Fettfilm im Fell, der vor Nässe und Kälte schützen hilft. Dieser Fettfilm darf nicht durch Putzen oder Waschen entfernt werden.

Scheinbar grundloses Schwitzen und eingetrocknete Schweißränder können ein Anzeichen für Kolikschmerzen oder Fieber sein.

Offensichtliche Anzeichen für Hautprobleme sind Hitze, Schmerzen, Schwellungen, Schrammen, Bläschen, Ausschlag, Geschwüre, Abszesse oder Krusten. Sie können eine Reihe von Ursachen haben, etwa:

- Verletzungen durch schlecht sitzendes Zaum- oder Sattelzeug und Decken
- Bakterien, z. B. bei Mauke
- Hautpilze
- Viren, z. B. bei Warzen
- Parasiten, z. B. Läuse
- reizende Chemikalien
- Allergien

Ein stumpfes, schuppiges, glanzloses Fell mit ungenügender Talgproduktion kann ein Zeichen für einen schlechten Gesundheitszustand, Mangelernährung, Wurmbefall oder schweren emotionalen Stress sein.

Praktische Anwendung

- Putzen Sie Ihr Pferd regelmäßig, damit tote Zellen und Schuppen entfernt werden und die Haut ihre Funktion erfüllen kann. Dies ist gerade bei eingedeckten, aufgestallten Pferden wichtig. Besondere Sorgfalt sollten Sie Fesseln und Schweifrübe widmen.
- Füttern Sie ausgewogen. Fettsäuren, besonders Omega-3- und Omega-6-Fettsäuren, z. B. aus saftigem Gras, Leinsamen oder Sonnenblumenöl, sind wichtige Nährstoffe für Haut und Fell. Eine zu fettarme Diät kann gesundheitsschädlich sein (S. 66, Verdauungsorgane).
- Setzen Sie die Pferdehaut dem Sonnenlicht aus, um die Vitamin-D-Bildung zu ermöglichen, die für ein gesundes Wachstum von Zähnen und Knochen wichtig ist. Aufgestallte Pferde benötigen eventuell eine Nahrungsergänzung mit Vitamin D.
- Shampoos entfernen den natürlichen isolierenden Fettfilm des Fells. Dadurch wird die Haut anfälliger für Infektionen, Nässe, Abschürfungen und Wunden. Wenn Ihr Pferd im Freien lebt, sollten Sie es nicht mit Shampoo waschen.
- Benutzen Sie nur enzymfreie Waschmittel für Decken und Satteldecken.
- Um Austrocknung zu vermeiden und Elektrolytverluste auszugleichen, sollten Sie Ihrem Pferd nach einem anstrengenden Training Elektrolyte geben.
- Schweiß reinigt und entgiftet effektiv die Haut. Deshalb fühlt sich das Fell weich und seidig an, wenn der Schweiß nach dem Training entfernt wurde.

Das Skelettsystem

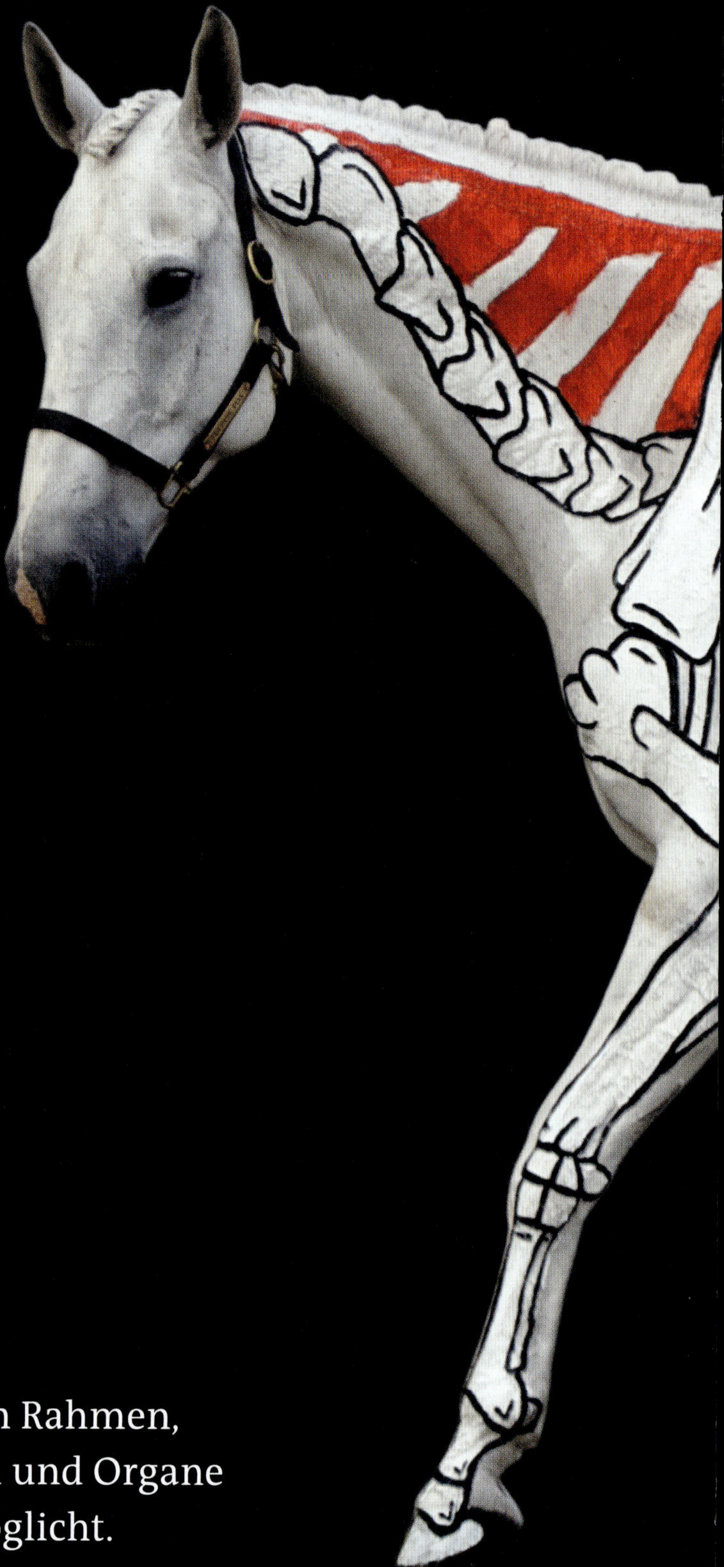

Das Skelett bildet einen starken Rahmen, der den Körper stützt, Muskeln und Organe schützt und Bewegungen ermöglicht.

Knochen

Knochen bestehen hauptsächlich aus Kalzium, Phosphor und weiteren Mineralstoffen sowie dem Eiweiß Kollagen. Sie enthalten drei verschiedene Zellarten: **Osteoklasten** bauen alte oder beschädigte Knochensubstanz ab, **Osteozyten** sorgen für den Austausch von Nährstoffen mit dem Blut und **Osteoblasten** bilden neue Knochensubstanz.

Knochen sind lebendes Gewebe, das sensibel auf Veränderungen der Durchblutung und Ernährung sowie der körperlichen Belastung reagiert. Da Knochensubstanz ständig ab- und aufgebaut wird, kann sie bei Bedarf verstärkt werden.

Knochen haben eine kompakte, elfenbeinfarbene äußere Schicht, die Kortikalis, die 80 % der Skelettmasse ausmacht. Durch kleine Kanälchen laufen Blutgefäße aus der darüberliegenden Knochenhaut durch die Kortikalis bis in die Spongiosa genannte, schwammartige innere Knochensubstanz; in deren Hohlräumen liegt das Knochenmark. Rotes Knochenmark bildet rote und weiße Blutzellen, während das gelbe Knochenmark im Schaft langer Röhrenknochen vor allem aus Fett besteht. Es gibt:

- **Röhrenknochen** wie Speiche, Oberarmknochen und Röhrbein. Sie dienen als Hebel für ausgreifende Bewegungen.
- **Kurze Knochen** wie Vorder- und Hinterfußwurzelknochen, die als kompakte Stoßdämpfer in den Gelenken dienen.
- **Platte Knochen** wie Schädel und Schulterblatt, die Schutz für darunterliegende Organe und Ansatzfläche für Muskeln bieten.
- **Unregelmäßige Knochen** wie die Wirbelknochen, an deren Fortsätzen Muskeln und Bänder ansetzen.
- **Sesambeine** wie die Knöchelchen am Fesselgelenk, die als Verstärkung von Sehnen und Bändern dienen.

Knochen sind durch Gelenke miteinander verbunden. Meist sind diese mit Knorpel ausgekleidet und enthalten Gelenkschmiere, um die Reibung zu verringern. Die großen Gelenke sind Scharniergelenke oder Kugelgelenke. Sie werden durch Sehnen bewegt, die Muskeln mit Knochen verbinden, und durch Bänder stabilisiert, die Knochen mit Knochen verbinden (S. 58).

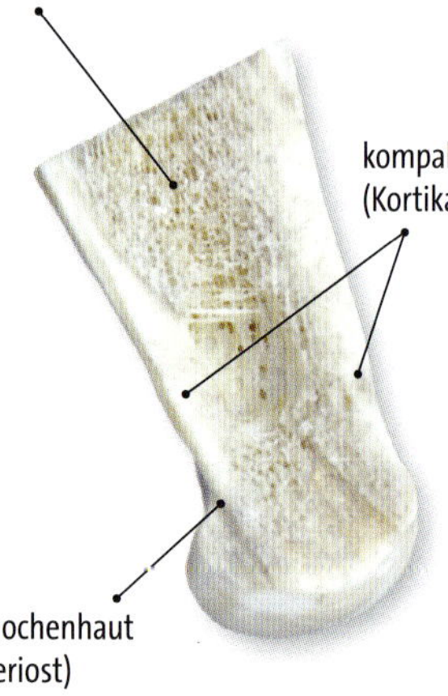

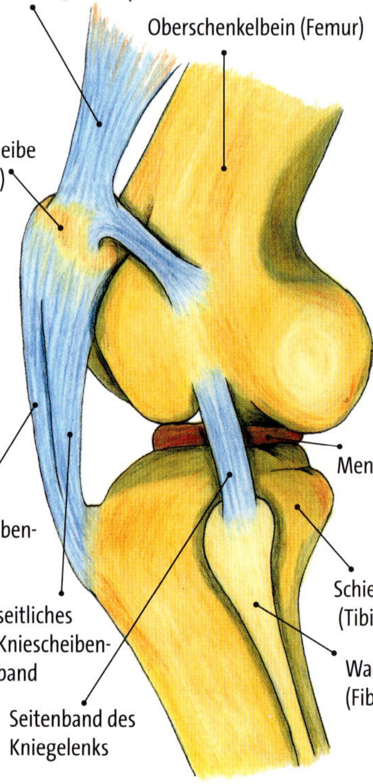

Die Kniescheibe ist ein Sesambein des Knies, des größten und anfälligsten Gelenks des Pferdes. Sie wird von drei Bändern gehalten und kann am Oberschenkelknochen „eingehakt" werden, was dem Pferd erlaubt, im Stehen zu schlafen (S. 26).

Das Skelett

Das Skelett besteht aus etwa 205 Knochen. Die Zahl variiert, da manche Knochen mit zunehmendem Alter des Pferdes zusammenwachsen. Das Skelett wird eingeteilt in das Achsenskelett aus Schädel, Wirbeln und Rippen und das Gliedmaßenskelett, bestehend aus Vorder- und Hinterbeinen.

Die Hauptaufgaben des Skeletts sind:

- einen stabilen Rahmen zu bilden
- innere Organe zu schützen
- als Aufhängung für Muskeln und Sehnen zu dienen
- Exterieur und Haltung festzulegen sowie bei Bewegung mitzuwirken
- Blutzellen zu produzieren und zu speichern
- Mineralstoffe und Fett zu speichern, was für trächtige Stuten wichtig ist

Achsenskelett: Der Schädel

Die 34 flachen und unregelmäßigen Knochen des Schädels sind durch Bindegewebsnähte miteinander verbunden, die mit zunehmendem Alter verknöchern. Sie bilden vier Höhlen: die Schädelhöhle als Schutz des Gehirns, die Augenhöhle rund um das Auge sowie Nasen- und Maulhöhle, die als Eingänge zu Atmungs- und Verdauungstrakt dienen.

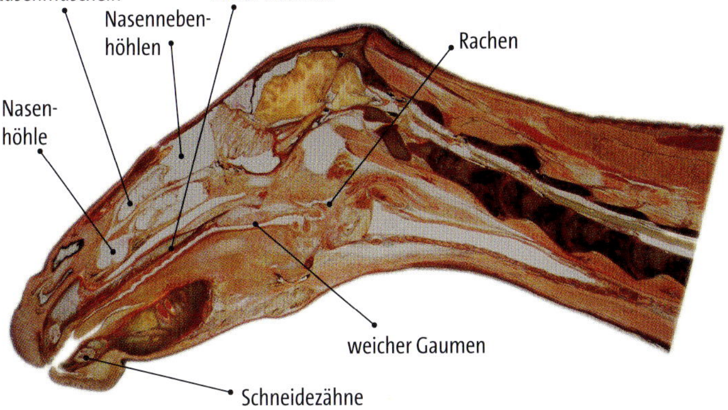

Zwischen Nasen- und Maulhöhle liegt der harte Gaumen. Der weiche Gaumen trennt Maulhöhle und Rachen. Die von der Nasenhöhle abgehenden Nebenhöhlen sind große luftgefüllte Hohlräume, die helfen, das Gewicht des Schädels zu reduzieren.

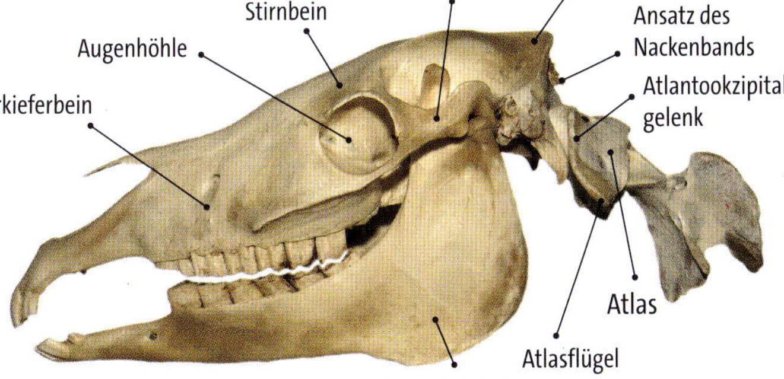

Der Schädel ist mit dem ersten Halswirbel (Atlas) über das Atlantookzipitalgelenk verbunden. Die Atlasflügel, die eine wichtige Muskelansatzfläche bilden, sind direkt unterhalb des Genicks fühlbar. Das Hinterhauptsbein ist der höchste Punkt des Schädels und kann verletzt werden, wenn das Pferd angebunden ist und nach hinten zieht, wenn es steigt oder sich in engen Räumen den Kopf anschlägt. Ein guter Grund für einen Nackenschutz beim Transport!

Zähne

Die Zähne sitzen in der **Maxilla** (Oberkiefer) und der **Mandibula** (Unterkiefer). Das unterhalb der Ohrmuschel gelegene **Kiefergelenk** (Temporomandibulargelenk, TMG) verbindet Mandibula und Schläfenbein. Es erlaubt nicht nur ein Öffnen und Schließen des Mauls, sondern auch mahlende seitliche Kaubewegungen. Da es nah am Schwerpunkt liegt, spielt es eine zentrale Rolle im Bewegungsapparat. Schäden, Verschleiß oder Verspannungen im TMG stören Balance und Bewegungen.

Pferdezähne wachsen ein Leben lang, um die Abnutzung durch das ständige Zermahlen von Pflanzenfasern auszugleichen. Tatsächlich kauen Wildpferde bis zu 18 Stunden täglich. Ist der Kopf beim Kauen in Bodennähe, schließen die Kiefer korrekt und die Zähne nutzen sich gleichmäßig ab. Pferde verbringen heute jedoch weniger Zeit mit Kauen und mehr mit erhobenem Kopf (S. 69). Das verändert die Zahnabnutzung und kann zu Zahnhaken und -spitzen führen, die die Maulschleimhaut verletzen. Dies wiederum kann die Konzentration, die Kopfhaltung und die Beweglichkeit des Kiefergelenks beeinträchtigen. Schmerzen im Maul oder im TMG können die Leistungsfähigkeit verringern und gelten als eine mögliche Ursache des Headshaking-Syndroms.

Praktische Anwendung

- Lassen Sie Ihr Pferd so viel wie möglich grasen und füttern Sie es am Boden.
- Anzeichen für Schmerzen im Kiefergelenk können Muskelasymmetrien, Wärme und Schmerzen im Unterkieferbereich sowie veränderte Kieferbewegungen sein. Das Unwohlsein führt oft zu sichtbaren Veränderungen bei Futteraufnahme, Kopfhaltung, Rittigkeit und Annehmen des Gebisses, wie etwa Zähne-Aufeinanderbeißen, Zähneknirschen oder Aufsperren des Mauls.
- Pferde kauen entweder mehr rechts oder mehr links. Das kann sich beim Reiten bemerkbar machen.
- Lassen Sie die Zähne regelmäßig von einem Tierarzt untersuchen.

Achsenskelett: Die Wirbelsäule

Die Wirbelsäule besteht aus 54 bis 58 Wirbeln und 185 Gelenken, die ihre Beweglichkeit ermöglichen, Stöße abfedern und helfen, Gewicht zu tragen.

Die wichtigsten Funktionen der Wirbelsäule sind:
- das Rückenmark, die Hauptroute für sensorische und motorische Nervenimpulse (S. 113), zu schützen
- als Ansatzfläche für Muskeln und Bänder zu dienen
- die Hauptschlagader zu schützen, die direkt unter den Wirbelkörpern liegt
- die ebenfalls dicht unter den Wirbeln liegenden Nieren und andere innere Organe zu schützen
- eine stabile Aufhängung für den Rumpf zu bieten

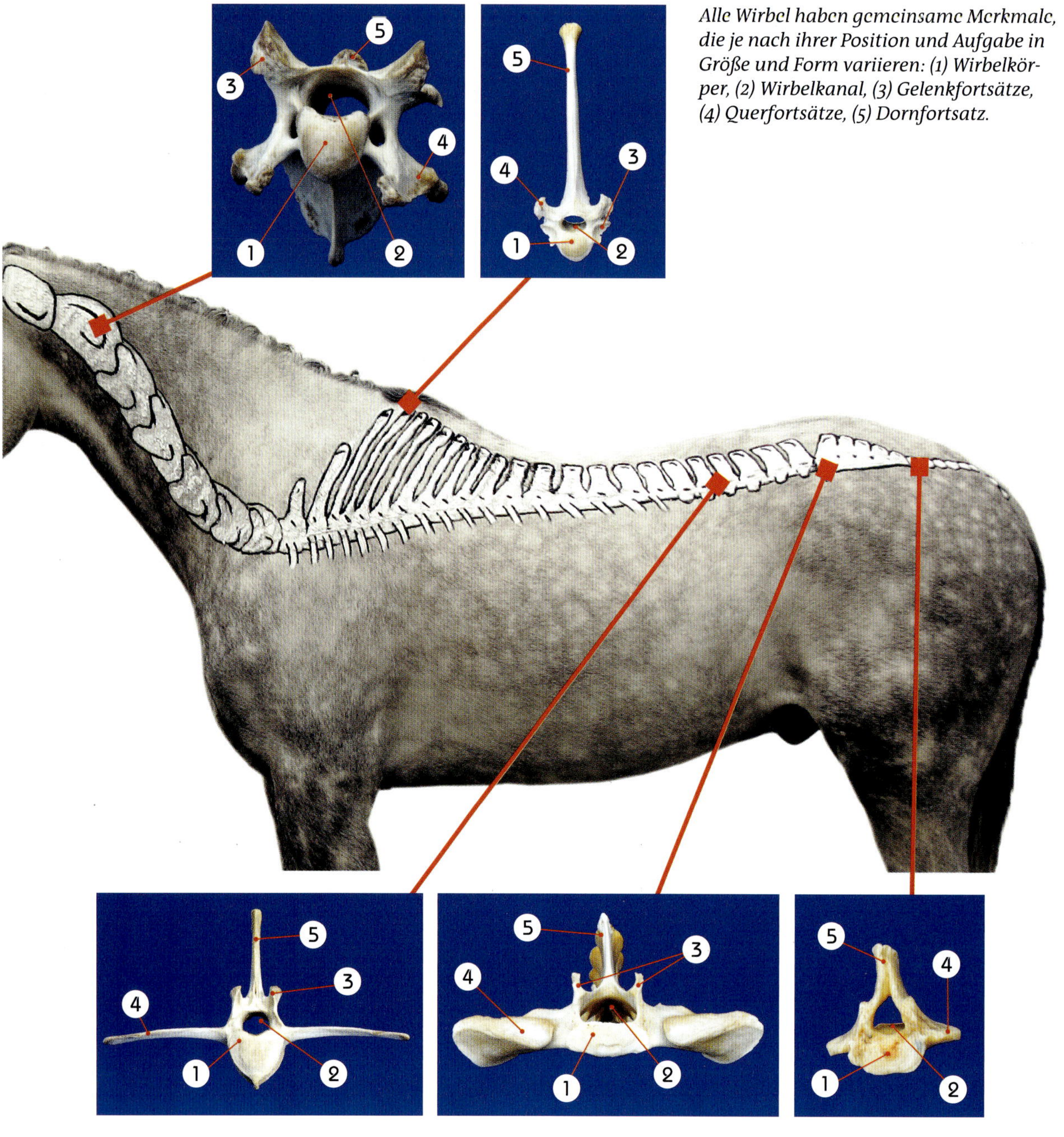

Alle Wirbel haben gemeinsame Merkmale, die je nach ihrer Position und Aufgabe in Größe und Form variieren: (1) Wirbelkörper, (2) Wirbelkanal, (3) Gelenkfortsätze, (4) Querfortsätze, (5) Dornfortsatz.

Halswirbel

Die sieben Halswirbel bilden den biegsamsten Teil der Wirbelsäule. Sie sind in „S"-Form angeordnet und liegen viel tiefer im Hals, als oft vermutet wird. Die Halswirbel schützen außerdem Speise- und Luftröhre, große Halsnerven und Blutgefäße.

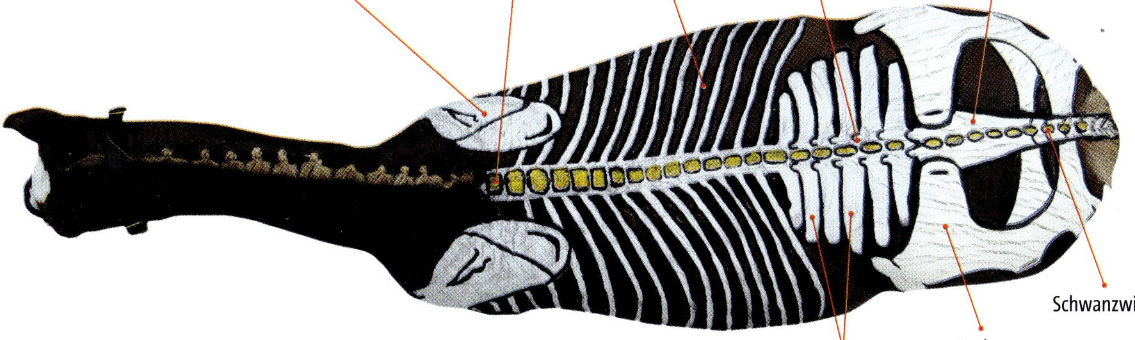

Die Wirbelsäule von oben

Brustwirbel

Die Brustwirbelsäule ist relativ steif und unbeweglich. Dies liegt an der Form der Gelenkfortsätze und ihren straffen, bindegewebigen Gelenken. Kraft und Festigkeit dieses Wirbelsäulenbereichs erlauben uns, unsere Pferde zu reiten. Die Dornfortsätze der Brustwirbel (thorakale Wirbel) sind am Widerrist am längsten. Sie dienen als Ansatzfläche und Hebel für Muskeln sowie für das Nacken- und das Dornfortsatzband, die für die Haltung von Kopf und Hals wichtig sind (S. 64). 18 Rippen sind mit den 18 Brustwirbeln über bewegliche Gelenke verbunden. Die Rippen schützen Herz, Lunge, Leber, Magen und einen großen Teil des Verdauungssystems. Ihre Beweglichkeit erlaubt das Ausdehnen und Zusammenziehen des Brustkorbs beim Ein- und Ausatmen. Beim Seitwärtsbiegen kommen sie auf der Innenseite dichter zusammen und fächern sich auf der Außenseite auf.

Lendenwirbel

Die Lendenregion ist der unbeweglichste Teil der Wirbelsäule. Sie besteht aus sechs Wirbeln (Lumbalwirbeln), die flacher, breiter und schwerer sind als die Brustwirbel. Ihre großen horizontalen Querfortsätze bieten stabile Ansatzflächen für Muskeln. Die Kraft aus den Hinterbeinen wird über die sechs Lendenwirbel nach vorn geleitet. Die Seitwärtsbeweglichkeit wird nach hinten hin immer geringer. Da die Lendenregion weder durch die Rippen noch durch das Becken gestützt wird, ist sie anfällig für Muskelverspannungen und Schmerzen.

Der Rücken

Brust- und Lendenwirbel bilden zusammen die Thorakolumbalregion der Wirbelsäule. Die miteinander verzahnten und über Knorpel, Sehnen, Bänder und Muskeln verbundenen Wirbel ähneln einer Hängebrücke.

Wird eine der Komponenten geschwächt oder beschädigt, werden andere Regionen des Rückens stärker belastet oder sogar überlastet. Die Thorakolumbalregion ist rigide, um das Gewicht der Brust- und Bauchorgane tragen zu können.

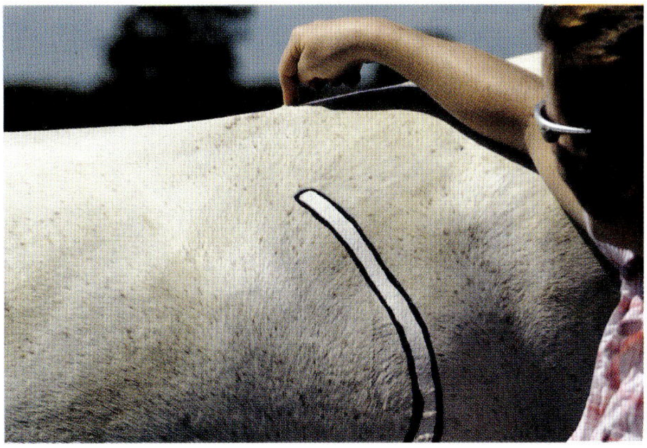

Es ist wichtig, dass der Sattel nicht über den letzten Brustwirbel hinausreicht. Sie finden diesen Punkt, indem Sie die letzte Rippe nach oben verfolgen, bis sie unter den Rückenmuskeln verschwindet, und Ihren Finger von dort aus gerade nach oben führen.

Kreuzwirbel

Die fünf Kreuzwirbel sind miteinander zum **Kreuzbein** (Sakrum) verwachsen und funktionieren wie ein einziger Knochen. Der erste Kreuzwirbel hat vergrößerte Querfortsätze, die Kreuzbeinflügel genannt werden und zusammen mit den Darmbeinflügeln als Verbindung des Beckens mit der Wirbelsäule dienen.

Lumbosakralgelenk

Das Gelenk zwischen Lenden- und Kreuzwirbeln heißt **Lumbosakralgelenk** (LSG). Es ist ein Scharniergelenk und lässt sich an der Stelle erfühlen, wo sich die Dornfortsätze der Lendenwirbel nach vorn neigen und die der Kreuzwirbel nach hinten.

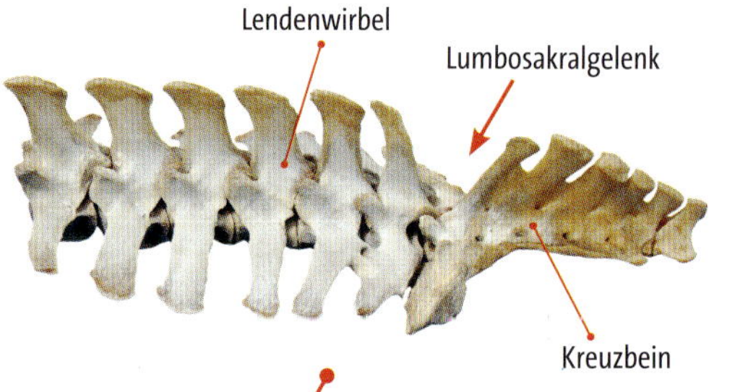

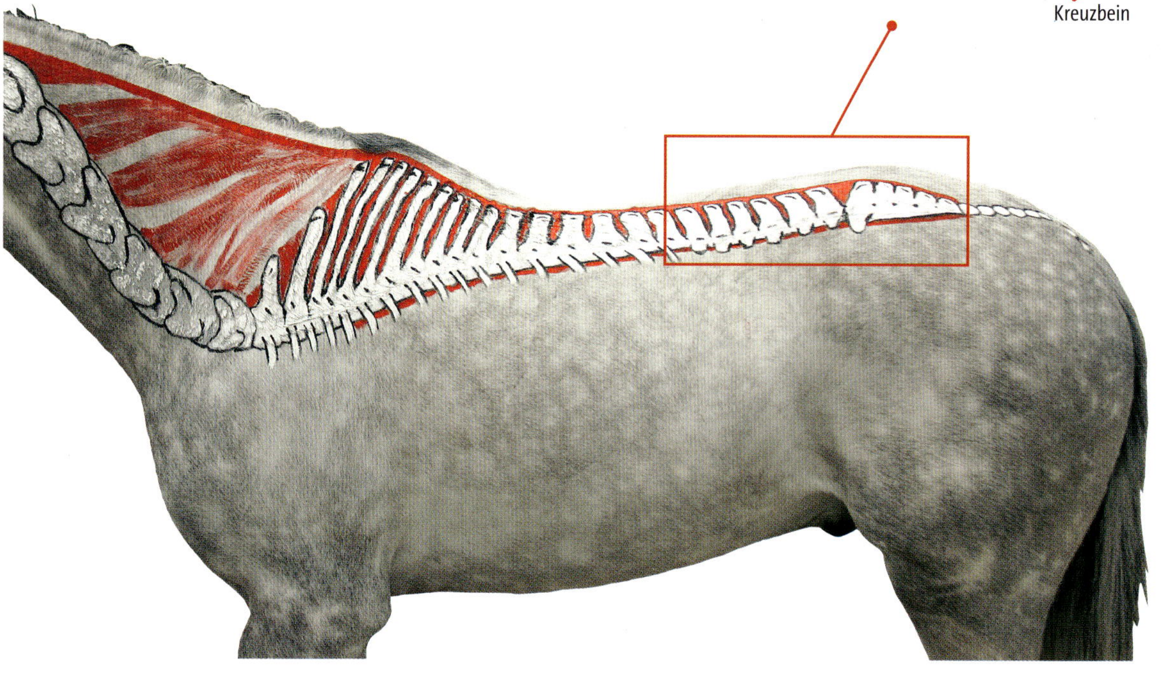

Das LSG erlaubt dem Becken abzukippen und spielt eine wichtige Rolle beim Untertreten der Hinterbeine beim Galoppieren, Springen oder bei höheren Dressurlektionen. Obwohl 20 Grad Beugung und Streckung im Lumbosakralgelenk möglich sind, werden sie selten voll ausgenutzt. Ähnlich wie bei uns, die wir alle die Voraussetzungen erfüllen, ein Spagat zu machen, während es nur wenige wirklich können.

Die größte Beugung im LSG sieht man normalerweise beim Sliding Western Halt.

Im Galopp mittlerer Geschwindigkeit nutzt das Pferd etwa acht Grad Beweglichkeit im LSG.

Nach Hals und Schweif ist das LSG der in der Längsachse beweglichste Teil der Wirbelsäule. An diesem Punkt werden die enormen Kräfte aus der Hinterhand aufgenommen und entlang des Rückens nach vorn geleitet. Bei hoher Geschwindigkeit, beim Springen oder auf hartem Untergrund treffen hier auch die Stoßkräfte aus der Hinterhand auf die Schockwellen, die in der Vorhand entstehen, wenn diese auf dem Boden aufkommt.

Die Stabilität und Flexibilität in diesem Gelenk zu erhalten ist der Schlüssel zu höheren Dressurlektionen, erfolgreichem Springen und Erfolgen in jeglichem Wettkampf. Eine eingeschränkte Beweglichkeit des LSG wirkt sich negativ auf die Bewegungen des Pferdes und den Schub aus der Hinterhand aus.

Schmerzen durch schlecht passende Sättel, schief sitzende Reiter, Stress oder Muskelverspannungen in diesem sensiblen Bereich führen dazu, dass die Rückenmuskeln verkrampfen und die Beweglichkeit einschränken, was die Leistung verschlechtert. Genauso als würden wir versuchen, mit einem schmerzenden Rücken Sport zu treiben. Regelmäßige Massagen, passives und aktives Stretching sowie vorsichtiges Aufwärmen helfen die Rückenmuskeln und das LSG geschmeidig zu halten.

Schwanzwirbel

Obwohl die meisten Nerven und Bänder hinter dem Kreuzbein auslaufen, ziehen einige weiter, sodass das Pferd seinen Schweif tragen und bewegen kann. Der Einfluss der Schweifhaltung auf die Bewegungen ist zwar gering, doch sie kann Hinweise auf die Gesundheit der übrigen Wirbelsäule geben.

Schweifbewegung und -haltung

Der Schweif ist ein wichtiger Teil der Körpersprache. Dauerndes Schweifschlagen zeigt beispielsweise psychisches oder physisches Unbehagen an. Wird der Kopf aufgeregt in die Höhe gereckt, wird das auch der Schweif. Ein niedergeschlagenes Pferd hält hingegen Kopf und Schweif gesenkt. Ein eingeklemmter Schweif gilt als Anzeichen für Bauchschmerzen. Rossige Stuten halten ihren Schweif hoch und zur Seite, besonders wenn ein Hengst in der Nähe ist. Hengste wiederum zeigen ihr Interesse an einer Stute, indem sie ihren Schweif heben. Schnelles Heben und Senken des Schweifs zeigt Hengsthaltern an, das der Hengst ejakuliert hat.

Beweglichkeit der Wirbelsäule

Die Steifigkeit des Rückens durch die ineinander verschränkten Wirbel erlaubt dem Pferd, das Gewicht seiner schweren Gedärme und das des Reiters zu tragen. Die geringe Beweglichkeit des Rückens auszunutzen und gleichzeitig seine Stabilität zu erhalten ist der Schlüssel dazu, Durchlässigkeit und Leistung des Pferdes zu verbessern und das Risiko für Verspannungen der Rückenmuskeln zu minimieren.
Die Wirbelsäule biegt sich in zwei Richtungen:

1. Längsbiegung

Dabei wird die Wirbelsäule gestreckt oder gebeugt. Bei der Beugung wölbt das Pferd den Rücken auf, etwa wenn es lang und tief gearbeitet wird oder wenn es korrekt am Zügel geht. Das Gegenteil, die Streckung, tritt auf, wenn das Pferd einen Hohlrücken macht und Kopf und Schweif hebt. Diese Haltung steht für Anspannung und die Fluchtreaktion.

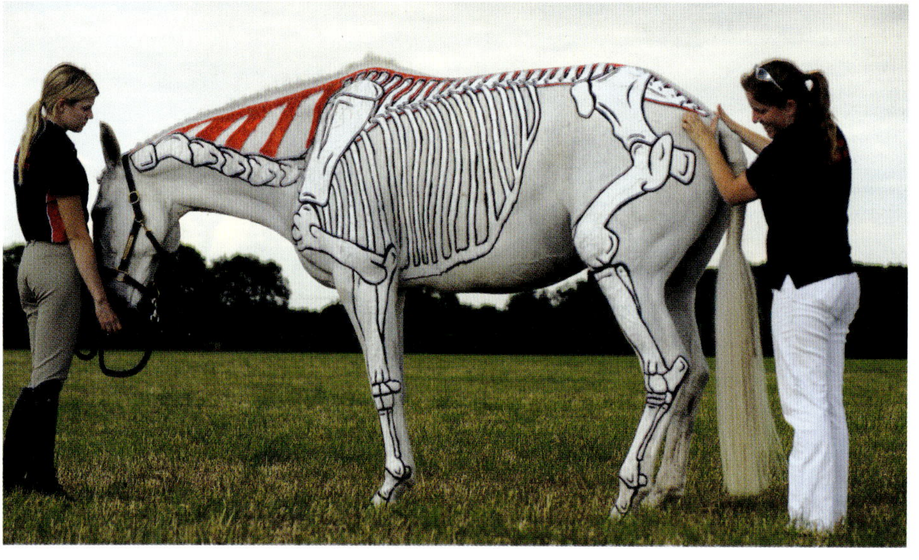

Beugung der Wirbelsäule

Durchlässigkeit ist die Voraussetzung, um Geschmeidigkeit und die nötige Beweglichkeit für Dressurlektionen in Versammlung, Springen und Westernlektionen wie den Sliding Halt zu entwickeln.

Streckung der Wirbelsäule

2. Seitwärtsbiegung

Das Pferd biegt sich nicht gleichmäßig von Kopf bis Schweif. Die größte Seitwärtsbeweglichkeit besteht an Hals und Schweif, während an Brust- und Lendenwirbelsäule nur ein bis zwei Prozent Seitwärtsbiegung auftreten, vor allem in der hinteren Thoraxregion direkt unter dem Sattel. Die Rippen tragen zur Biegung bei, indem sie sich innen annähern und sich außen auffächern. Dadurch entsteht das Gefühl, das Pferd biege sich um den inneren Schenkel, zum Beispiel in Volten oder Seitengängen.

Die starreren Bereiche der Wirbelsäule biegen sich erst, wenn die beweglicheren Regionen ihren Bewegungsradius voll ausgeschöpft haben. Wird der Hals nur bis zur Hälfte seines Bewegungsradius gebeugt (oben), zeigt der Rücken sehr wenig Biegung. Biegt sich das Pferd so weit es geht, um die Karotte zu erreichen (unten), ist etwas Seitwärtsbiegung in den thorakolumbalen Wirbeln zu erkennen. Achten Sie auf die Stellung der Rippen in diesen Bildern.

Gliedmaßenskelett: Vorderbeine

Im Stand tragen die Vorderbeine 60–65 % des Pferdegewichts, bei größerem Kraftaufwand und höherer Geschwindigkeit deutlich mehr. Beim Landen nach einem Sprung über 1,10 m steigt die Belastung beispielsweise auf das Zweieinhalbfache des Körpergewichts.

Befestigung am Rumpf

Die Vorderbeine sind über die thorakale Muskelschlinge, ein starkes System aus Muskeln, Sehnen und Faszien (S. 46), am Rumpf befestigt. Dadurch werden weniger Erschütterungen auf die Wirbelsäule übertragen. Da die Vorderbeine mehr Gewicht tragen, sind sie auch größeren Erschütterungen ausgesetzt als die Hinterbeine.

Knochen und Gelenke der Vorderbeine

Das **Schulterblatt** (Skapula), ein flacher Knochen, der über die ersten sieben Rippen gleitet, bietet eine große Ansatzfläche für die Muskeln und Sehnen der thorakalen Schlinge. Oben auf dem Schulterblatt sitzt ein halbkreisförmiger Knorpel, der sich wie Knochen anfühlt und auch so arbeitet. Damit sich das Schulterblatt frei bewegen kann, sollten mindestens zwei Finger unter den Sattelbaum passen.

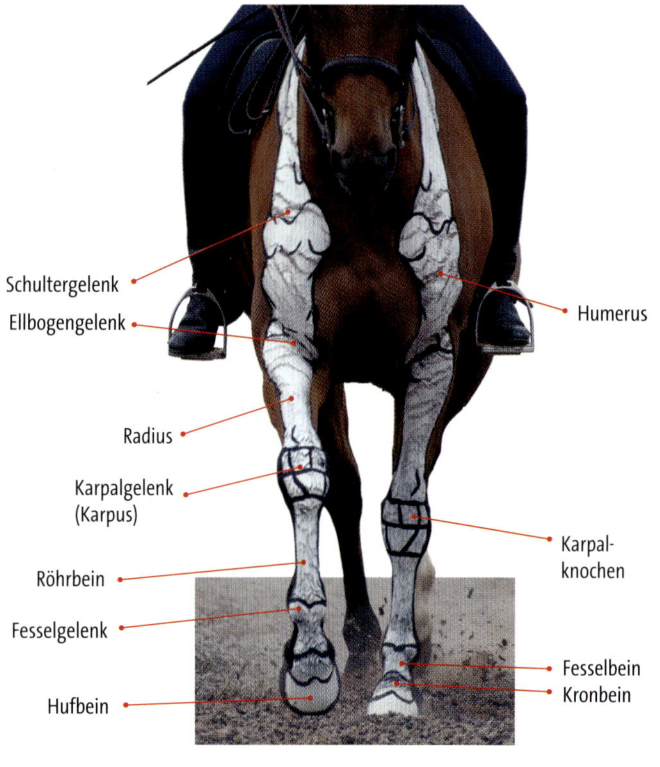

Das Schulterblatt ist über das Schultergelenk mit dem **Oberarmbein** (Humerus), einem der stärksten Knochen im Körper, verbunden. Es ist ein Kugelgelenk, dessen Beweglichkeit allerdings durch seine Lage stark eingeschränkt ist.

Ein steil stehendes Schulterblatt mit einem weiten Winkel im Schultergelenk führt zu einem kleinen Bewegungsradius mit kurzen, abgehackten Schritten, die unbequem zu sitzen sind. Die Winkelung des Schultergelenks und die Steilheit der Schulter sind nützliche Hinweise auf die Leistungsfähigkeit und sollten beim Pferdekauf berücksichtigt werden.

Humerus, **Elle** (Ulna) und **Speiche** (Radius) bilden das Ellbogengelenk, ein Scharniergelenk, das sich nur in einer Ebene bewegen kann. Der **Ellbogenhöcker** (Olekranon) an der Elle dient als Hebel für starke Muskeln und macht die Streckung des Ellbogens und die Bewegungen der Vorhand effizienter.

Vom Ellbogen abwärts bildet das Vorderbein eine gerade, starke Säule, die Gewicht tragen kann. Der schwere Rumpf wird mit der Kraft der Hinterhand über diese Stütze nach vorn geschoben. Obwohl alle Gelenke unterhalb der Schulter Scharniergelenke sind, sind ein wenig passive Seitwärts- und Drehbewegungen möglich, die dem Pferd helfen, mit unebenem Gelände zurechtzukommen.

Das **Vorderknie** (Karpalgelenk), das unserem Handgelenk entspricht, besteht aus zwei Reihen echter (synovialer) Gelenke, die acht **Karpalknochen** miteinander verbinden und Erschütterungen abfedern.

Unter dem Karpalgelenk kommen das Röhrbein und die zwei Griffelbeine und darunter die Zehenknochen.

Die **Griffelbeine** sind mit dem **Röhrbein** über schwache Bänder verbunden. Sie sollen das Röhrbein verstärken und sind anfällig für Frakturen durch Tritte des anderen Vorderbeins. Durch eine Entzündung der Knochenhaut entsteht an der Bruchstelle ein fester runder Knubbel. Direkt nach der Verletzung ist die Schwellung schmerzhaft und das Pferd eventuell lahm. Geht die Entzündung zurück, lässt auch die Schwellung nach. Es kann jedoch ein Überbein zurückbleiben, das aber in der Regel keine Probleme mehr verursacht.

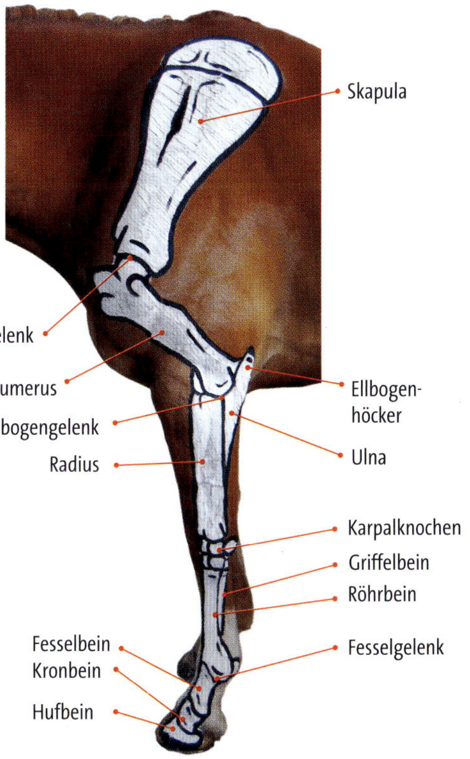

Das **Fesselgelenk** ist ein Scharniergelenk, das von Röhrbein, Fesselbein und zwei Sesambeinen gebildet wird. Die Sesambeine unterstützen die Beugesehnen (S. 57) und wirken als Hebel. Fußt das Vorderbein auf dem Boden auf, blockieren Ellbogen- und Karpalgelenk, sodass das Fesselgelenk gedehnt wird und einen Großteil der Aufprallenergie abfedert. Wie alle echten (synovialen) Gelenke, enthält das Fesselgelenk Gelenkschmiere (Synovia).

Fessel- und **Kronbein** sollen idealerweise parallel zur Hufwand verlaufen, mit 40–45 Grad Neigung in der Vorhand und 50–55 Grad in der Hinterhand. Ihre Beweglichkeit ist gering, aber sie sind unentbehrlich beim Abfedern von Erschütterungen. Eine steile Fessel nimmt mehr Gewicht direkt auf und ist anfälliger für Verstauchungen, während bei einer schrägen Fessel die Sehnen, Bänder und das Fesselgelenk stärker belastet werden.

Seitwärtsbewegungen kommen aus dem Kugelgelenk der Schulter und den starken Muskeln, die das Vorderbein am Rumpf befestigen.

Gallen

Gallen sind weiche Schwellungen direkt über dem Fesselgelenk, wo die Sehnenscheide mit Synovia gefüllt ist. Es gibt zwei Arten:

- Die häufigere Sehnengalle, die kommen und gehen kann und direkt unter der Haut liegt: Die Sehnenscheide zwischen der Beugesehne und dem Fesselringband verdickt sich, wodurch die sichtbare Schwellung entsteht. Die Sehnengalle ist am Hinterbein oft größer als vorn. Sie tritt vor allem bei älteren Pferden oder hart arbeitenden Pferden auf und führt selten zu Schmerzen oder Lahmheit.

- Die Gelenksgalle entsteht in der Gelenkkapsel des Fesselgelenks, zwischen Fesselringband und Röhrbein. Gelenksgallen führen meist nicht zu Schmerzen, Wärme oder Lahmheit. Ist das Pferd jedoch lahm und das Gelenk schmerzhaft, kann das auf eine Grunderkrankung wie Arthrose hindeuten.

Mögliche Ursachen für Gallen sind:

- eine Stauchung des Fesselgelenks, die als häufigste Ursache gilt
- ein Fesselgelenkstrauma
- schwere Rassen mit kurzer, steiler Fessel sind anfälliger

Das Ausmaß der Schwellung kann je nach Umgebungstemperatur und Trainingsbelastung variieren.

Gliedmaßenskelett: Hinterbeine

Jedes Hinterbein trägt etwa 20 % des Pferdegewichts. Die Hinterhand ist der Motor des Pferdes, was sich in den großen starken Knochen widerspiegelt, welche die enormen Kräfte aufnehmen, die den Pferdekörper nach vorn oder nach oben drücken.

Befestigung am Rumpf

Die Hinterbeine sind über das Becken direkt mit der Wirbelsäule verbunden. Im **Iliosakralgelenk** (ISG) heftet sich der Darmbeinflügel (Iliumflügel) an den großen Querfortsatz des ersten Kreuzwirbels und wird durch starke Bänder fixiert.

Dieses Gelenk ist nicht für Bewegungen gemacht, wie die Hüfte oder das Knie. Die Beweglichkeit in dieser Region kommt aus dem LSG (S. 22). Das ISG ist bei sportlichen Aktivitäten extremen Belastungen ausgesetzt, da es die gesamte Kraft aus den Hinterbeinen auf den Rücken überträgt.

Diese komplexe Region kann eine Ursache für Rückenschmerzen sein, was aber schwer zu diagnostizieren ist, weil sie durch große Muskeln bedeckt und schwer zugänglich ist. Anzeichen für Schmerzen im LSG oder ISG sind ein steifer Gang, mangelnde Kraft in der Hinterhand, wechselndes Auffußen der Hinterbeine im Galopp, nachlassende Qualität der Bewegungen, Unwillen, die Hinterhand einzusetzen, den Rücken zu heben oder zu wölben, Verweigern fliegender Wechsel oder beim Springen.

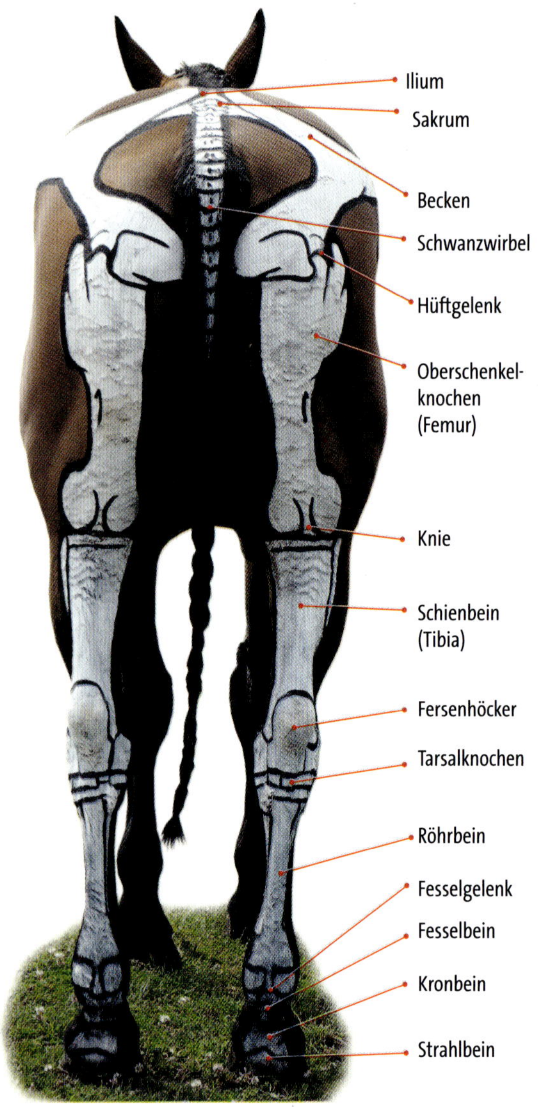

Das Becken ist bei Stuten breiter, damit ein Fohlen hindurchpasst. Es bestimmt die Form und Winkelung der Kruppe.

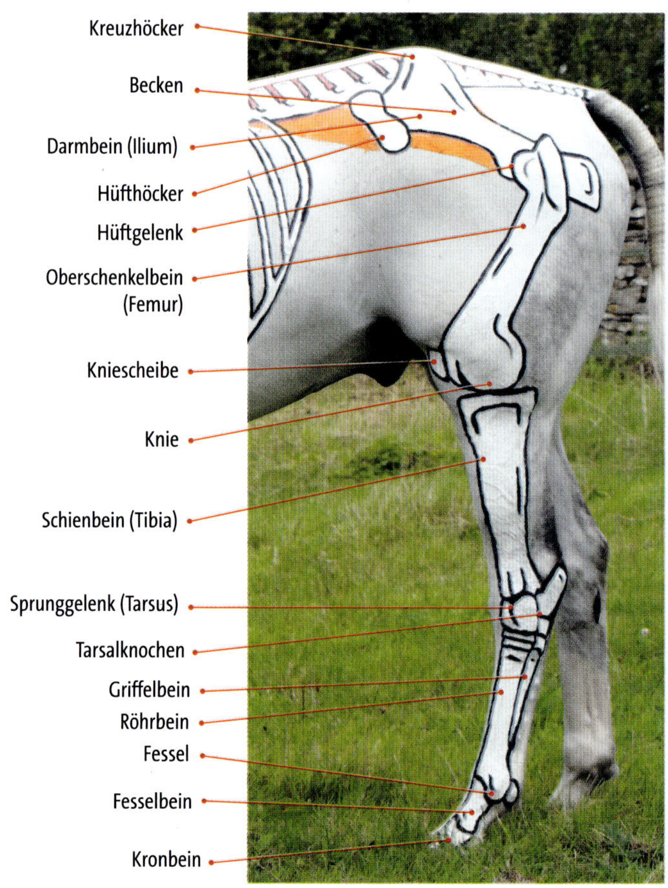

Knochen und Gelenke der Hintergliedmaße

Das Becken besteht aus drei miteinander verwachsenen Knochen:

- Das **Darmbein** (Ilium) ist der größte Knochen. Der **Kreuzhöcker** ist der höchste Punkt der Kruppe, der **Hüfthöcker** bildet die „falsche Hüfte". Sie ist leicht zu ertasten und wird oft mit der viel weiter hinten liegenden echten Hüfte verwechselt.
- Das **Sitzbein** (Ischium) bildet den Sitzbeinhöcker.
- Das **Schambein** (Pubis) bildet den Beckenboden.

Es bietet den Bauch- und Beckenbodenmuskeln Ansatzfläche, die für das Abkippen des Beckens und das Heben des Rückens gebraucht werden.

Im Hüftgelenk liegt der **Oberschenkelknochen** (Femur) im **Acetabulum**, der von den drei Beckenknochen gebildeten Gelenkpfanne.

Obwohl das Hüftgelenk ein Kugelgelenk ist, werden Seitwärtsbewegungen durch Gelenkbänder und die Lage des Gelenks tief unter den Muskeln eingeschränkt.

Exterieur

Länge und Winkelung der Knochen bestimmen die Haltung, die Balance und die Korrektheit des Gebäudes. Sie geben wichtige Hinweise auf die sportliche Leistungsfähigkeit und zu erwartende orthopädische Probleme, weshalb sie besonders bei Ankaufsuntersuchungen zu beachten sind.

Ein Pferd mit eher stumpfer Winkelung der Hinterhand hat Probleme beim Untertreten, eine kurze Schrittlänge, weniger Schwung und weniger runde Bewegungen. Es ist anfälliger für Bänderüberlastungen und die zerstörerischen Effekte von Stauchungen.

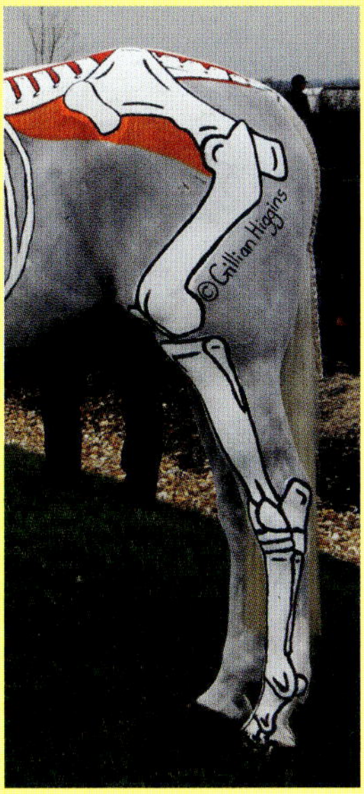

Eine spitzere Winkelung der Hinterhand weist auf größeres Potenzial für Beugung, Schrittlänge, Schwung, Kraft und Takt hin. Durch die stärkere Winkelung werden Erschütterungen besser abgefangen und die Bewegungen bequemer zu sitzen.

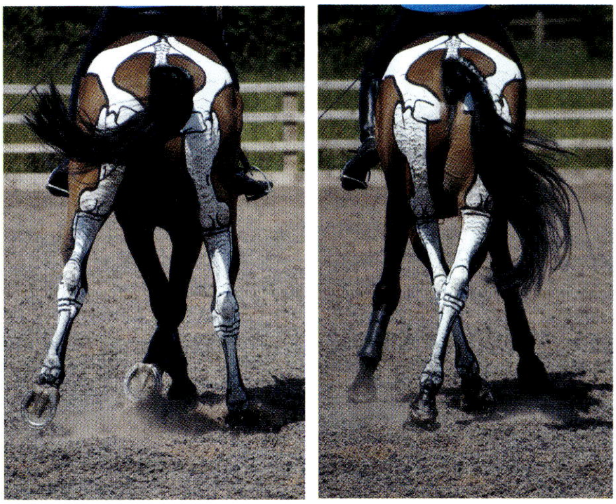

Bei Seitengängen kommt die Beweglichkeit aus dem Hüftgelenk. Vom Knie abwärts sind alle Gelenke Scharniergelenke, die nur Beugung und Streckung in einer Ebene erlauben. Wie im Vorderbein ist ein wenig passive Seitwärts- und Drehbeweglichkeit vorhanden, damit das Pferd mit unebenem Boden zurechtkommt.

Der Femur ist der größte, stärkste Knochen des Körpers. Er läuft schräg nach vorn und trifft im Knie auf das **Schienbein** (Tibia). Hier sitzt auch die **Kniescheibe** (Patella, S. 18).

Das aus drei Reihen kleiner Tarsalknochen gebildete **Sprunggelenk** (Tarsus) liegt zwischen der Tibia und dem Röhrbein mit den Griffelbeinen. Es funktioniert als Scharniergelenk und entspricht unserem Knöchel. Die Anatomie des Sprunggelenks und der anderen Hinterbeingelenke ermöglicht dem Pferd zu beschleunigen, abzubremsen, schnell abzuwenden und sich nach oben abzudrücken.

Unterhalb der Röhr- und Griffelbeine haben das Fesselgelenk, die Sesambeine, Fessel-, Kron-, Strahl- und Hufbeine dieselben Aufgaben wie im Vorderbein (Vorderbein S. 26, Huf S. 13).

Wie Training das Skelett beeinflusst

Die Knochen stärken

Das Skelett passt sich intensivem oder weniger intensivem Training an, indem es Knochenmasse auf- oder abbaut. Während des ganzen Lebens vernichten Osteoklasten andauernd alte Knochenmasse und Osteoblasten bilden neue. Dieses sogenannte „Remodelling" der Knochenstruktur ist auch als Wolf'sches Gesetz bekannt und erlaubt den Knochen, ihre Form und ihre Architektur an die mechanischen Belastungen durch das Training anzupassen.

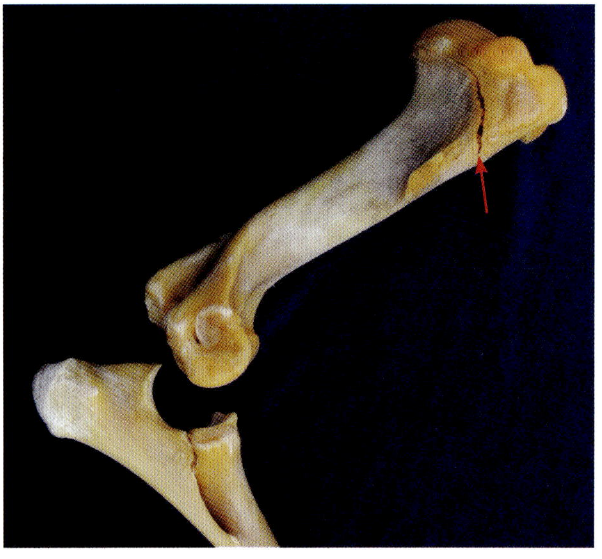

Die Wachstumsfugen dieses Zweijährigen sind noch nicht ganz geschlossen. Ausgewachsen ist ein Pferd erst mit vier bis sechs Jahren. Starke Belastungen vor Ende des Wachstums können zu Knochenschäden führen.

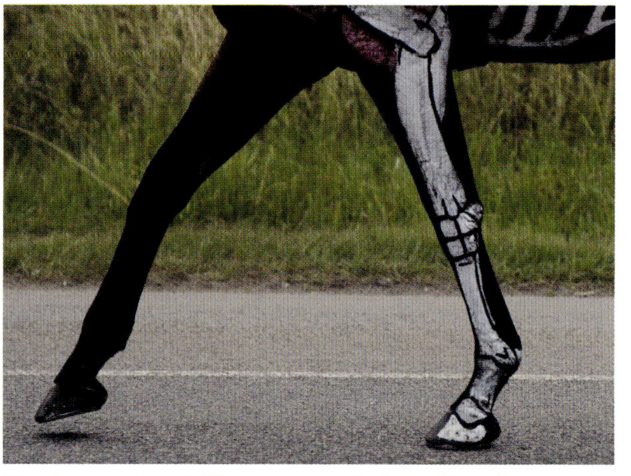

Knochen werden viel langsamer aufgebaut als andere Gewebe und brauchen dafür ein gewisses Maß an Erschütterungen. Junge oder untrainierte Pferde auf Asphalt zu führen kann die Knochen stärken, ohne das Verletzungsrisiko zu erhöhen.

Praktische Anwendung

- Steigern Sie die Trainingsanforderungen schrittweise. Mit zunehmender Kondition können Sie kurze Trab- und Galoppphasen auf festem Grund einlegen oder auf hartem Untergrund traben. 10 Minuten Training 3–4-mal pro Woche geben den Knochen genügend Impuls, um langsam stärker zu werden.
- Pferde, die nur auf elastischen Reitplatzböden gearbeitet werden, können ihre Knochen nicht festigen und sind anfällig für Verletzungen, wenn sie bei Wettkämpfen auf hartem Untergrund gehen müssen.
- Das Herz-Kreislauf-Training in schnellen Gangarten muss sich mit langsamerer Arbeit zur Stärkung der Knochen abwechseln.
- Eine ausreichende Kalzium- und Eiweißzufuhr ist lebenswichtig für starke, gesunde Knochen. Als Alleinfutter gekennzeichnete Futtermittel enthalten ein ausgewogenes Verhältnis an Nähr- und Mineralstoffen.

Gelenkbeweglichkeit

Wird regelmäßig der volle Bewegungsradius der Gelenke genutzt, bleibt das Pferd mobil und die Verletzungsgefahr durch einseitige Belastungen ist geringer. Die Sehnen werden dicker und können größere Belastungen aushalten, während die Bänder sich etwas weiten, um mehr Beweglichkeit zu ermöglichen.

Pferde, die Boxenruhe halten müssen, produzieren weniger Gelenkschmiere, sodass die Gelenke steifer werden. Passive Mobilisierung der Gelenke kann helfen, die Produktion der Gelenkflüssigkeit anzukurbeln.

Erschütterungen

Erschütterungen laufen jedes Mal durch das Bein, wenn es den Boden berührt, wodurch Belastungen bis hin zu Lahmheiten entstehen. Typische Stauchungsfolgen sind Strahlbeinerkrankungen, Schalen (Knochenwucherung an der Hufkrone), Hufknorpelverknöcherung sowie Bänder- und Sehnenprobleme.

Obwohl Hufe und Gelenke Kräfte abfedern, sind es die Knochen, die die Hauptlast tragen. Ausgiebiges Arbeiten auf hartem Boden, vor allem bei hoher Geschwindigkeit und schlechtem Gebäude, fördert Verschleiß an Knochen und Gelenken.

Da das Pferd vorne mehr Gewicht trägt, belasten Erschütterungen hauptsächlich die Vorderbeine; besonders unter verschärften Bedingungen wie beim Bergabreiten oder -springen. Bei der Landung nach dem Sprung fängt hauptsächlich das später aufsetzende Vorderbein den Aufprall ab, sodass Schockwellen durch die knöcherne Säule des Beins laufen.

Übergewicht belastet neben Herz und Lungen auch die Gelenke und verstärkt die Erschütterungen. Idealerweise sollte das Gewicht von Reiter und Sattelzeug 20 % des Pferdegewichts nicht übersteigen.

Fakten

- Knochen müssen stark sein, um den Belastungen durch Gewicht, Geschwindigkeit und Gangart zu widerstehen.
- Um die Knochendichte zu erhöhen, muss das Training langsam aufbauend strukturiert werden.
- Die maximale Knochendichte wird erst nach drei Jahren angemessenen Trainings erreicht.
- Wenn die Knochen stärker werden, wird auch der Gelenkknorpel dicker, um Stöße besser abzufedern.
- Das Muskel- und Skelettsystem baut sich noch 48 Stunden nach dem Training weiter auf. Danach kehrt es zurück zum Ausgangslevel. Ein effektives Training muss also regelmäßig stattfinden.
- Die gesamte Knochenmasse wird innerhalb von sieben bis zehn Jahren erneuert.
- Sobald das Pferd ausgewachsen ist, beginnen Verschleißprozesse.

Ausgleich

Unterschiedlich starkes Abdrücken der Hinterbeine kann durch Unwohlsein oder Muskelschwäche in einem oder beiden Hinterbeinen entstehen. Eventuell wird das Pferd:

- bei Volten oder Seitengängen eine Hand bevorzugen
- schräg springen
- nicht mehr geradegerichtet sein
- auf einer Hand lieber galoppieren und auf dieser Hand auch nach dem Sprung landen
- häufig dasselbe Bein schonen
- an Rücken und Kruppe ungleichmäßig bemuskelt sein, vor allem in der Lendenregion
- straffe Muskeln auf der starken Seite haben und weichere Muskeln auf der schwächeren

Zu den Übungen, die das Pferd ermuntern, seine Hinterbeine gleichmäßig einzusetzen, gehören Arbeit an Steigungen, mit Cavaletti und häufige Handwechsel.

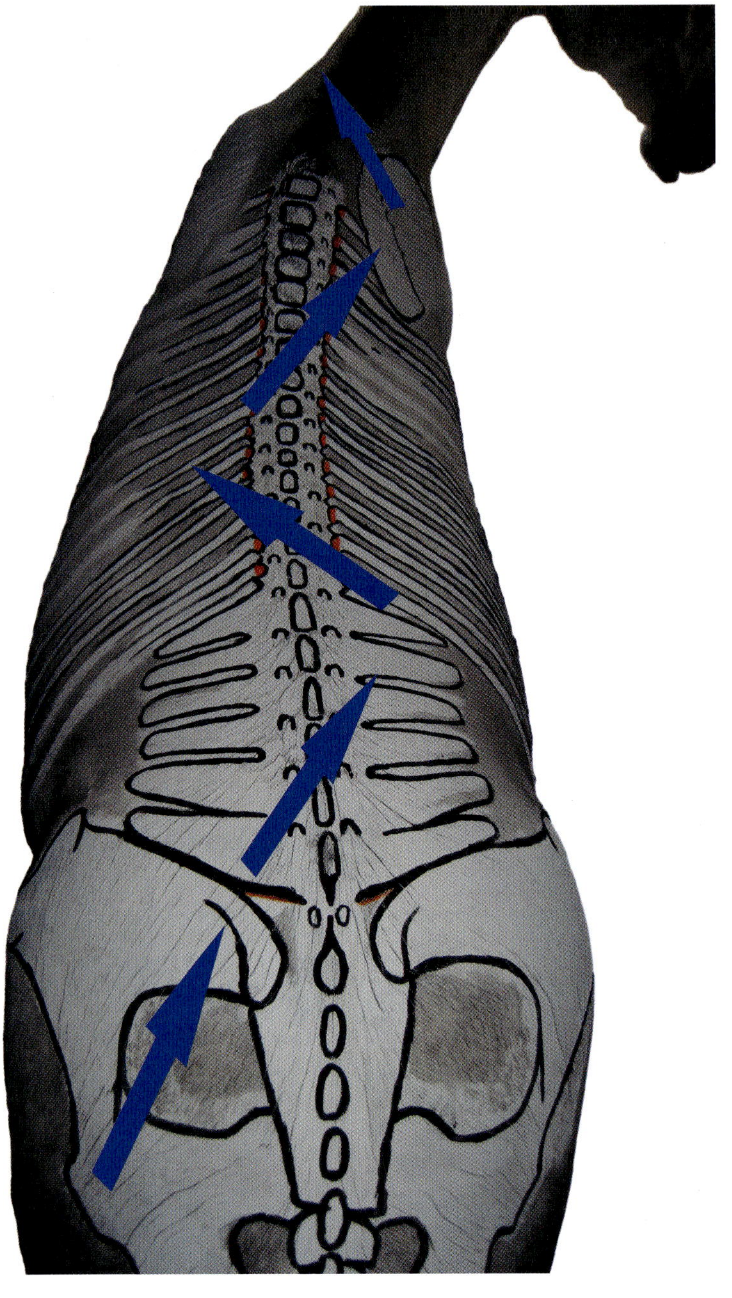

Drückt sich das Pferd ungleichmäßig ab, wird auch die Kraftübertragung nach vorn ungleichmäßig sein. Das kann zu Ausgleichsbewegungen und Rückenschmerzen führen. Die Pfeile im Bild zeigen den Verlauf möglicher kompensatorischer Kräfte infolge ungleichmäßiger Kraftübertragung.

Starke Knochen, geschmeidige Gelenke und eine gute Kondition sind die Voraussetzungen für Lektionen der Hohen Schule wie die Levade.

Zusammenfassung

- Knochen müssen stark sein, um Kräfte aufnehmen und übertragen zu können.
- Knochen können durch Training gefestigt werden.
- Als Bestandteil des Bewegungsapparats ist die Stärkung der Knochen durch korrektes Training ebenso wichtig wie die von Muskeln, Bändern und Sehnen.
- Untrainierte Knochen und mit ihnen verbundene Strukturen sind anfällig für Dehnungen, Zerrungen und Stauchungen.
- Regelmäßiges, vielseitiges Training hält die Knochen stark und die Gelenke geschmeidig.
- Pferde sollten auf verschiedenen Untergründen gearbeitet werden.
- Es ist wichtig, die Grenze zwischen sinnvoller Arbeit auf hartem Boden zur Stärkung der Knochen und einer Überlastung, die Stauchungsverletzungen nach sich zieht, nicht zu überschreiten.
- Während des Trainings sollten die Pferde denselben Bodenbedingungen, Geschwindigkeiten, Gangarten und sonstigen Anforderungen ausgesetzt sein wie im Wettkampf.
- Lassen Sie Ihr Pferd regelmäßig beschlagen, damit der Huf korrekt funktionieren kann.

Muskeln erzeugen
weiche, fließende
Bewegungen.

Das Muskelsystem

Muskeln

Muskeln kontrollieren alle Bewegungen, sowohl innerliche als auch äußerlich sichtbare. Sie bilden die größte Gewebemasse im Pferdekörper. Es gibt verschiedene Muskelarten mit diversen Aufgaben, die alle in ähnlicher Weise arbeiten. Elektrische Impulse stimulieren die Muskelfasern, sich zu kontrahieren und zu verkürzen, um sich dann wieder zu entspannen und zu dehnen.

Es gibt drei verschiedene Muskelarten: **Glatte Muskulatur** und **Herzmuskulatur** funktionieren automatisch, gesteuert durch unbewusste bzw. autonome Hirnaktivität, während die **Skelettmuskulatur** willkürliche, bewusst koordinierte Bewegungen ausführt.

Glatte Muskeln

Sie funktionieren automatisch und lassen sich nicht willkürlich steuern, sondern reagieren auf Impulse des vegetativen Nervensystems (S. 116). Glatte Muskulatur umgibt innere Organe wie den Darm und sorgt beispielsweise dafür, dass Nahrung durch den Verdauungstrakt transportiert wird und sich die Blase entleeren kann. Sie ist auch in den Blutgefäßen und den Fortpflanzungsorganen zu finden.

Herzmuskel

Dieser hoch spezialisierte, starke, quergestreifte Muskel ist ermüdungsresistent. Er schlägt ein ganzes Pferdeleben lang täglich etwa 100 000-mal und koordiniert den Blutfluss in das Herz hinein und wieder hinaus (S. 83).

Skelettmuskeln

Ein Pferd hat über 700 verschiedene Muskeln. Das Gehirn sendet über Nerven Signale an diese Muskeln, die daraufhin chemische Energie in Bewegung umsetzen, indem sich die hochelastischen Muskelbäuche kraftvoll zusammenziehen.

Die Aufgaben der Skelettmuskeln sind:

- das Skelett abzustützen und Bewegungen zu erzeugen
- Gelenke und Körperhaltung zu stabilisieren
- den Bewegungsradius der Gelenke zu kontrollieren
- Knochen und innere Organe vor Verletzungen zu schützen
- durch Zittern die Körpertemperatur zu heben

Fakten

Die Muskeln sind über die Knochenhaut am Knochen befestigt. Sie haben jeweils einen **Ursprung**, der näher an der Körpermitte liegt, und einen **Ansatz**, der weiter in der Peripherie liegt.

Bei tief liegenden Muskeln sind die Muskelfasern so ausgerichtet, dass sie halten und unterstützen können, während die Faseranordnung bei oberflächlichen Muskeln Bewegungen ermöglicht.

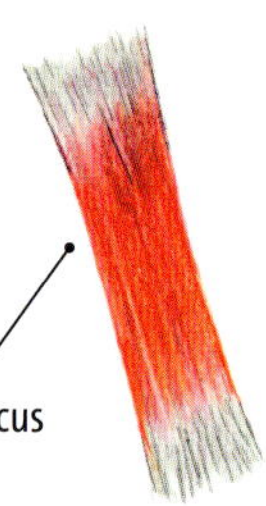

parallel,
z. B. der Brachiocephalicus

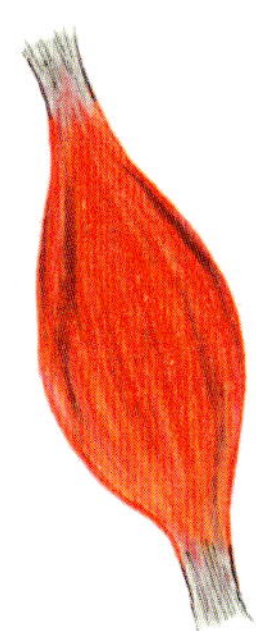

spindelförmig,
z. B. der lange Zehenstrecker

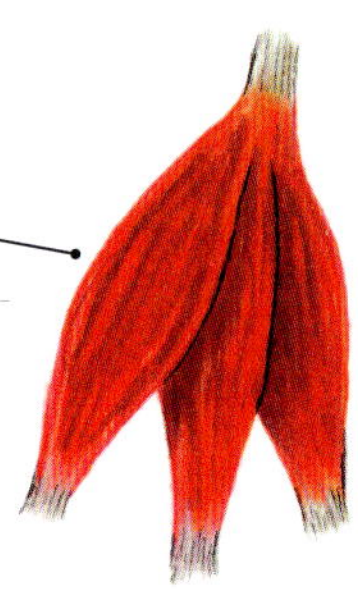

gezackt,
z. B. der
Triceps brachii

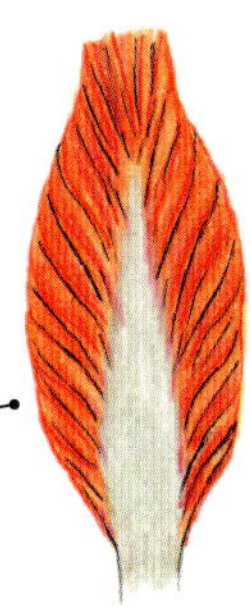

gefiedert,
z. B. der Extensor carpi radialis, der den Karpus stützt

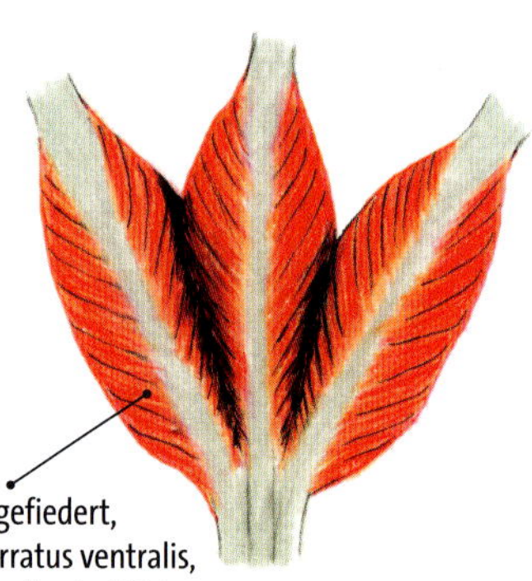

mehrfach gefiedert,
z. B. der Serratus ventralis, der den Brustkorb stützt

Tiefe Muskeln

Die tiefen Muskeln sorgen für Stabilität und Haltung. Sie:

- entspringen und enden an Knochen
- liegen dicht an Gelenken
- haben oft mehrere Ursprünge und Ansätze
- sind häufig nur für ein Gelenk zuständig, so stützt zum Beispiel der tiefe Glutealmuskel nur das Hüftgelenk
- werden durch viele Nervenenden gesteuert, was feine Anpassungen der Haltung erlaubt

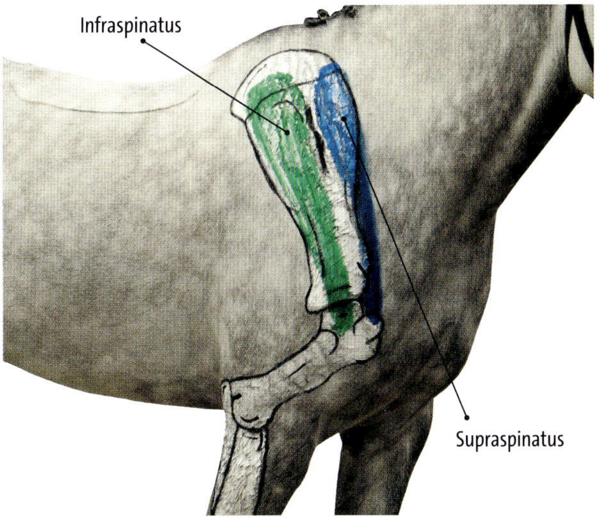

Diese tiefen Muskeln ersetzen am Schultergelenk die Seitenbänder, stabilisieren die Schulter und verhindern Seitwärtsbewegungen.

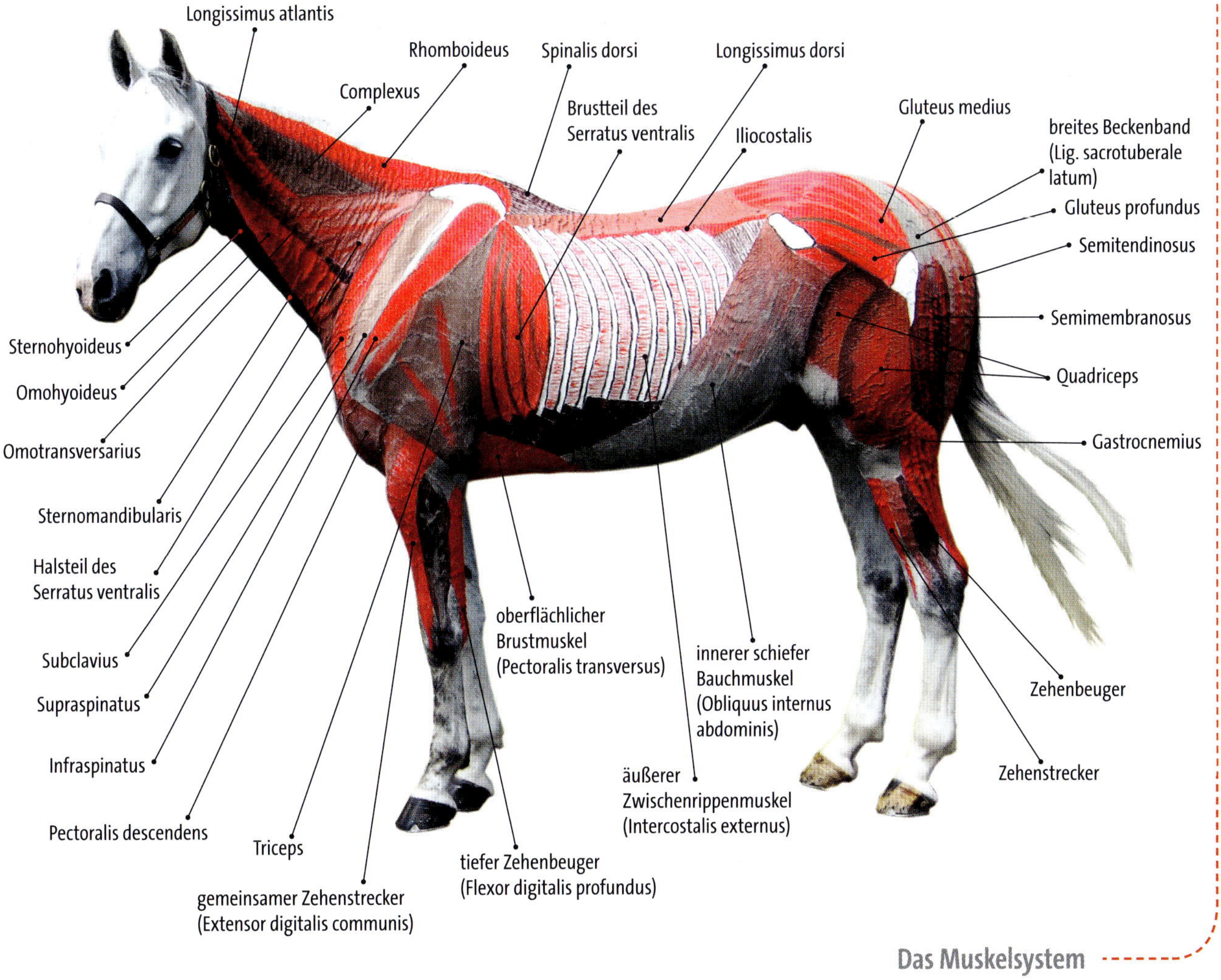

Oberflächliche Muskeln

Die oberflächlichen Muskeln liegen zwischen den tiefen Muskeln und der Haut. Obwohl sie sich in Größe und Form unterscheiden, werden sie generell als Bewegungsmuskeln zusammengefasst. Sie sind entweder:

- **bauchig** und dick, wie die bei einem 150 cm großen Pferd etwa 25 cm messenden oberflächlichen Glutealmuskeln, die etwa 20 cm dicken Trizepsmuskeln oder der Masseter, der den Unterkiefer bewegt.

Oder:

- **plattenförmig**, wie die schiefen Bauchmuskeln, die den ganzen Bauch umspannen und an den Rippenbewegungen sowie dem Vorführen der Hintergliedmaße beteiligt sind.

An den oberflächlichen Muskeln sind Verspannungen, vermehrte Wärme und Schwellungen gut zu fühlen. Sie lassen sich durch komplementäre Maßnahmen wie Massage, Magnetfeldtherapie oder passive und aktive Dehnübungen gut beeinflussen.

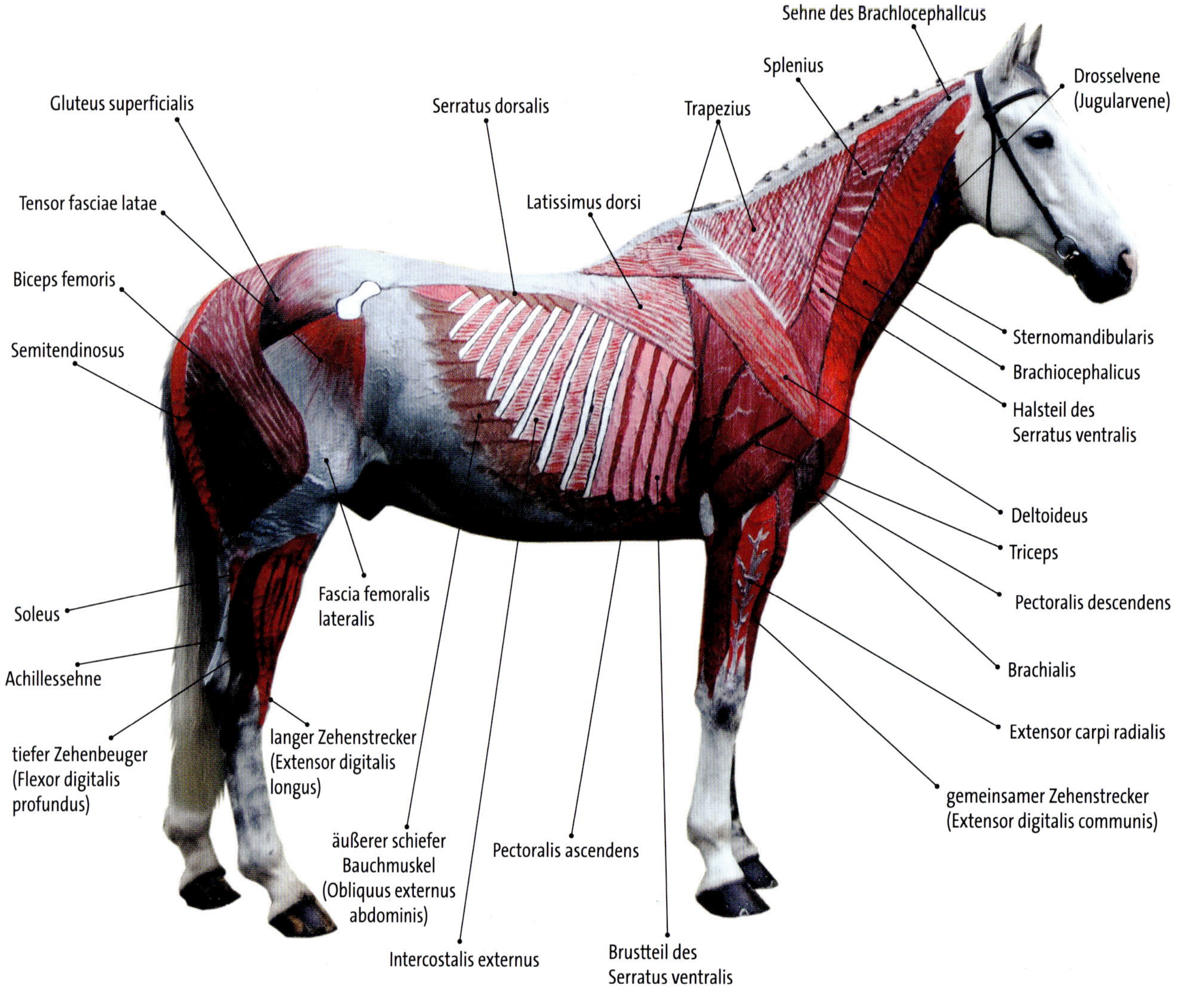

Oberflächliche Muskeln liegen weiter entfernt von Knochen und Gelenken. Deshalb entspringen oder enden sie auch an Faszien oder anderen Muskeln, nicht nur an Knochen. Der Latissimus dorsi und der Gluteus superficialis beispielsweise setzen an der Rumpffaszie an.

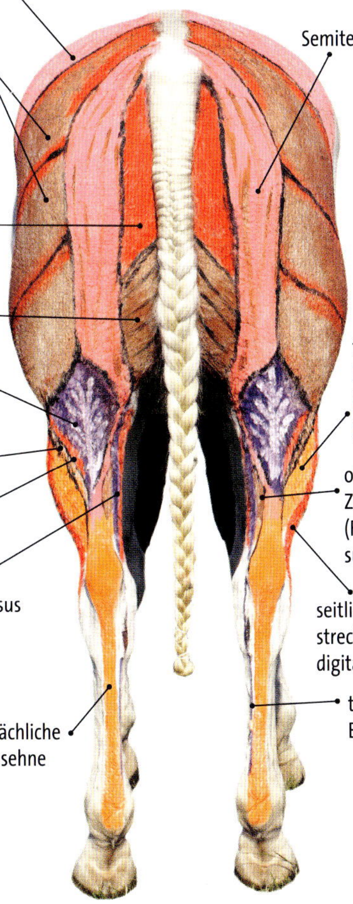

Die oberflächlichen Muskeln der Hinterhand sind groß und kräftig. Die hinten am Bein hinunterlaufenden Muskeln strecken Hüft- und Sprunggelenk und schieben das Pferd über die aufgesetzte Hintergliedmaße nach vorn.

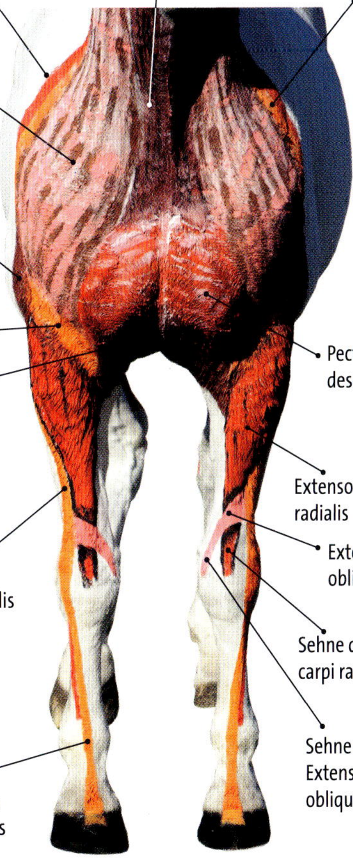

Die oberflächlichen Muskeln zwischen den Vorderbeinen halten den Brustkorb und befestigen die Vorderbeine am Rumpf, während die an der Vorderseite des Beins hinunterlaufenden Muskeln die Gliedmaße nach vorn führen.

Wie Skelettmuskeln arbeiten

Muskeln bestehen aus Tausenden Muskelfaserbündeln mit parallel laufenden Fasern, die von dünnen Faszien umhüllt werden, was den Muskeln ihre Streifen gibt. Innerhalb jeder Faser gibt es Tausende kleiner sogenannter Myofibrillen.

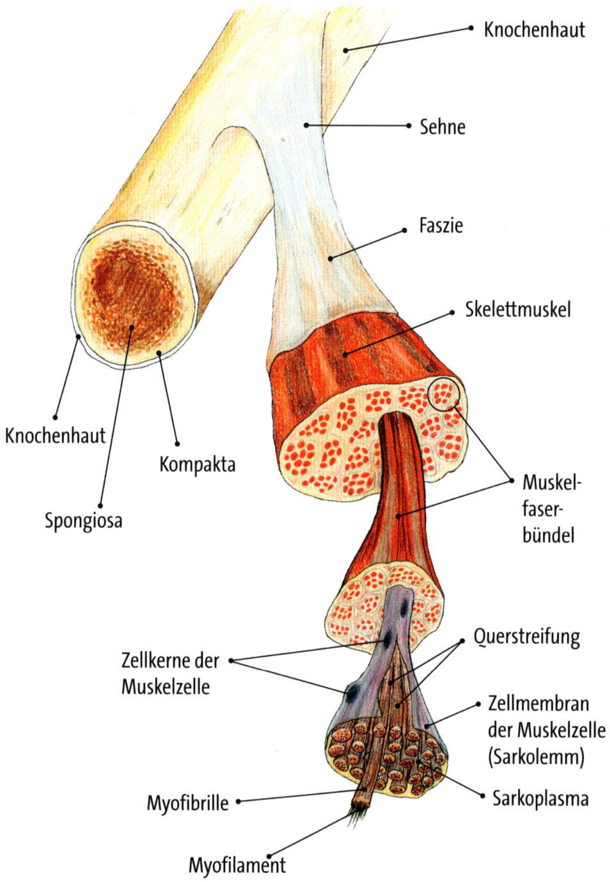

Jede Myofibrille besteht aus Millionen winziger Sarkomere, die aus den Eiweißfasern Myosin und Aktin aufgebaut sind. Wenn Nervenimpulse den Muskel stimulieren, gleiten die kleineren Aktinfilamente zwischen die größeren Myosinfilamente, wodurch sich der Muskel verkürzt und kontrahiert.

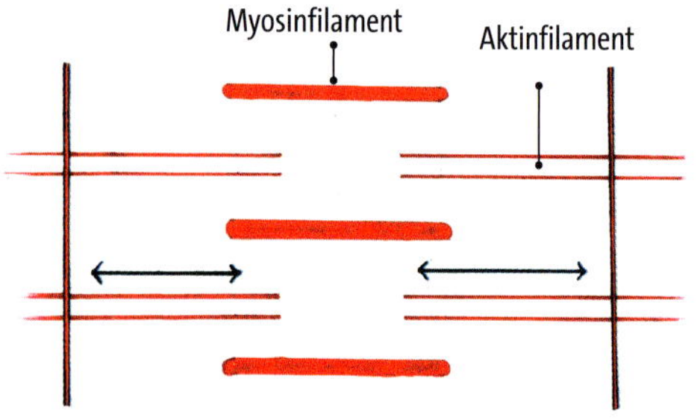

Muskelfasern

Es gibt zwei Arten von Muskelfasern:

- **Langsam zuckende** Fasern arbeiten langsam und über einen langen Zeitraum, ohne zu ermüden. Sie sind dunkelrot, da sie große Mengen des Muskelfarbstoffs Myoglobin enthalten, der den Sauerstoff für die aerobe (sauerstoffabhängige) Energieproduktion liefert.
- **Schnell zuckende** Fasern sind kräftig und schnell. Sie sind viel heller als langsam zuckende Muskelfasern, da sie weniger Myoglobin enthalten, und können auch ohne Sauerstoff (anaerob) Energie produzieren, ermüden aber rascher.

Jedes Pferd besitzt eine Mischung aus schnell und langsam zuckenden Fasern. Das Mischungsverhältnis ist genetisch festgelegt und rasseabhängig. Pferde mit vielen langsam zuckenden Fasern sind ausdauernder, ermüden weniger leicht und eignen sich gut als Distanz- oder Freizeitpferde. Diejenigen mit mehr schnell zuckenden Fasern haben weniger Durchhaltevermögen, aber mehr Kraft und sind gute Springpferde. Ein Vielseitigkeitspferd benötigt sowohl aerobe Ausdauer für Dressur- und Geländeaufgaben als auch anaerobe Kraft für das Springen. Das passende Training kann den jeweiligen Pferdetyp zu maximaler Leistungsfähigkeit bringen, aber nicht den genetisch festgelegten Muskeltyp ändern. Es ist unmöglich, aus einem Distanzpferd ein gutes Rennpferd zu machen! Trotz der natürlichen Grenzen kann jedes Pferd durch optimales Training in die Lage versetzt werden, sein volles Potenzial an Muskelstärke, Geschwindigkeit und Ausdauer zu nutzen.

Arten der Muskelkontraktion

Es gibt zwei Arten der Muskelkontraktion:

1. **Isometrische** Kontraktionen werden benötigt, wenn der Muskel statisch arbeitet, um eine Position zu halten. Nach einer Weile beginnt der Muskel zu brennen. So auch bei einem Pferd, das seinen schweren Kopf in einer bestimmten Position halten soll.
2. **Isotonische** Kontraktionen führen zu Bewegungen und werden unterteilt in:
   - **konzentrische**, bei denen sich der Muskel verkürzt, um Bewegung zu erzeugen, etwa im Trab oder Galopp;
   - **exzentrische**, wenn ein Muskel eine Bewegung kontrolliert, beispielsweise bei der Landung nach dem Sprung, beim Bergabreiten, Bremsen oder abruptem Halten.

Pferde nutzen eine Kombination aus isotonischer und isometrischer Kontraktion. Dressurpferde, die Lektionen der Hohen Schule ausführen, vor allem solche mit starker Hankenbeugung oder viel Gewicht auf der Hinterhand, nutzen isometrische und exzentrische Muskelarbeit.

Muskelpaare

Bewegung entsteht, indem Skelettmuskeln über eine Sehne Kraft auf einen Knochen ausüben, um ein Gelenk zu bewegen. Muskeln arbeiten, indem sie sich paarweise anspannen (Agonist) und entspannen (Antagonist).

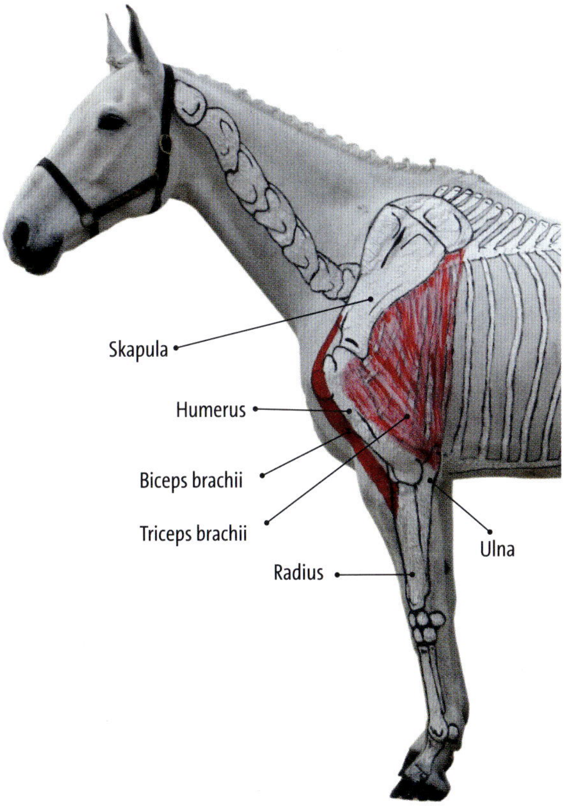

Trizeps und Bizeps sind ein gutes Beispiel dafür, wie Muskeln paarweise zusammenarbeiten.

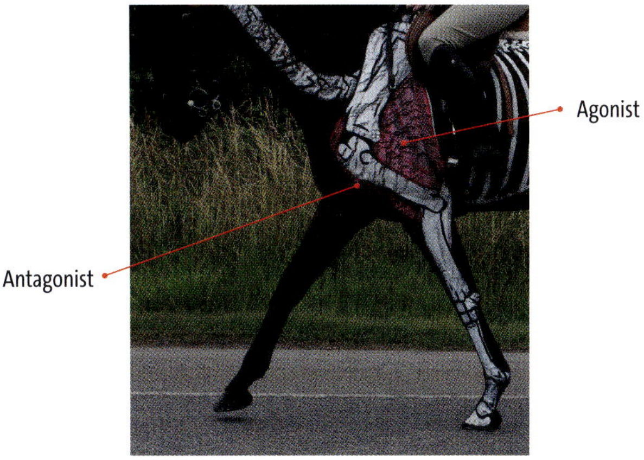

Motorische Signale aus dem Gehirn veranlassen den Trizepsmuskel auf der Hinterseite des Vorderbeins, sich zu verkürzen und den Ellbogen zu strecken. Im selben Moment entspannt sich der vorn über Schulter- und Ellbogengelenk laufende Bizeps.

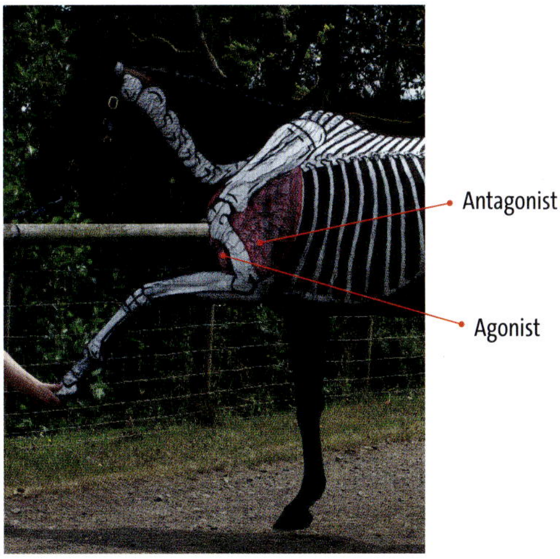

Wenn das Gehirn den Bizeps veranlasst, sich zu kontrahieren, und den Trizeps, sich zu entspannen, wird der Ellbogen gebeugt.

Muskelketten

Da kein Körperteil von nur einem einzigen Muskel kontrolliert wird, bewegen immer Gruppen von Muskelpaaren die Gelenke. Diese verbinden sich wiederum zu gemeinsam koordinierten Muskelketten, um fließende Bewegungen zu ermöglichen.

1. Strecker- und Beugerkette

Die großen Muskelketten, die Rücken und Hinterhand verbinden, erzeugen die Vorwärtsbewegung.

Die Strecker- und die Beugerkette formen zusammen einen Muskelring, der dem Pferd ermöglicht, das Reitergewicht zu tragen, sich anmutig zu bewegen und das Gleichgewicht zu halten. Schmerzen oder Unwohlsein in einem Muskel entlang der Kette können sich an einer anderen Stelle der Kette äußern. So beeinflussen Schmerzen in der Lendenregion hinter dem Sattel, einer häufig verspannten Stelle, andere Muskeln der Kette und führen zu schlechterer Durchlässigkeit, Schrittlänge und Haltung.

Streckerkette

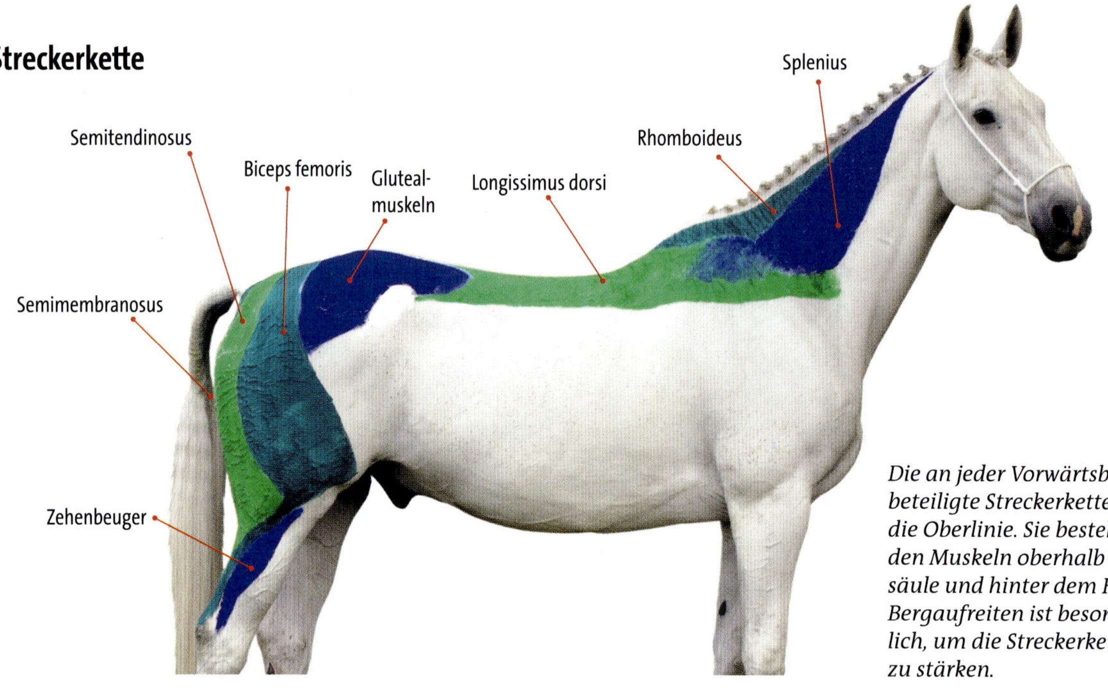

Die an jeder Vorwärtsbewegung beteiligte Streckerkette definiert die Oberlinie. Sie besteht aus den Muskeln oberhalb der Wirbelsäule und hinter dem Hüftgelenk. Bergaufreiten ist besonders nützlich, um die Streckerkette zu stärken.

Konzentrische Kontraktion der Streckerkette streckt Hals, Rücken und Hüfte. Sie ist auch beim Ausschlagen, Buckeln und Steigen zu sehen.

Beugerkette

Die Beugerkette definiert die Unterlinie. Ihre Muskeln liegen unterhalb der Wirbelsäule sowie vor dem Hüftgelenk, und auch die Bauchmuskeln gehören dazu. Als Teil der „Kernmuskeln" leisten sie einen entscheidenden Beitrag zu einer korrekten Rückenhaltung. Übungen, die die Versammlung fördern, wie etwa halbe Paraden oder Schritt über angehobene Cavaletti, helfen die Beugerkette zu stärken.

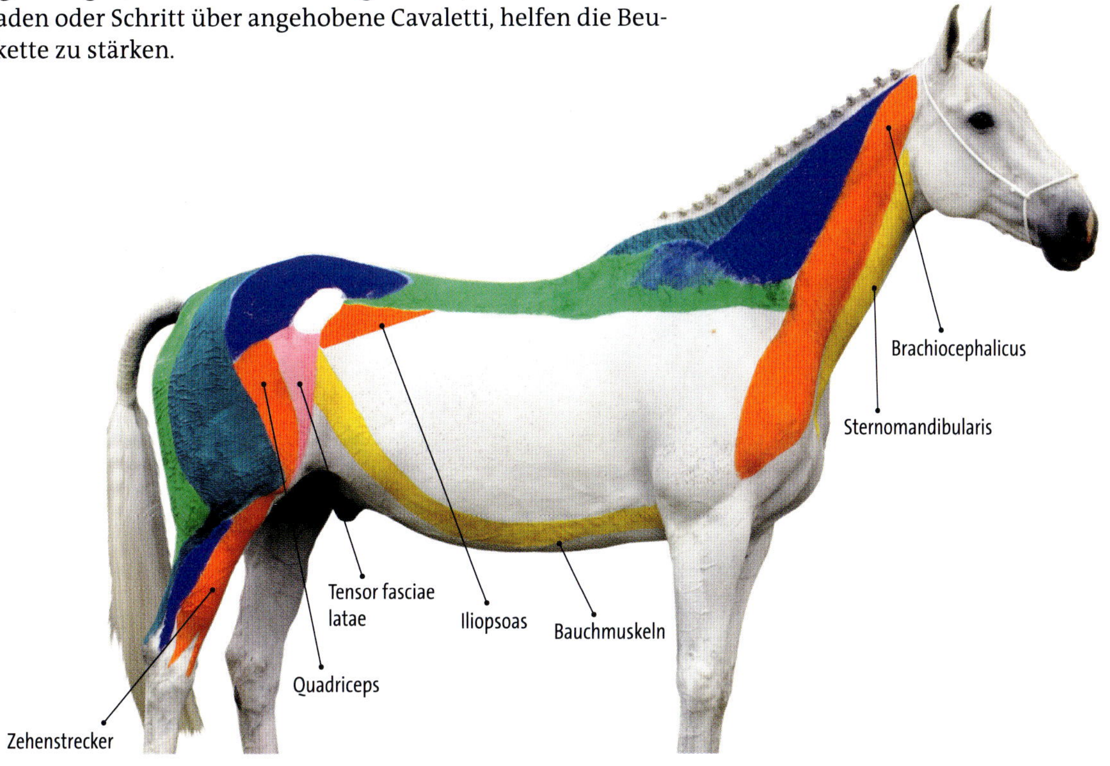

Konzentrische Kontraktion der Beugerkette führt zur Beugung von Hals, Rücken und Hüftgelenken.

2. Seitliche Wirbelsäulenmuskelkette

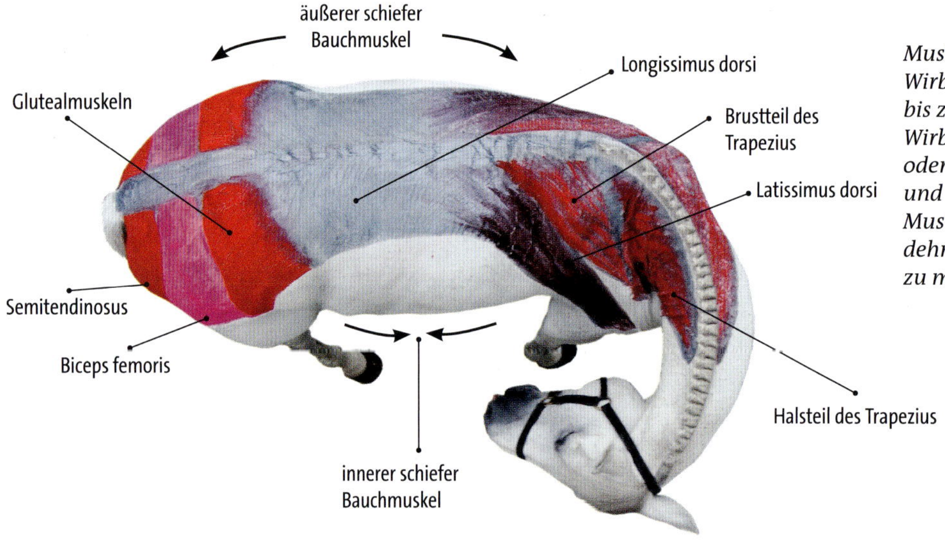

Muskeln beiderseits der Wirbelsäule vom Genick bis zum Schweif biegen die Wirbelsäule nach links oder rechts. Seitengänge und Volten helfen, diese Muskeln zu stärken, zu dehnen und geschmeidig zu machen.

3. Muskelketten des Vorderbeins

Die auf der Vorderseite des Beins verlaufenden Muskeln (in Orange und Gelb) führen das Bein nach vorn, während diejenigen auf der Rückseite (in Blau und Grün) helfen, während der Stützphase das Körpergewicht über die aufgestellte Gliedmaße zu ziehen. Die Ausnahme von dieser Regel ist der Trapezius, der den oberen Teil des Schulterblatts fixiert.

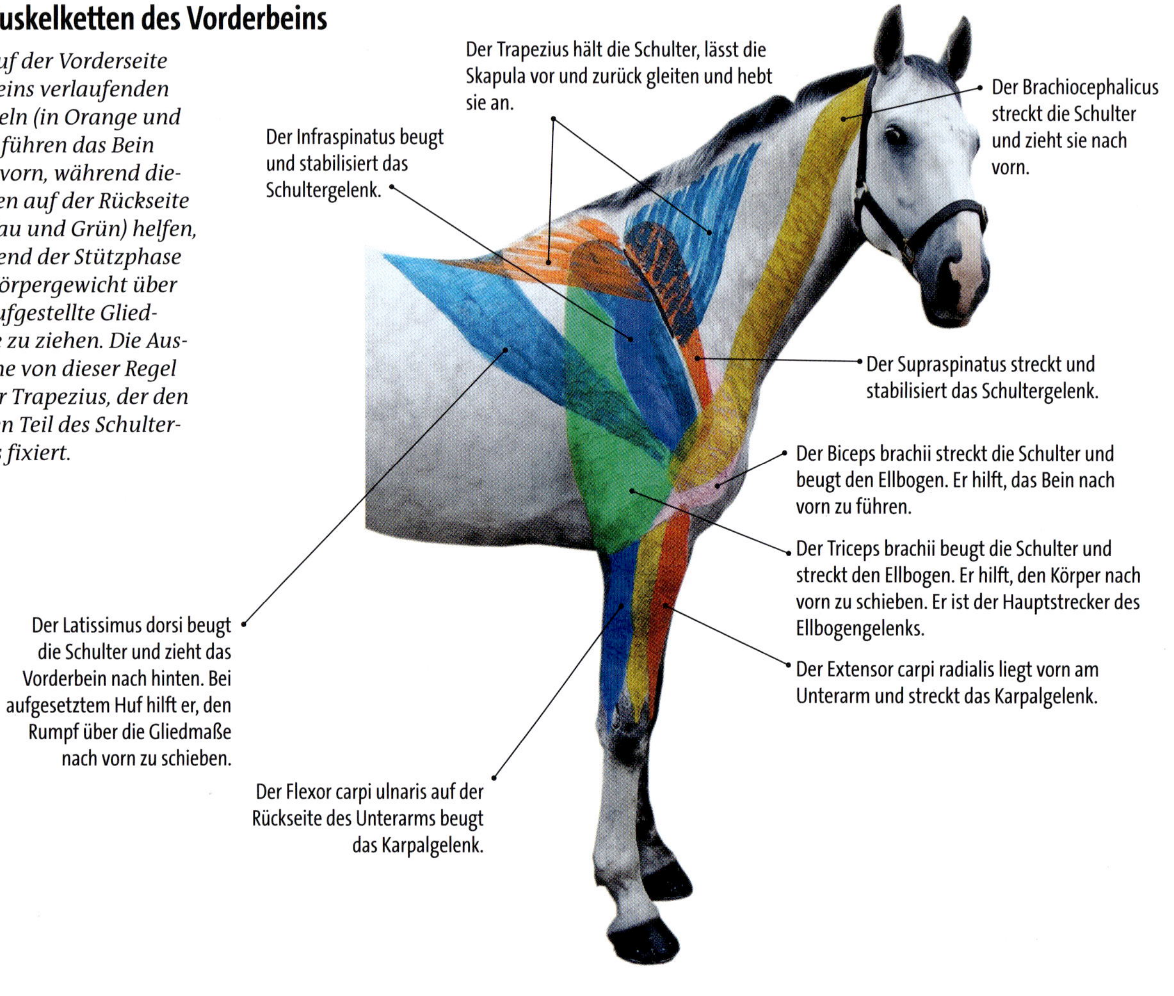

Kernmuskeln

Ein stabiler Kern liefert die nötige Kraft und Koordination für kontrollierte, ausbalancierte Bewegungen, eine korrekte Körperhaltung und das Tragen von Gewicht. Er kann die Leistung verbessern und das Verletzungsrisiko senken. Zu den Kernmuskeln gehören die thorakale Muskelschlinge, die Bauchmuskeln, die Stabilisierer des Beckens und die tiefen Rückenmuskeln. Übungen zur Stärkung des Kerns konzentrieren sich auf das Aktivieren der Hinterhand, um die Vorhand leichter zu machen; zu ihnen gehören häufige Übergänge und halbe Paraden, die das Pferd ermuntern, sich aufzunehmen und von hinten zu schieben, Bergaufreiten sowie Cavalettiarbeit in Trab und Galopp.

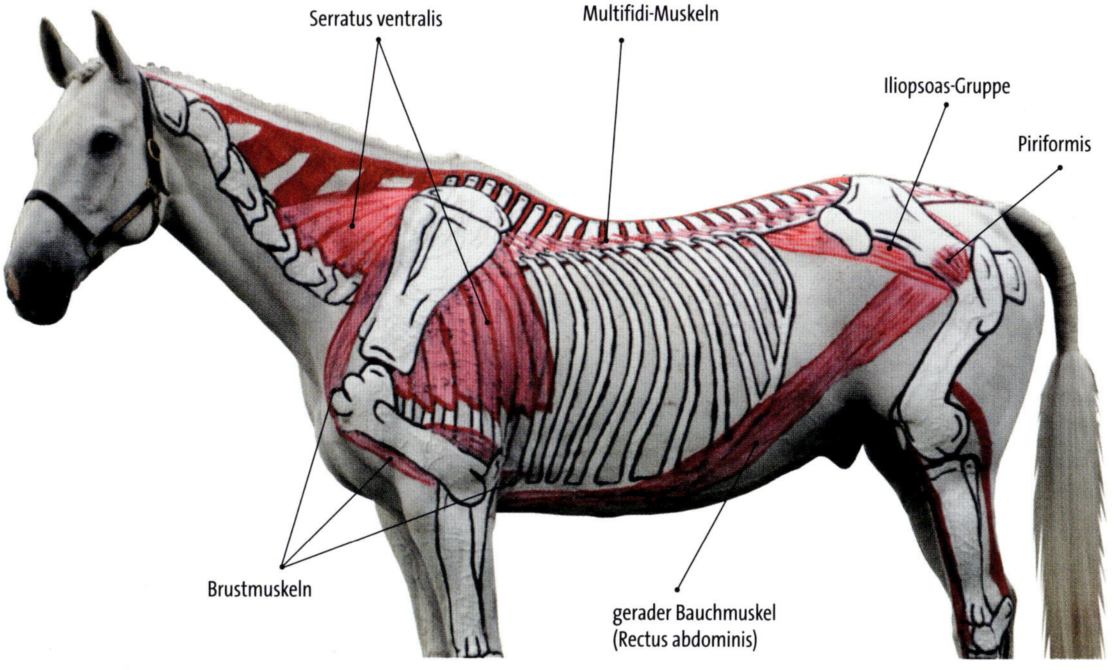

Zu den Übungen an der Hand, die den Kern stärken, gehören das Strecken nach einer Karotte, Rückwärtsrichten, Schritt über hohe Cavaletti und Rückenheber.

Thorakale Muskelschlinge

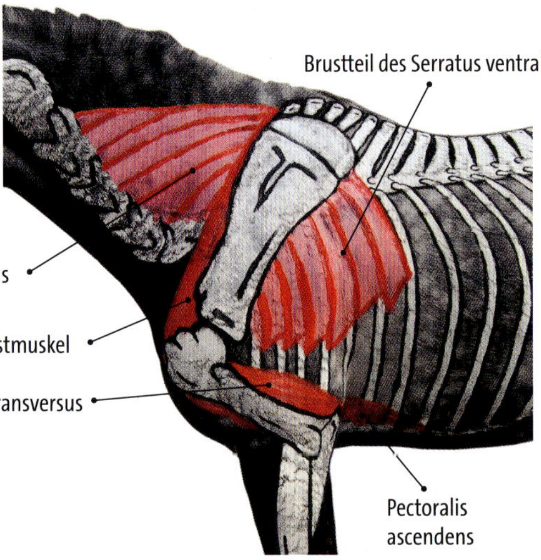

Da die Vorderbeine nicht knöchern mit dem Rest des Skeletts verbunden sind, spielt die thorakale Muskelschlinge eine wichtige Aufgabe bei der Aufhängung des Brustkorbs zwischen den Vorderbeinen.

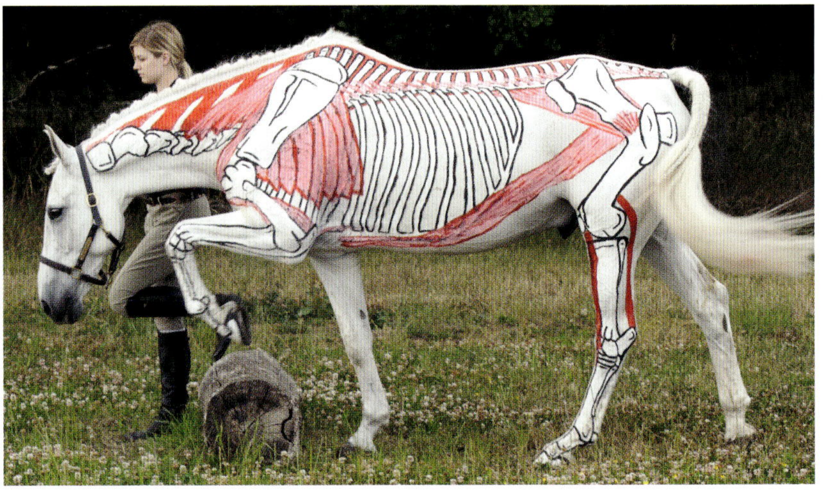

Heben der Vorhand und Schritt über Hindernisse helfen, die thorakale Muskelschlinge in Form zu bringen.

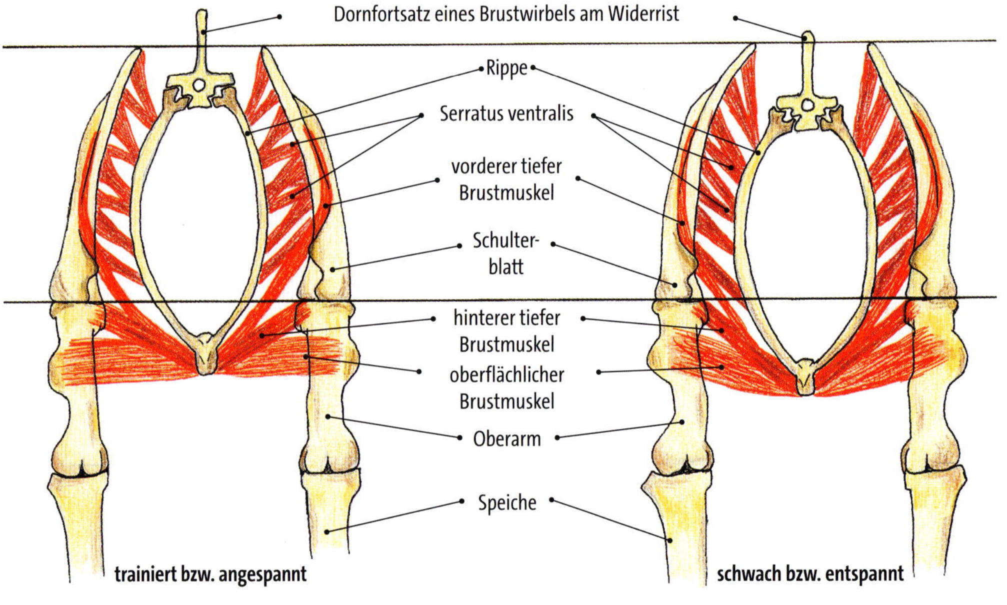

Wenn sich die thorakale Muskelschlinge zusammenzieht, hebt sie den Widerrist zwischen den Schulterblättern.

Bauchmuskeln

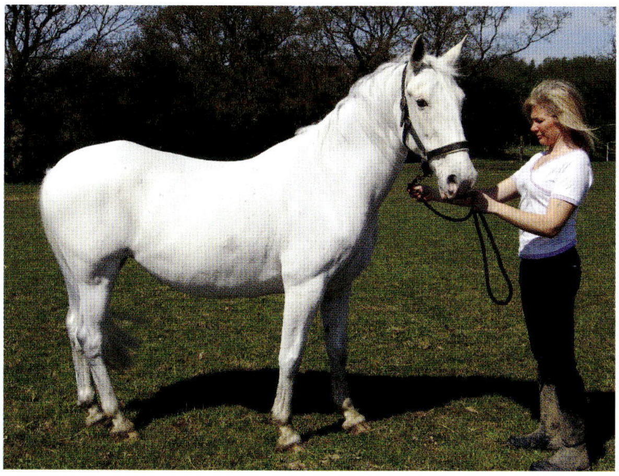

Schwache Bauchmuskeln führen zu schlechter Rückenhaltung.

Kräftige Bauchmuskeln stützen den Rücken.

Stabilisierer des Beckens

Die Muskeln der **Iliopsoas-Gruppe** stützen und stabilisieren die Unterseite der Lumbosakral- und Beckenregion. Sie halten die Körperhaltung aufrecht und beugen Lumbosakral- und Hüftgelenk. Die Beckenstabilisierer sind auch wichtig für eine stabile Hinterhand. In Dressurlektionen, bei denen mehr Gewicht auf die Hinterhand kommt, arbeitet die Iliopsoas-Gruppe isometrisch und exzentrisch in einem verkürzten Rahmen. Dressurpferde sind deshalb anfällig für Verspannungen dieser Muskelgruppe

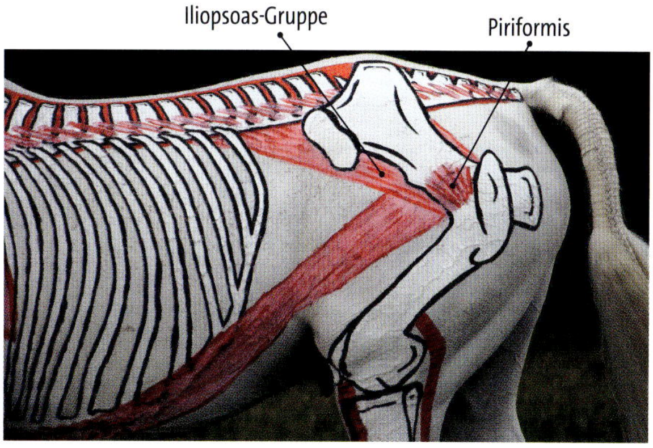

Tiefe Rückenmuskeln

Die **Multifidi-Muskeln** stabilisieren als wichtigste Muskeln dieser Gruppe die einzelnen Wirbel, indem sie jeweils von einem Wirbelkörper zum Dornfortsatz des davorliegenden Wirbels ziehen. Sie reagieren sehr sensibel auf jede Positionsänderung. Bei Rückenschmerzen können die Multifidi-Muskeln verkümmern, dann übernimmt der Longissimus dorsi ihre Aufgaben. Da dieser Muskel aber eher für Bewegungen als für Haltearbeit gemacht ist, beeinträchtigt das die Funktion der Wirbelsäule.

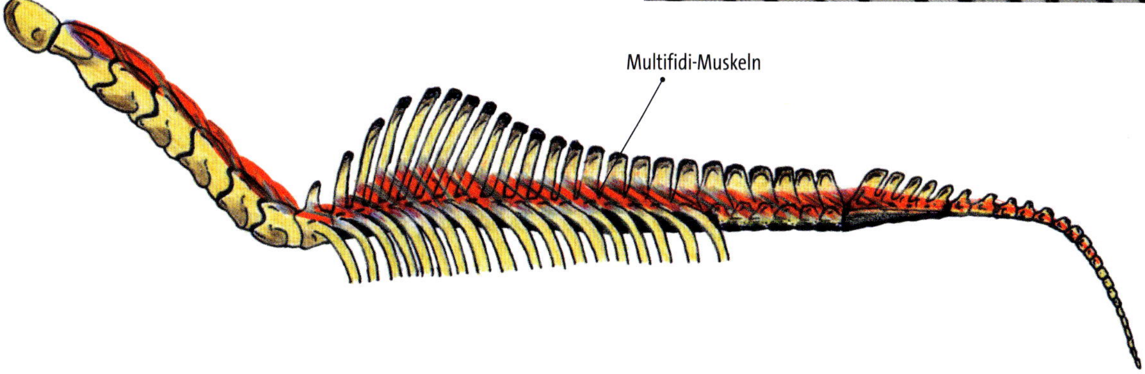

Die Vorteile gut trainierter Muskeln

Wie Muskeln auf Training reagieren

Muskeln sind das anpassungsfähigste Gewebe des Körpers. Sie reagieren auf Training und arbeiten effizienter, indem:

- Anzahl und Größe der Muskelfasern zunehmen
- die Zahl ihrer Blutgefäße zunimmt, sodass sich Blut- und Nährstoffversorgung verbessern
- sie ihre Speicherkapazität für Sauerstoff erhöhen und Abbauprodukte besser entsorgen
- sich mehr Mitochondrien in den Muskelzellen bilden, welche die Energie für die Kontraktion der Muskelfasern liefern
- Menge und Aktivität der für die Zellatmung benötigten Muskelenzyme steigen
- sie mehr Energie in Form von Glykogen speichern können
- sie ihre Kapazität für aerobe und anaerobe Zellatmung erhöhen, um länger und schneller arbeiten zu können
- man Übungen wählt, die isometrische, konzentrische und exzentrische Muskelarbeit erfordern (S. 65/40)

Dies führt zu besserer Muskelkoordination, mehr Kraft, Schnelligkeit und Ausdauer.

Pferde mit starken, gesunden und wohldefinierten Muskeln sehen gut aus, fühlen sich gut und arbeiten mit Leichtigkeit, Genauigkeit und Ausstrahlung. Haltung, Kraft, Balance und Präzision verbessern sich, die Pferde galoppieren schneller, springen höher, halten länger das Tempo und haben dabei ein geringeres Verletzungsrisiko.

Muskeln entwickeln sich langsam

Eine starke Muskulatur und ein gut trainiertes Herz-Kreislauf-System gehören zusammen. Das eine geht nicht ohne das andere, keines kann allein trainiert werden. Muskeln aufzubauen erfordert ein kontinuierliches, langsam aufbauendes Trainingsprogramm. Muskelveränderungen entwickeln sich langsam über 4–12 Wochen, je nach Alter, Rasse, Fitness und Kondition. Wird zu früh zu viel Schnelligkeit, Ausdauerleistung oder Kraft gefordert, führt dies zu Ermüdung, Muskelkater oder Verletzungen der Muskeln und die Muskelentwicklung verzögert sich. Einmal erreicht, hält die Muskelkondition mehrere Wochen an. Ein bis zwei Wochen Trainingspause wegen einer kleineren Verletzung beeinflussen die Muskeln also nicht so stark wie bei menschlichen Athleten.

Gezieltes Muskeltraining fördert:

Ausdauer

Längere Strecken in langsamem Tempo bei aerober Muskelarbeit helfen, Ausdauer zu entwickeln, sodass die Muskeln ihre Leistung bei nicht maximaler Auslastung lange aufrechterhalten können. Dies ist für alle Pferde in allen Sportarten wichtig, vor allem für Vielseitigkeits- und Distanzpferde. Um die Muskeln nicht zu überfordern dürfen Trainingsdauer und -distanz erst dann gesteigert werden, wenn die bisherigen Trainingsanforderungen erfüllt sind. Für ein

Pferd, das die Arbeit wieder aufnimmt, sind 15 Minuten Schritt am Tag angemessen. Verlängern Sie täglich um zehn Minuten und beginnen Sie schrittweise mit Trab- und etwas Galopparbeit. Das Ziel ist, 45 Minuten Arbeit in verschiedenen Gangarten mit Leichtigkeit zu bewältigen und dabei alle Muskeln gleichmäßig zu trainieren, um Überlastung einer Muskelgruppe zu vermeiden. Sie können dieses Ausdauerbewegungstraining im Gelände oder auf dem Reitplatz durchführen (S. 98).

Eine ausgewogene, energiereiche Fütterung ist sehr wichtig, um die Muskeln zu unterstützen und Problemen vorzubeugen (Kap. 8).

Kraft

Muskelkraft ist wichtig für Körperhaltung, Stabilität, Balance, präzise Bewegungen und die Fähigkeit, Gewicht zu tragen. Kraftübungen führen zu stabileren Gelenken, besserem Muskeltonus und mehr Muskelfasern, wodurch Muskelmasse, -kraft und -belastbarkeit zunehmen. Krafttraining sollte Teil eines strukturierten Konditionstrainings sein. Um Ermüdung zu vermeiden und den Muskeln ausreichend Erholungszeit zu geben, sollte das Krafttraining nicht öfter als zwei- bis dreimal pro Woche stattfinden.

Muskeln lassen sich durch kurze, abwechslungsreiche, intensive Übungen stärken, beispielsweise:

- **Arbeit an Steigungen**, einschließlich Übergänge, Seitengänge und Tempowechsel, bergauf und bergab
- **Cavalettiarbeit** im Schritt und im Trab
- **Lektionen in Versammlung** wie Trabverkürzung, Piaffe und Passage
- **Gymnastiksprünge** einschließlich Hinderniskombinationen, mit zunehmend höheren und breiteren Hindernissen
- **Arbeit auf lockerem, tiefem Untergrund**. Um das Risiko von Muskel-, Sehnen- oder Bänderverletzungen zu reduzieren, müssen Sie das Pferd langsam an einen solchen Boden gewöhnen.
- **Im Wasser reiten** ermuntert das Pferd, seine Beine mehr zu heben, und der Wasserwiderstand lässt die Muskeln härter arbeiten.

Im Anschluss an ein allgemeines Muskelaufbautraining sind an die Sportdisziplin angepasste Übungen am effektivsten.

Müde Muskeln arbeiten unkoordiniert.

Koordination

Gut koordinierte Muskeln arbeiten gleichmäßig, effizient und präzise, verbessern die Haltung und reduzieren das Risiko für Muskelkater und Verletzungen; Dressurlektionen werden fließender und Sprünge präziser. Die Muskelkoordination wird durch Wiederholungen optimiert, da neue Nervenverschaltungen entstehen, die die Muskeln immer effizienter ansteuern. Es ist sinnvoller, eine neue Lektion jeden Tag zehn Minuten lang zu üben als einmal in der Woche für eine Stunde. Die Koordination kann durch regelmäßiges Springen im Gelände verbessert werden, zum Beispiel durch kleine Auf- und Absprünge, kleine Stufen und Treppen nach unten und oben sowie durch Springen über kleinere Gräben.

Geschmeidigkeit

Wie ein geschmeidiger Mensch bewegt sich auch ein geschmeidiges Pferd mit Leichtigkeit, erfreut sich größerer Beweglichkeit und ist weniger anfällig für Zerrungen. Dieses Sich-Wohlfühlen trägt zu mehr Konzentration, Kooperation, Lernwillen und Lebensfreude bei. Die Kombination aus Kraft, Koordination und Geschmeidigkeit führt dazu, dass das Pferd sich entspannt, rhythmisch, am Zügel, kraftvoll, geradegerichtet, im Gleichgewicht, versammelt und in Biegung bewegen kann. Dies erlaubt ihm die nötige Anlehnung, den Takt und die Durchlässigkeit für gut ausgeführte Dressurlektionen, präzises und flüssiges Springen.

Für mehr Geschmeidigkeit sorgen:

- Muskeln und Gelenke regelmäßig im vollen Bewegungsradius zu bewegen
- 5–10 Minuten während des Aufwärmens und Abkühlens für Dehnübungen zu nutzen, besonders wenn der Schwerpunkt auf Krafttraining liegt
- in Kraft- und Schnelligkeitstraining immer wieder Beweglichkeitsübungen einzustreuen
- aktive Dehnübungen unter dem Reiter
- die Position von Kopf und Hals zu variieren, durch Phasen mit langer, tiefer Haltung und Biegung
- Seitengänge wie Schulterherein und Travers in verschieden starker Abstellung und Biegung
- Dehnübungen und Beweglichkeitsübungen an der Longe
- Geschicklichkeitsübungen unter dem Reiter und an der Hand, zum Beispiel Cavalettiarbeit

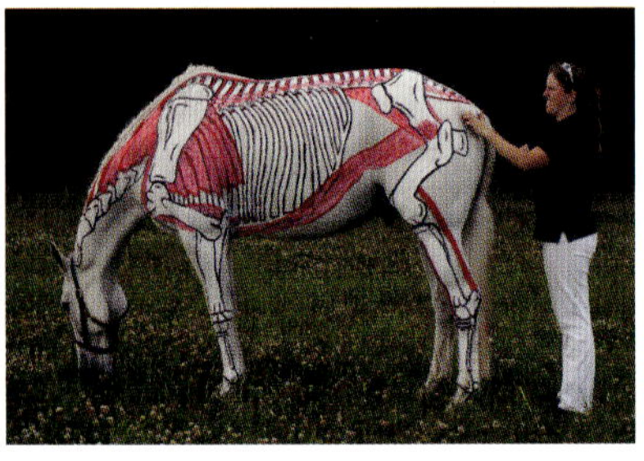

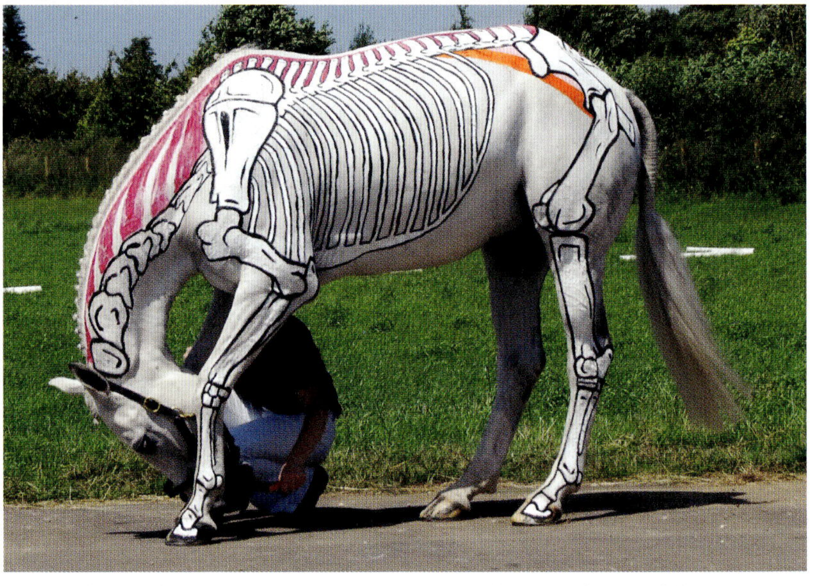

Eine große Bandbreite aktiver und passiver Dehnübungen durchzuführen verbessert die Geschmeidigkeit.

Dem Pferd Auslauf zu gewähren, sodass es sich immer bewegen, wälzen, kratzen oder nach Fliegen schnappen kann, verbessert die Geschmeidigkeit. Aufgestallte Pferde werden leichter steif.

Schnelligkeit

Galopparbeit verbessert die Kontraktionsrate und die Koordination der Muskeln.

Sobald ein Pferd mühelos auch in hügeligem Gelände eine Stunde lang traben und galoppieren kann, ist es bereit für das schnelle Galopptraining. Ein Abstand von vier Tagen ist optimal, um die Glykogenspeicher, die bei anaerober Arbeit geleert werden, wieder aufzufüllen. Beginnen Sie mit etwa 100 Metern starkem Galopp und vergrößern Sie die Distanz langsam. Parieren Sie erst zum Arbeitsgalopp, dann zum Trab und dann zum Schritt durch. So wird die als Abfallprodukt der anaeroben Energiegewinnung produzierte Milchsäure besser abtransportiert. Während des Galopptrainings werden nur 20 % der Energie in Bewegung umgesetzt, der Rest wird in Wärme umgewandelt. Ein wenig Wärme fördert die Muskelkontraktion. Überhitzen die Muskeln jedoch, weil der Körper die Wärme aufgrund ungünstiger Umweltbedingungen nicht abgeben kann (S. 12), können sie ermüden, erschöpfen und für Verletzungen anfällig werden.

Praktische Anwendung

- Achten Sie auf eine gute Körperhaltung, um Agonisten und Antagonisten gleichmäßig zu fördern.
- Trainieren Sie Kraft, Ausdauer, Geschmeidigkeit, Können und Schnelligkeit.
- Planen Sie ein strukturiertes Trainingsprogramm.
- Variieren Sie die Arbeit und trainieren Sie auch im Gelände, um den ganzen Körper ausbalanciert und gleichmäßig bemuskelt zu halten. Dadurch vermeiden Sie eine Überlastung einzelner Muskelgruppen und Verletzungen.
- Trainieren Sie genau die Anforderungen, die im Wettkampf gestellt werden.
- Wärmen Sie die Muskeln sorgfältig auf (S. 60).
- Lassen Sie das Pferd langsam abkühlen, um einen Muskelkater zu vermeiden.
- Um die schnell zuckenden Fasern zu fördern, achten Sie darauf, dass das Pferd aktiv mitmacht und seine Hufe hebt.
- Denken Sie an passive und aktive Dehnübungen auch unter dem Reiter.
- Durch regelmäßige Massagen können Sie die Muskulatur gesund erhalten und Verspannungen lösen.
- Lassen Sie Ihrem Pferd viel Zeit, sich nach Muskelverletzungen zu erholen und langsam wieder aufzutrainieren.
- Füttern Sie ausreichend Eiweiß, da die Muskeln für Wachstum und Leistung essenzielle Aminosäuren benötigen.
- Halten Sie müde Muskeln warm.
- Täglicher Weidegang reduziert das Risiko steifer Muskeln.
- Tägliches Schrittgehen ist besonders wichtig für aufgestallte Pferde.

Zusammenfassung

- Muskeln kontrollieren jede Bewegung – innerlich und äußerlich.
- Es gibt drei Muskelarten: glatte, Herz- und Skelettmuskulatur.
- Muskeln haben schnell zuckende und langsam zuckende Fasern.
- Tief liegende Muskeln sind eher für Stabilität und Haltung zuständig.
- Oberflächliche Muskeln sind eher für große Bewegungen zuständig.
- Muskeln mit gegensätzlichen Aufgaben arbeiten zusammen.
- Muskelgruppen arbeiten in Ketten zusammen.
- Muskeln müssen langsam auftrainiert werden.

Muskeln und Knochen werden von Faszien, Sehnen und Bändern gehalten. Sie erlauben dem Pferd, seine Körperhaltung zu wahren und Bewegungen effizient auszuführen.

Faszien, Sehnen und Bänder

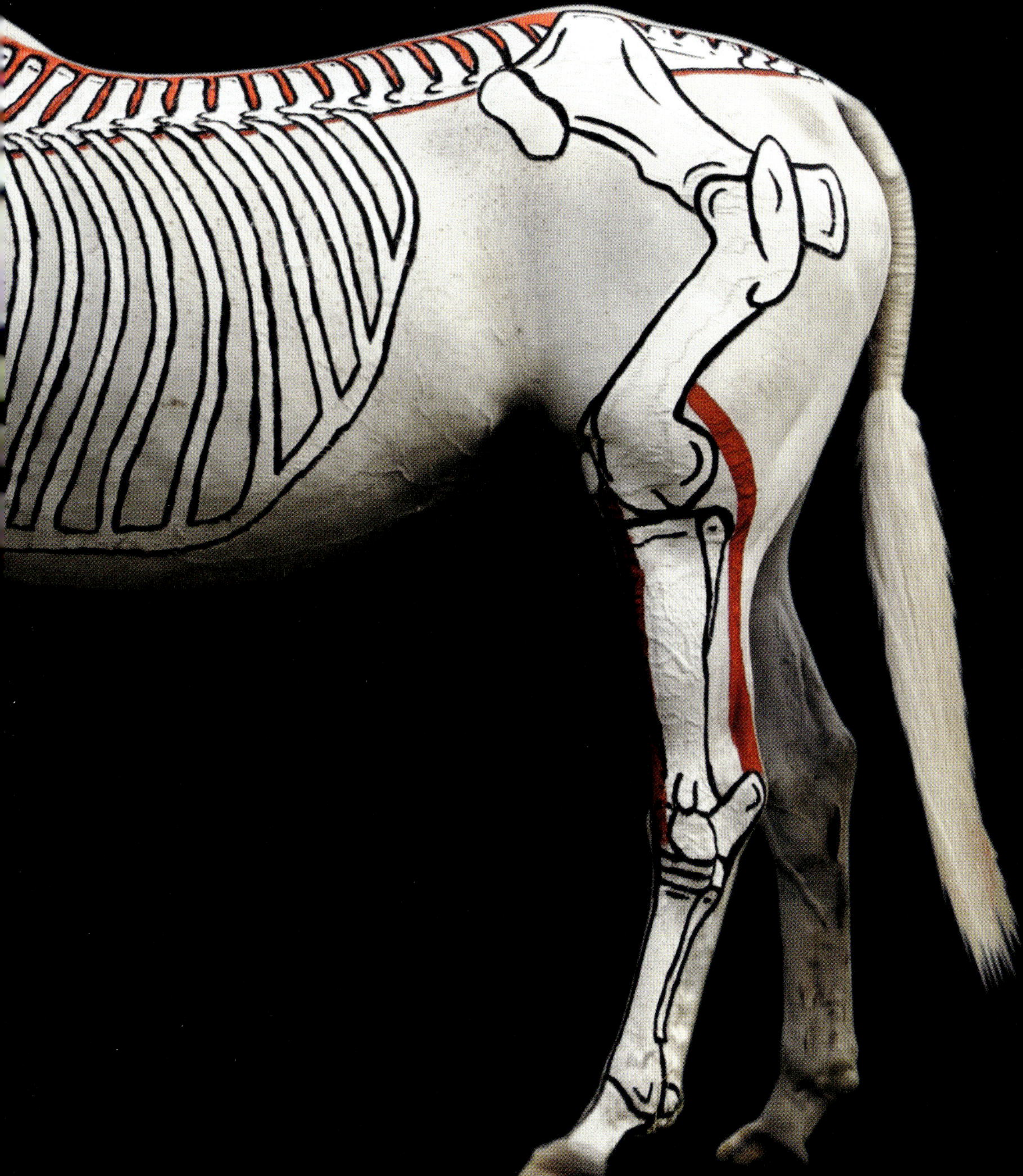

Bindegewebe

Bindegewebe ist überall im Körper zu finden. Es bildet verschiedene Strukturen, unter anderem Faszien, Sehnen, Bänder, Knorpel, Blutgefäße (S. 90), Knochengewebe (S. 18), Fett- (S. 102) und Lymphgewebe. Es besteht hauptsächlich aus Zellen und Kollagen, einem Fasern bildenden Eiweiß, das ein Viertel der gesamten Eiweißmenge des Körpers ausmacht. Ein Großteil des Bindegewebes besteht aus verschiedenen Anteilen zweier Kollagenfasertypen:

- weiße Fasern, die relativ unelastisch sind
- gelbe Fasern, die sich dehnen lassen

Faszien

Faszien bestehen aus einem dichten Gewebenetz, das jeden Muskel, jeden Knochen und jedes Organ umgibt und durchwebt, sie miteinander verbindet und als eine Einheit funktionieren lässt. Sie bilden die dünne, weiß glänzende Schicht, die zu sehen ist, wenn man ein Hühnchen küchenfertig macht. Faszien dienen als Schutzschicht, Stütze und Ansatzfläche für Muskeln. Sie sind Stoßdämpfer für die Muskeln und erlauben ihnen, reibungslos aneinander vorbeizugleiten. Der hohe Gehalt an weißen Fasern gibt den Faszien die nötige Festigkeit und Widerstandskraft. Gesunde Faszien sind locker, feucht und mobil.

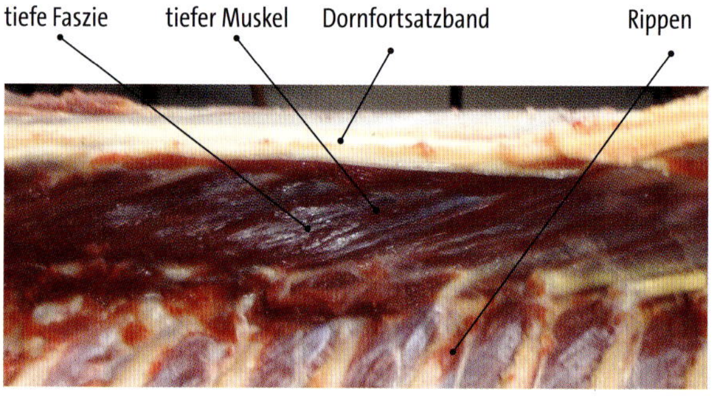

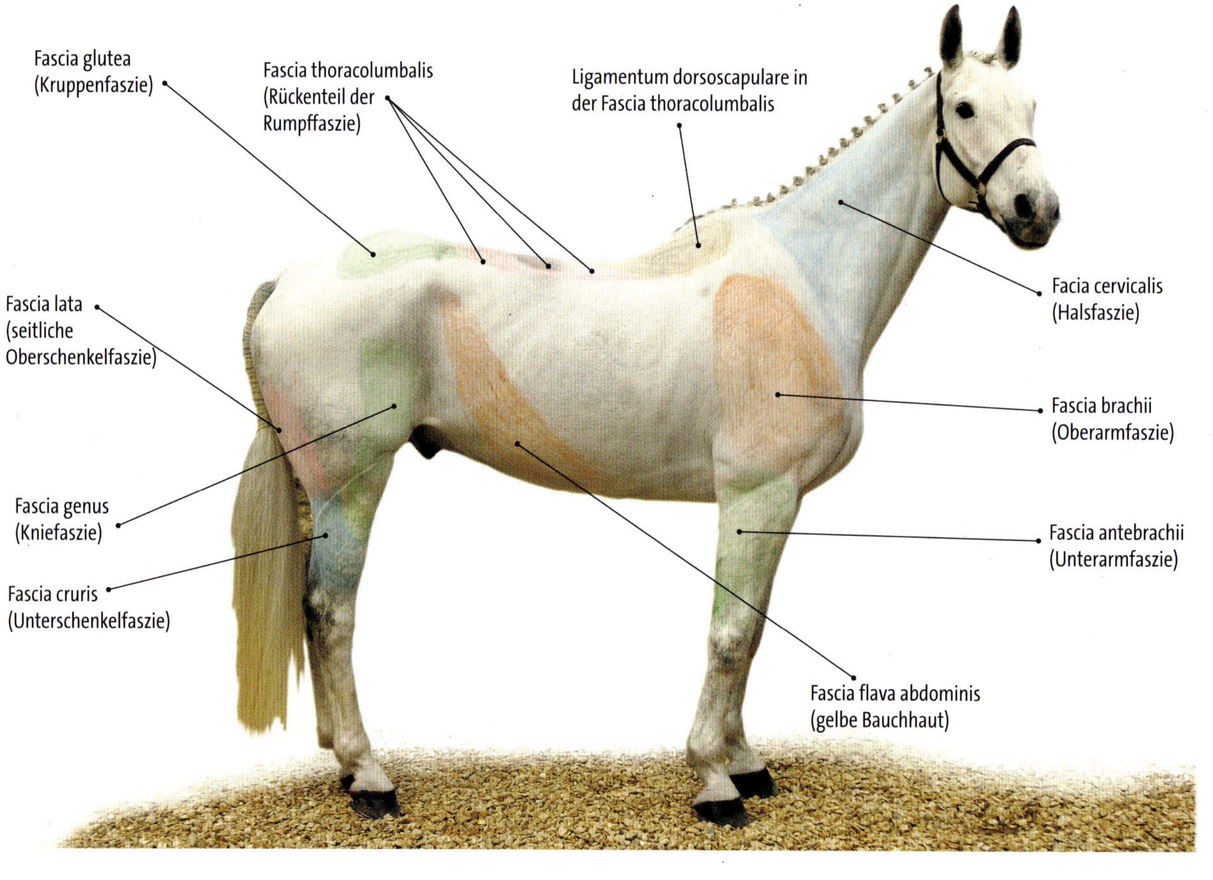

Faszien bestehen aus mehreren sich überlappenden, miteinander verwobenen Gewebeschichten, die nach ihrer Lage benannt sind.

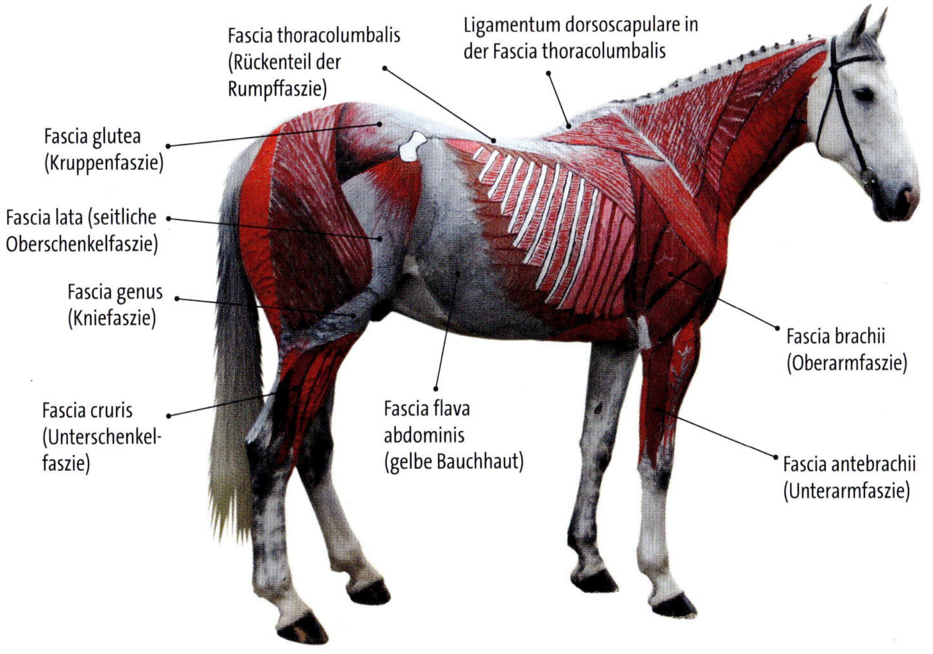

Oberflächliche Faszien

Die oberflächlichen Faszien verbinden die Haut mit den Muskeln und den darunterliegenden Strukturen. Sie bilden Zugänge, über die Nerven, Blut- und Lymphgefäße in die Muskeln eindringen können. Außerdem dienen sie als Isolationsschicht, die Wärmeverluste reduziert und die Muskeln vor Quetschungen schützt.

Tiefe Faszien

Tiefe Faszien bestehen aus dichtem, unregelmäßigem Bindegewebe, das Muskeln, Bänder, Sehnen, Gelenkkapseln, Knochenhaut, Knochen, Nerven und Blutgefäße umgibt. Jede Schicht eines Muskelbauchs wird von einem eigenen dünnen Faszienblatt umhüllt. Zu den Muskelenden hin laufen die Muskelfasern aus und die Faszienblätter bilden die Sehne.

Verletzte Faszien

Wenn Faszien beschädigt oder überbeansprucht werden, beeinträchtigt das ihre Flexibilität und Elastizität – vergleichbar mit zu enger Kleidung, die unsere Bewegungen einschränkt. Aufgrund ihrer verbindenden Natur kann eine beschädigte Faszie Einfluss auf weit von der Verletzung entfernte Muskeln derselben Kette haben (S. 42) und dort Symptome wie Steifheit oder Bewegungseinschränkungen hervorrufen.

Praktische Anwendung

- Faszien können durch verschiedene Massagetechniken, passive und aktive Dehnübungen und Osteopathie (myofasziales Release) beeinflusst werden.
- Austrocknung beeinträchtigt die Faszien.

Oberflächliche Strukturen des Rückens von oben

Die Muskeln der Lendenregion, wo die Glutealmuskeln und die kraftvollen Hüft- und Lumbosakralstrecker das Pferd vorwärtsdrücken, übertragen ihre Kraft über die Rückenfaszie auf den Rücken.
Das Entlasten der Vorhand bei Dressurlektionen, beim Springen, Bergaufreiten oder Buckeln bringt zusätzliche Last auf die Rückenfaszie, weshalb sie eine der am häufigsten verspannte und schmerzhafte Körperregion ist.

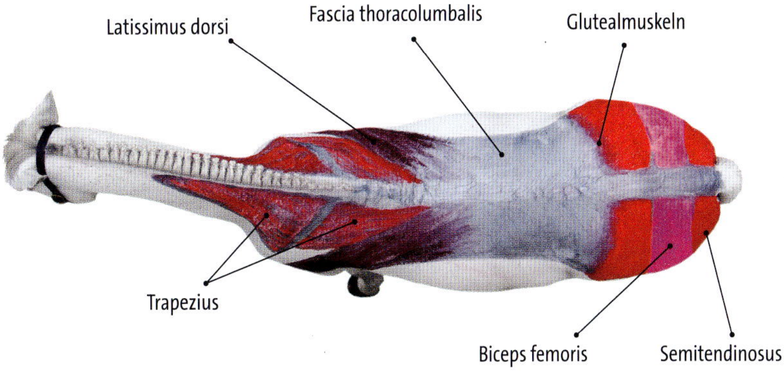

Sehnen

Sehnen sind Faserstränge aus Bindegewebe, die Muskeln und Knochen miteinander verbinden. Es gibt sie überall im Körper, doch wenn es um die anatomischen Voraussetzungen für Leistung geht, gilt unser Interesse vor allem den Beinsehnen.

- Sehnen entspringen, wo der Muskelbauch sich zu dichten, faserigen Kollagenbündeln verjüngt, die extremen Zugbelastungen widerstehen können.
- Die Sehnenfasern verlaufen im Zickzack oder leicht gewellt, wodurch sie sich etwa vier Prozent dehnen und wieder zurückspringen können. Darüber hinaus kommt es zu Verletzungen.
- Jede Sehne verbindet sich mit der Knochenhaut über kleine Spikes, die Sharpey-Fasern heißen.
- Fibroblasten genannte Zellen, die zwischen den Fasern liegen, produzieren neues Kollagen.
- Altes Kollagen wird fortwährend durch neues ersetzt. Die gesamte Sehne erneuert sich innerhalb von sechs Monaten.
- Wo eine Sehne über ein Gelenk läuft, wird sie durch eine Sehnenscheide geschützt und durch ein Ringband gehalten.
- Da Sehnen keine Blutgefäße enthalten, werden sie schlecht mit Blut versorgt und heilen nur langsam.

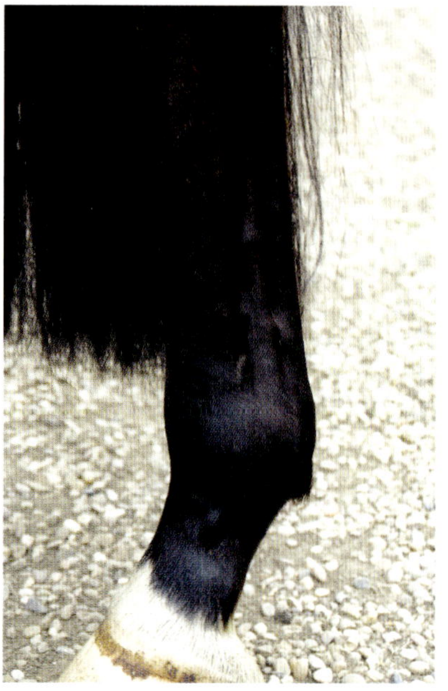

Gesunde Sehnen sind klar definiert und straff. Die Sehnen junger Pferde scheinen robuster zu sein als die älterer Tiere.

Beinsehnen

Das Pferd hat unterhalb des Vorderfußwurzel- und des Sprunggelenks keine Muskeln. Dadurch werden die Beine leichter und das Pferd kann sich schneller, effizienter bewegen. Da alle Gelenke unterhalb von Ellbogen und Knie nur Beugung und Streckung in einer Ebene zulassen, sind alle Sehnen entweder Streck- oder Beugesehnen.

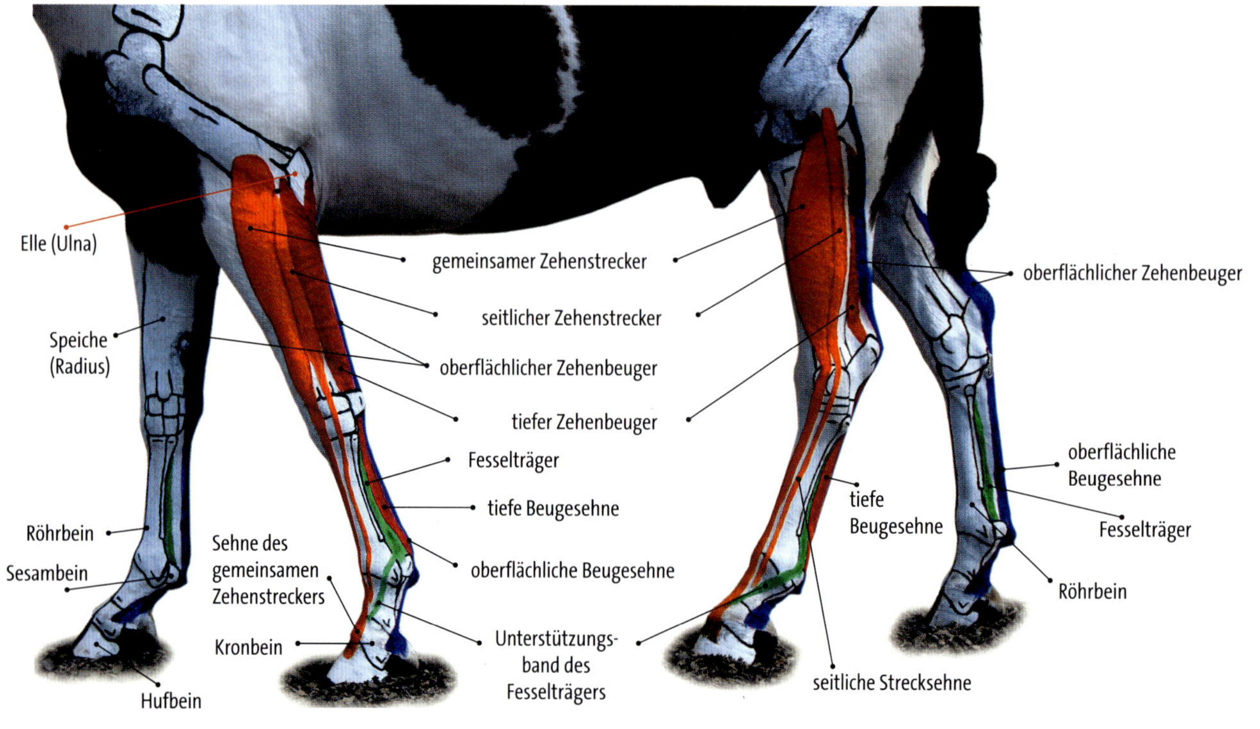

Die Zehenstreckmuskeln und -sehnen treten während der späten Schwungphase eines Schrittes in Aktion. Sie bringen den Huf in die richtige Position zum Auftreten und Gewichtaufnehmen.

Die Zehenbeugemuskeln und -sehnen arbeiten, wenn das Pferd Fessel- und Zehengelenke beugt, etwa beim Springen oder in der frühen Schwungphase eines Schrittes. Indem sie wie ein Gummiband zurückschnellen, sparen die Sehnen in schnelleren Gangarten Energie und entlasten den zugehörigen Muskel (S. 59).

Bänder

Bänder sind Faserbündel aus derbem Bindegewebe, die Knochen mit Knochen verbinden. Sie begrenzen den Bewegungsradius der Gelenke und sind im gesamten Körper zu finden, inklusive der Wirbelsäule, dem Becken, den Hüften, Knien und anderen Beingelenken.

- Bänder stabilisieren, stützen und schützen Gelenke vor Überstreckung, Überbeugung oder Verdrehungen.
- Bänder bestehen aus sich kreuzenden und überlappenden Kollagenfasern. Dadurch sind sie stärker und weniger elastisch als Sehnen. Wie Sehnen sind sie verletzungsanfällig und heilen langsam, da sie keine Blutversorgung haben.
- Sind Bänder überdehnt oder verletzt, wird das Gelenk schwächer, da sie es nicht mehr richtig stabilisieren können.

Es gibt vier Arten von Bändern:

- **Gelenkbänder**, die ein Gelenk stützen und stabilisieren. Beispielsweise haben alle Beingelenke Seitenbänder, die seitliche und Drehbewegungen einschränken.
- **Ringbänder** aus breiten Faserplatten, die ein Gelenk umgeben und den Zug einer Sehne lenken, wie etwa das Fesselringband.
- **Zwischenknochenbänder**, die nebeneinanderliegende Knochen verbinden, wie etwa die Zwischendornbänder zwischen den Dornfortsätzen der Wirbel und das breite Beckenband.
- **Strangartige Bänder** wie den Nackenstrang des Nackenbands (S. 63).

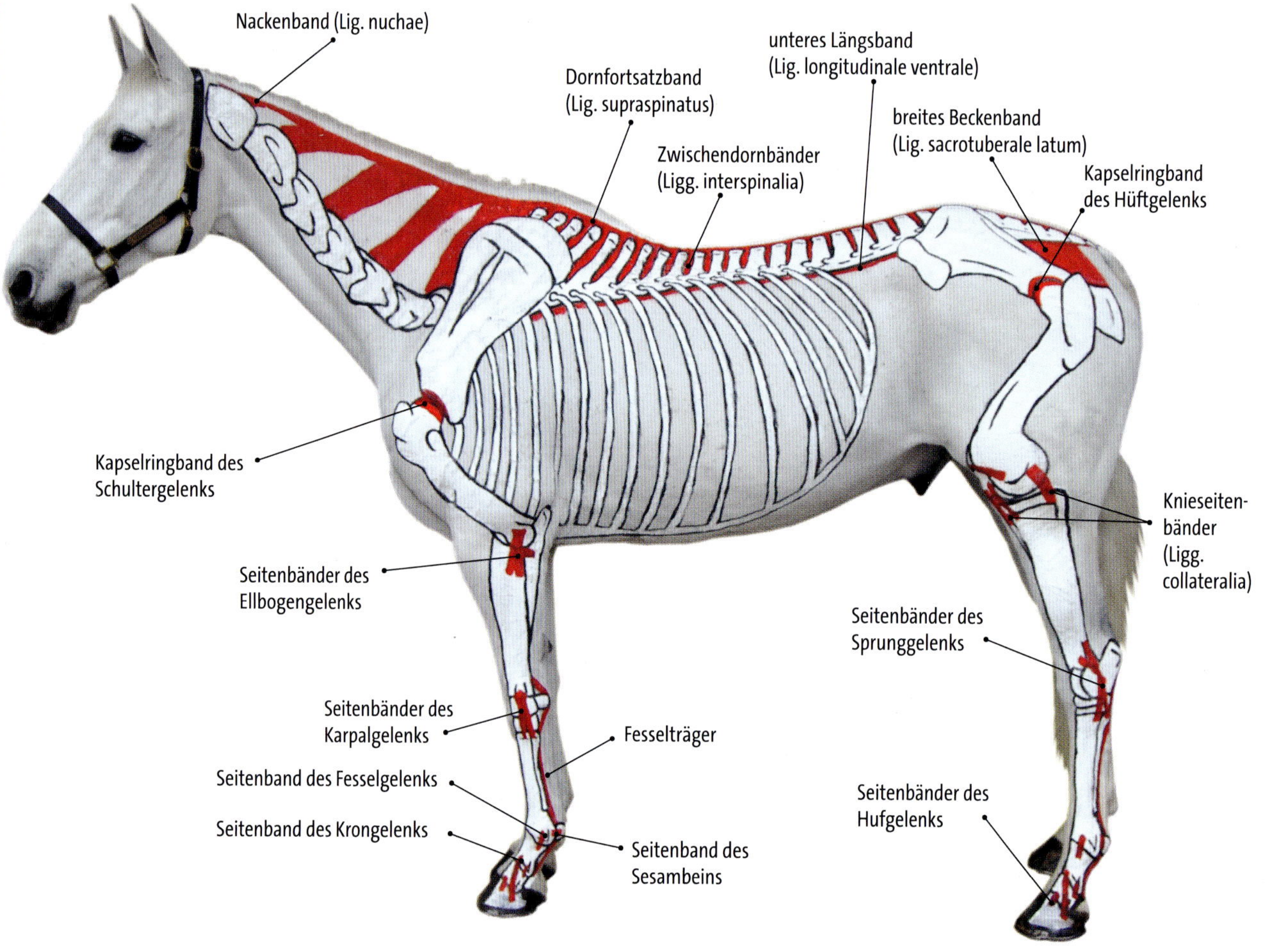

Bänder bestehen hauptsächlich aus weißen, unelastischen Kollagenfasern und einem kleinen, variablen Anteil an etwas elastischeren gelben Fasern. Die Menge an gelben Fasern bestimmt, wie weit sich ein Band dehnen lässt. Kapselringbänder an Kugelgelenken wie der Hüfte haben etwas mehr gelbe Fasern, um genügend Beweglichkeit zuzulassen.

Fesselträger

Die Aufgabe des hinten am Röhrbein hinunterlaufenden Fesselträgers ist die Stabilisierung des Fesselgelenks. Obwohl er hauptsächlich aus Kollagenfasern besteht, enthält er auch einige Muskelfasern. Zusammen mit einem höheren Anteil gelber Fasern geben sie dem Fesselträger eine gewisse Dehnfähigkeit.

Durch ihren hohen Anteil elastischer Fasern arbeiten der Fesselträger und die oberflächliche Beugesehne als Energiesparmechanismus eng zusammen, vor allem bei hoher Geschwindigkeit, vermehrter Gewichtsbelastung und beim Springen.

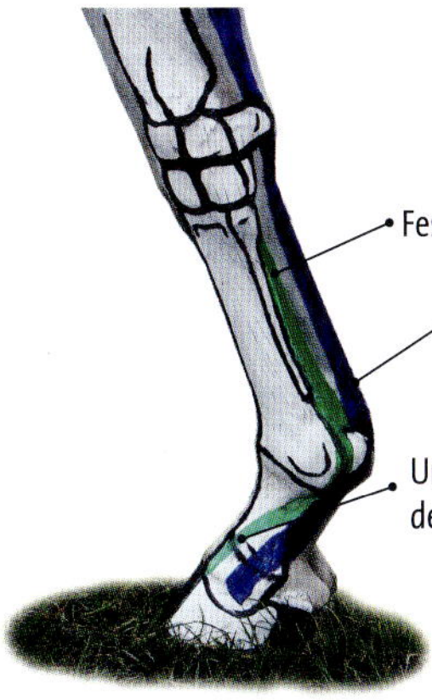

Der Sprungfedermechanismus des Fesselträgers spart Energie

Dehnen ...

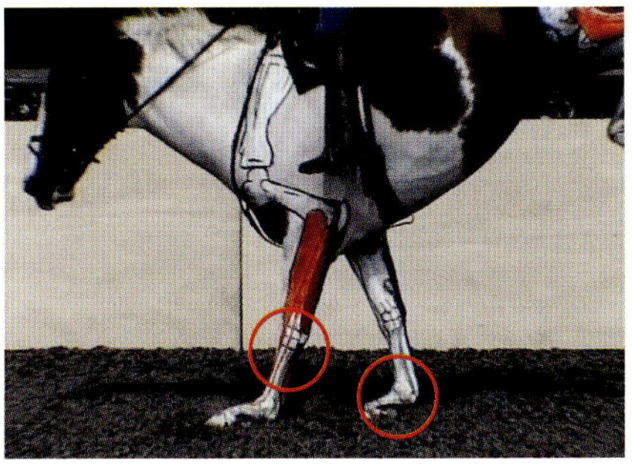

Beim Landen nach einem Sprung lastet das meiste Gewicht auf dem hinteren Vorderbein. Der Fesselträger und die oberflächliche Beugesehne dehnen sich, um mehr als das 2,5-fache des Körpergewichts aufzunehmen. Wenn sich der Rumpf über das aufgestellte Bein nach vorn schiebt, wird das Fesselgelenk überstreckt.

... und Zurückschnellen

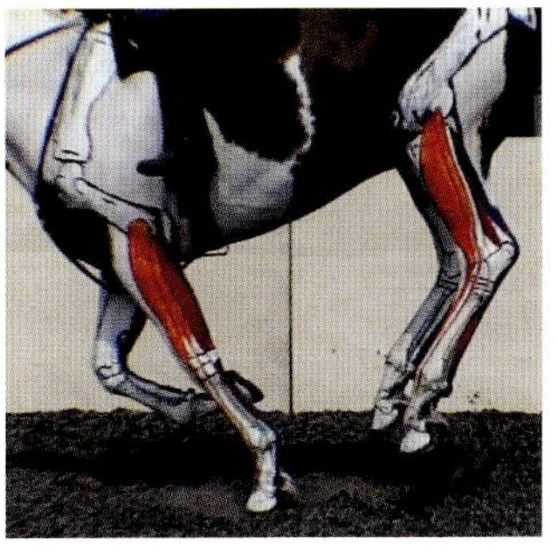

Wie ein gespanntes Gummiband schnellen Fesselträger und Beugesehne auf ihre ursprüngliche Länge zurück, wenn der Zug nachlässt. Dies hilft, das Fesselgelenk wieder in Beugestellung zu bringen.

Sehnenverletzungen

Sportpferde, die viel galoppieren oder springen, haben das höchste Risiko für Sehnenverletzungen. Vor allem regelmäßige Überstreckung der Gelenke kann zur Überdehnung der Beugesehnen führen. Ein schwerer Schaden bzw. Riss des Fesselträgers kann plötzlich oder schleichend auftreten. Bei Dressurpferden sind die Fesselträger der Hinterbeine besonders gefährdet.

Dehnen

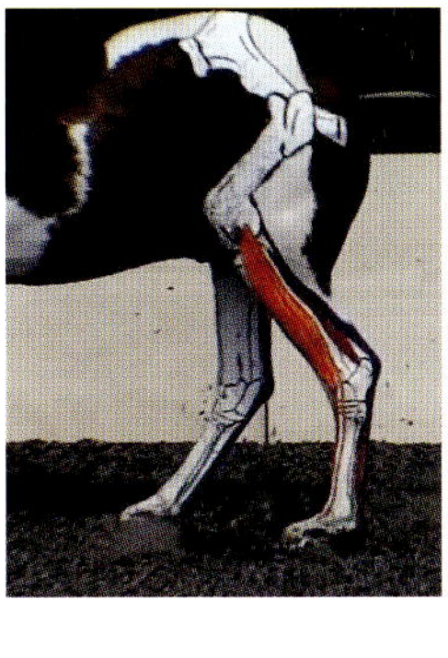

Entlasten

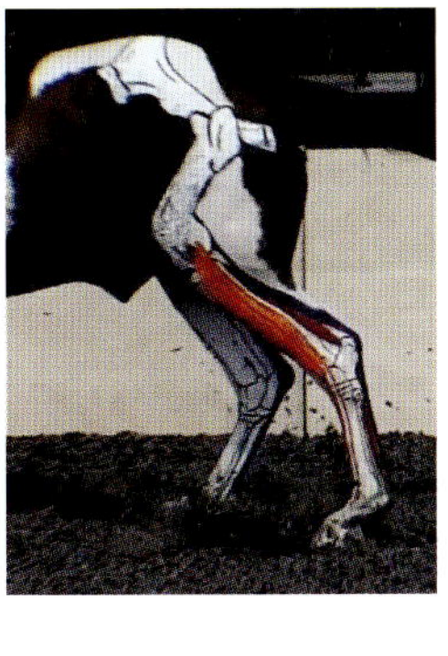

Zurückschnellen

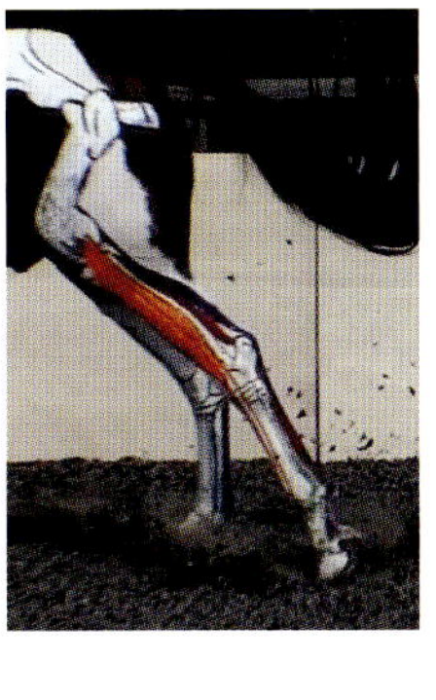

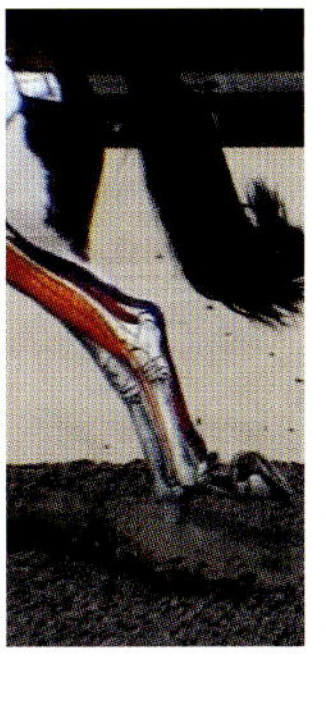

Im Hinterbein spielen Fesselträger und oberflächliche Beugesehne dieselbe Rolle wie im Vorderbein.

Sehnen- und Bänderverletzungen

Kryotherapie in Form eines kühlen Gewässers, Abspritzen mit kaltem Wasser oder Eispackungen einige Stunden nach dem Galopptraining wirken Entzündungen entgegen.

Sehnen- und Bänderdehnungen, Zerrungen und Risse kommen bei Turnierpferden häufig vor.

- Wiederholte Überdehnung, die häufigste Trainingsverletzung, kann zu Verschleiß führen.
- Faktoren, die Verletzungen begünstigen, sind: ein müdes Pferd zu überfordern, direktes Trauma, Verletzung des zugehörigen Muskels, Gebäudemängel wie lange schräge Fesseln, schlechte Hufbalance, Tragen von zu viel Gewicht, unebener, tiefer oder harter Boden und intensives Galopptraining mit einem nicht ausreichend trainierten Pferd.
- Verletzungen betreffen meist Beugesehnen, Unterstützungsbänder und Fesselträger.
- Reißen Kollagenfasern, führt dies zu einer Entzündung mit Erwärmung, Schwellung, Schmerzen und Funktionsbeeinträchtigung – die aber nicht alle auftreten müssen. Bei leichten Dehnungen sind kaum oder keine Temperaturerhöhung, Schmerzen oder Schwellung feststellbar.

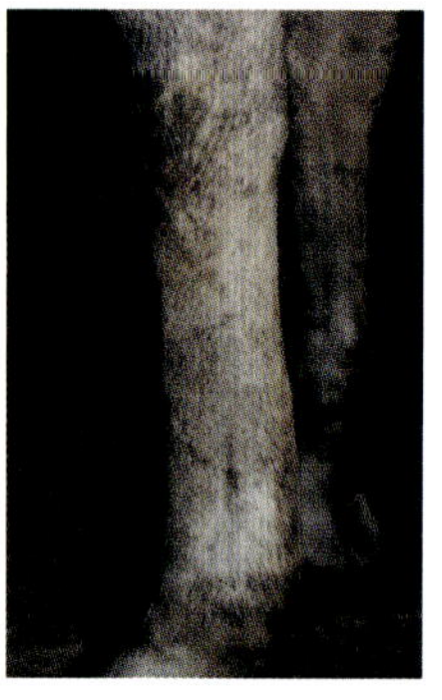

Schwellung durch eine entzündete oberflächliche Beugesehne.

- Wenn Sie einen Sehnen- oder Bänderschaden vermuten, sollten Sie umgehend einen Tierarzt rufen, denn schnelles Handeln verbessert die Heilungsaussichten.
- Sofortiges Kühlen und ein Druckverband lindern die Entzündung. Eis sorgt dafür, dass sich verletzte Blutgefäße zusammenziehen und weniger Bluterguss entsteht.

Weshalb Sehnen und Bänder langsam heilen

Bis Sehnen- und Bänderverletzungen komplett verheilt sind, dauert es unter Umständen 12–18 Monate. Die Heilung verläuft in drei Phasen, die sich nicht beschleunigen lassen:

- Das beschädigte Gewebe wird von weißen Blutzellen (Phagozyten) beseitigt. Wegen der schlechten Blutversorgung dauert dieser Prozess vor allem in der Röhrbeinmitte sehr lange.
- Fibroblasten wandern ein und produzieren neues Kollagen.
- Anschließend wird Narben- oder Granulationsgewebe umgebaut.

Narbengewebe ist weniger elastisch als das ursprüngliche Kollagengeflecht. Das beeinflusst die Aussichten für spätere Wettkampfteilnahmen.

VERLETZUNGEN VERMEIDEN

- Da warme Sehnen doppelt so elastisch sind, senkt sorgfältiges Aufwärmen das Verletzungsrisiko.
- Überhitzung durch Bandagen, Gamaschen oder Ähnliches schwächt die Kollagenfasern. Werden sie nicht unmittelbar nach dem Training entfernt, kann die Temperatur der Sehnen auf 46–47 °C ansteigen und sie verletzungsanfällig machen.

Um die Sehnen gesund zu erhalten, sollten Sie:

- Darauf achten, dass der Beinschutz Luftzirkulation zulässt, damit beim Training kein Wärmestau entsteht.
- Nach dem Galopptraining sobald wie möglich die Gamaschen entfernen und die Beine aktiv kühlen.
- Darauf achten, dass Bandagen über das Fesselgelenk gehen, fest sitzen, aber nicht die Durchblutung abschnüren.
- Täglich die Sehnen Ihres Pferdes abtasten, um Schwellungen oder Hitze zu erkennen.

Stehmechanismus

Hierbei handelt es sich um ein einzigartiges System aus Muskeln, Sehnen und Bändern, das die Beingelenke „einrasten“ lässt, sodass das Körpergewicht mit minimalem Kraftaufwand gehalten werden kann. Es erlaubt dem Pferd, im Stehen zu schlafen. Die Muskeln, Sehnen und Bänder des Stehmechanismus haben aber auch bei Bewegungen wichtige Funktionen.

Vorderer Stehmechanismus

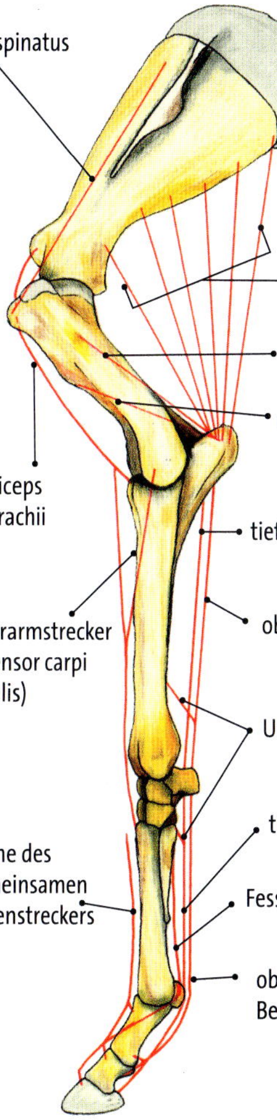

Das Bizepskatapult

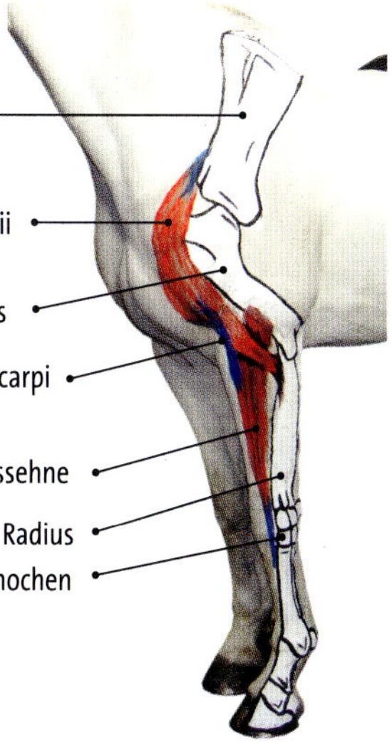

Der kraftvolle Bizepsmuskel und der Extensor carpi radialis arbeiten zusammen, um Schulter und Ellbogen zu stabilisieren.

Der sehnige Serratus-ventralis-Muskel unterstützt den Stehmechanismus, indem er den Rumpf an der Innenseite des Schulterblatts aufhängt.

Strecken (Stützphase)

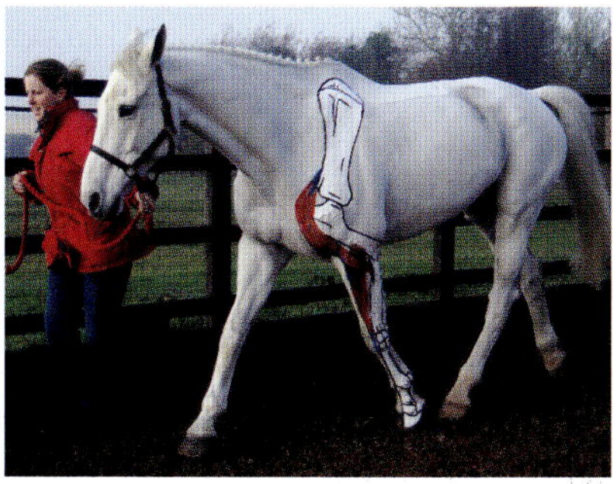

Wenn sich Schulter- und Ellbogengelenk maximal strecken, stehen der Bizepsmuskel und seine Sehne unter Spannung.

Rennpferde und andere, die häufig schnell sein müssen, leiden öfter an Entzündungen der Bizepssehne.

und Zurückspringen (Schwungphase)

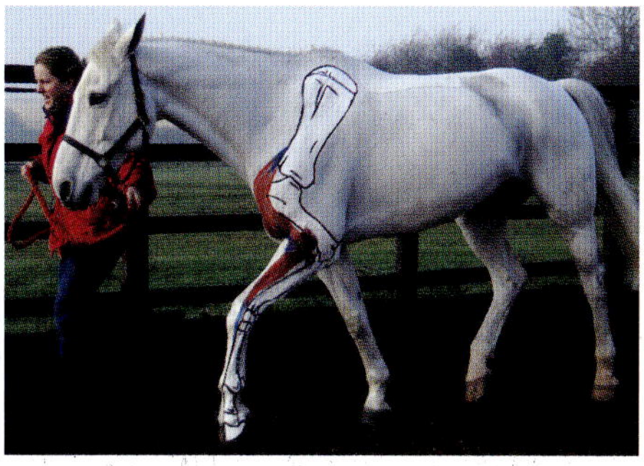

Verlagert sich das Gewicht auf das andere Vorderbein, löst sich die Spannung und das Bein wird nach vorn katapultiert. Dadurch wird weniger Muskelkraft benötigt.

Hinterer Stehmechanismus

Das Einrasten im Kniegelenk

Das Kniegelenk lässt sich einrasten, indem der Quadriceps die Kniescheibe hebt, dreht und sie mit den Kniescheibenbändern über einem Vorsprung des Femurs einhakt (S. 29). Vollständig eingerastet ist das Kniegelenk, wenn fast das gesamte Gewicht auf einem Hinterbein lastet, während das andere mit abgesenkter Hüfte auf der Hufspitze ruht. Wenn sie sich ausruhen, verlagern Pferde öfter ihr Gewicht von einem auf das andere Bein, indem sie einfach eine Kniescheibe wieder aushaken und die andere einhaken.

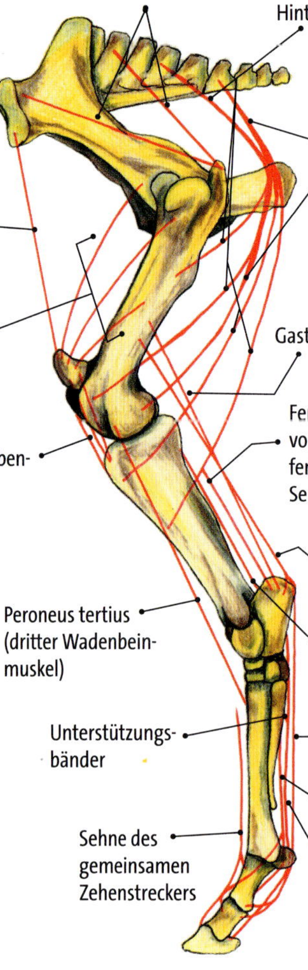

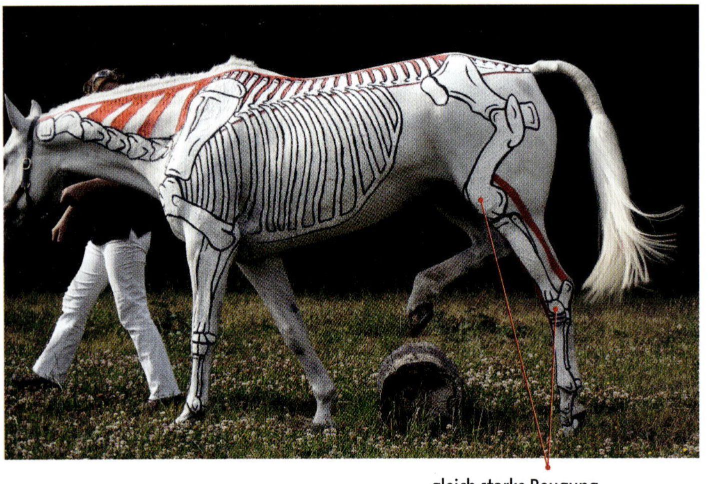

Im Hinterbein funktionieren der oberflächliche Zehenbeuger und der Peroneus tertius, die viele weiße Kollagenfasern besitzen, eher wie Bänder als Muskeln und werden deshalb als Spannsägenkonstruktion bezeichnet. Da sie sich kaum dehnen, sind die Winkelungen von Kniegelenk und Sprunggelenk immer identisch. Sie arbeiten als Tandem, was zum Beispiel in der Levade zu sehen ist (S. 33).

Wirbelsäulenbänder

Das **Nackenband** ist eine der wichtigsten Strukturen im Pferdekörper.
Es besteht aus zwei Teilen:

- dem **Nackenstrang** aus zwei parallel laufenden Bändern, die auf den **Dornfortsätzen** vom Hinterhaupt zum Widerrist ziehen.
- der **Nackenplatte**, die vom Nackenstrang hinunter an die Wirbelkörper zieht.

Das Nackenband läuft als Dornfortsatzband weiter und verbindet die Enden aller Dornfortsätze vom Widerrist bis zum Ende des Kreuzbeins. Die **Zwischendornbänder** füllen die Lücken zwischen den Dornfortsätzen und stabilisieren so die Wirbelsäule. Das **ventrale Längsband** verläuft unterhalb der Wirbelkörper und verbindet sie miteinander. Alle vier Bänder zusammen umhüllen die Wirbel als schützender und stabilisierender Kokon.

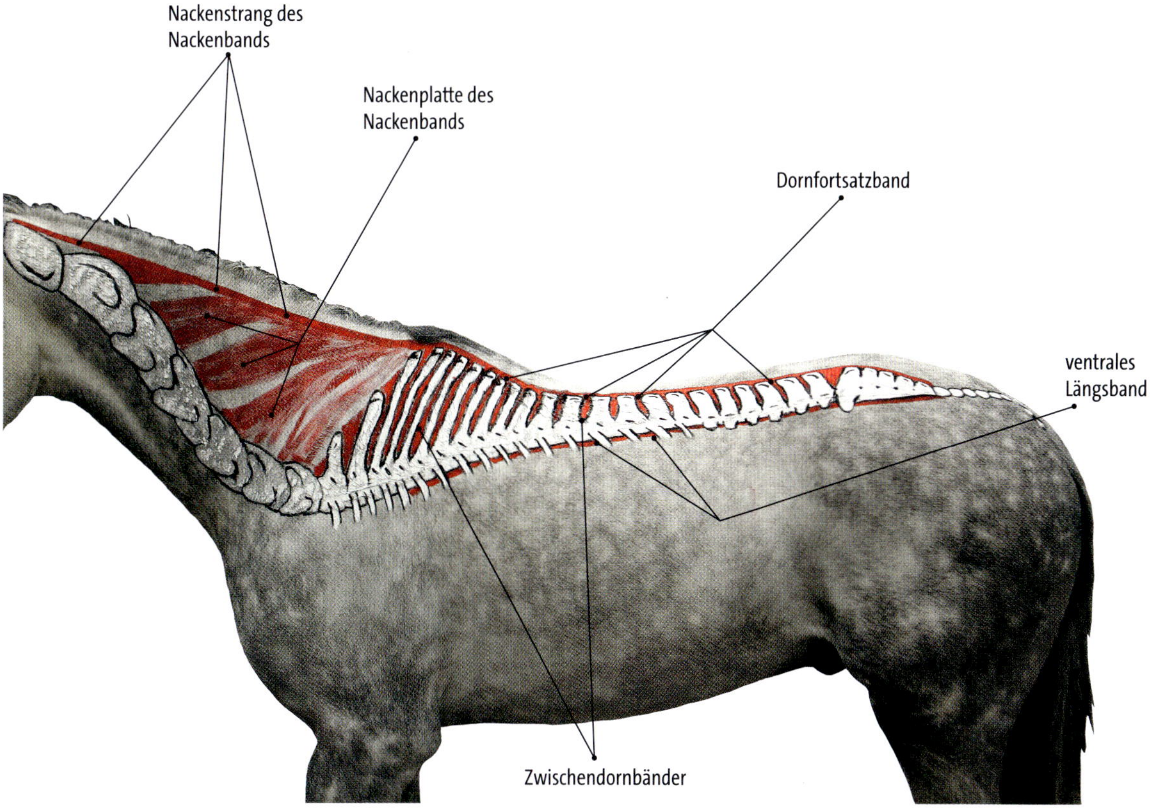

Bedeutung des Nackenbands

Das Nackenband hilft, beim Halten, Heben und Senken des schweren Kopfes Muskelkraft einzusparen. Döst ein Pferd, wird sein Kopf vom Nackenband gehalten. Dessen hoher Anteil an gelben Fasern macht es elastischer als andere Bänder, sodass es sich dehnen kann, wenn das Pferd in Aufrichtung geritten wird.

Wie Kopf- und Halshaltung den Rücken beeinflussen

Das Nackenband begrenzt die Beweglichkeit der Dornfortsätze am Widerrist. Zusammen mit dem Dornfortsatzband lässt es sie als Hebel wirken, der die Rückenhaltung beeinflusst. Nacken- und Dornfortsatzband spielen eine entscheidende Rolle für die Rückenhaltung.

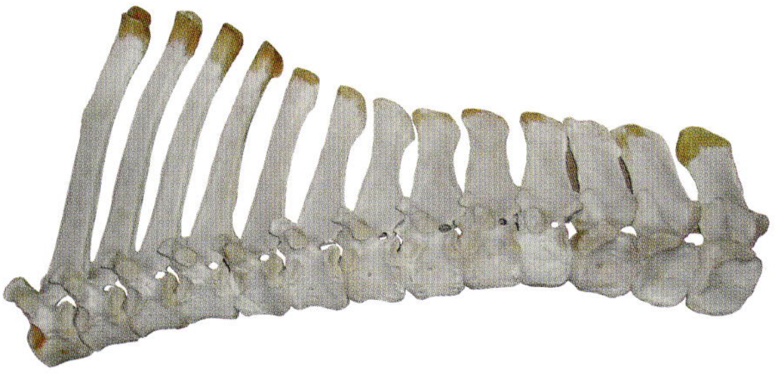

Die Thorakolumbalregion der Wirbelsäule sollte gerade oder leicht nach oben gewölbt sein. Dies fördert eine korrekte Rückenhaltung, die Koordination sowie die Balance und erleichtert das Tragen von Gewicht.

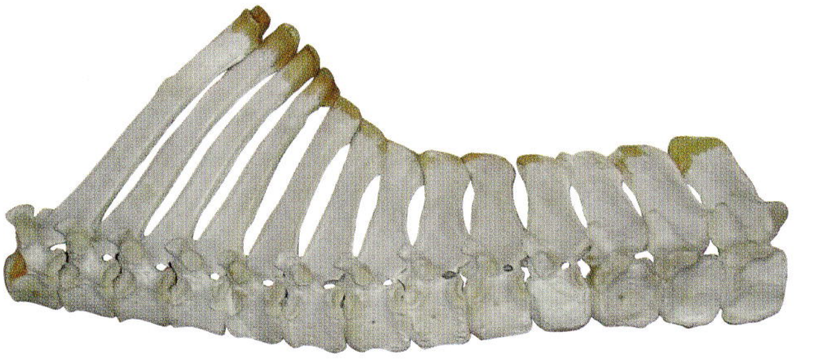

Wenn die Wirbelkörper nach unten durchhängen, nähern sich die Dornfortsätze einander. Nerven und Bindegewebe der Wirbelsäule werden gequetscht. Eine solche Haltung kann die Ursache für schlechte Bewegungen und vielfältige Probleme von Rückenmuskeln, -bändern und -gelenken sein.

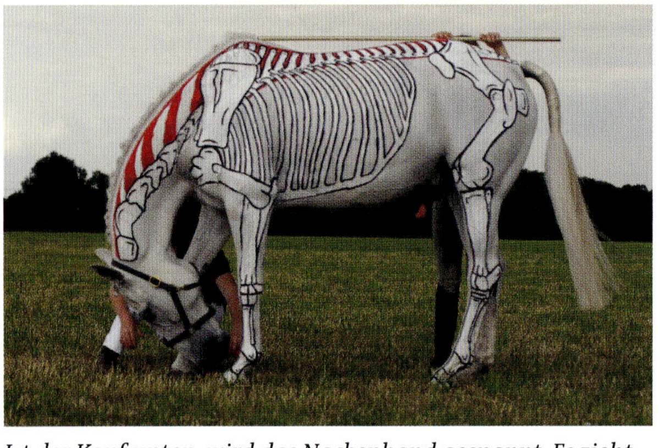

Ist der Kopf unten, wird das Nackenband gespannt. Es zieht am Dornfortsatzband, das die Dornfortsätze am Widerrist auffächert und so den Rücken und den Brustkorb hebt.

Für junge, kraftlose oder müde Pferde ist es wichtig, sich vorwärts-abwärts zu dehnen. Es ermöglicht ihnen, mithilfe von Nacken- und Dornfortsatzband in korrekter Rückenhaltung das Reitergewicht zu tragen.

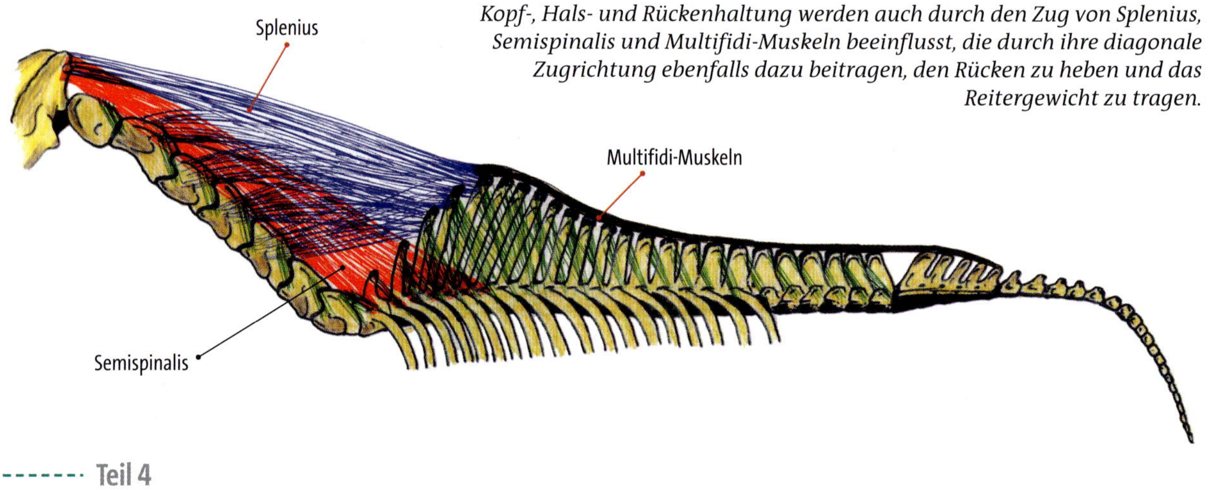

Kopf-, Hals- und Rückenhaltung werden auch durch den Zug von Splenius, Semispinalis und Multifidi-Muskeln beeinflusst, die durch ihre diagonale Zugrichtung ebenfalls dazu beitragen, den Rücken zu heben und das Reitergewicht zu tragen.

Wird das Pferd mit mehr Aufrichtung geritten, sodass das Genick der höchste Punkt ist, wird der Einfluss des Nackenbands geringer und die Halsmuskeln müssen für immer längere Zeit immer härter arbeiten. Während des Trainings ist es deshalb wichtig, regelmäßige Pausen in Vorwärts-abwärts-Haltung einzulegen, in denen das Nackenband die Last trägt und die Muskeln sich erholen können.

Hebt das Pferd den Kopf, entspannt sich das Nackenband und der Hals wird hohl. Durch die fehlende Spannung im Dornfortsatzband hängt der Rücken nach unten durch. Pferde, die gewohnheitsmäßig mit einem solchen „Hohlkreuz" gehen, sind anfällig für Rückenprobleme.

Praktische Anwendung

- Fütterung vom Boden ist für eine gute Rückenhaltung essenziell. Frisst das Pferd aus einem aufgehängten Heunetz, belastet dies Rücken und Atmungsapparat.
- Beim Reisen sollte das Pferd genügend Platz haben, seinen Kopf zu senken. Muss es ihn unnatürlich hoch halten (oft sogar für Stunden), braucht es isometrische Muskelkraft, um seine Balance zu halten. Dies kann Schmerzen und Muskelverspannungen hervorrufen.

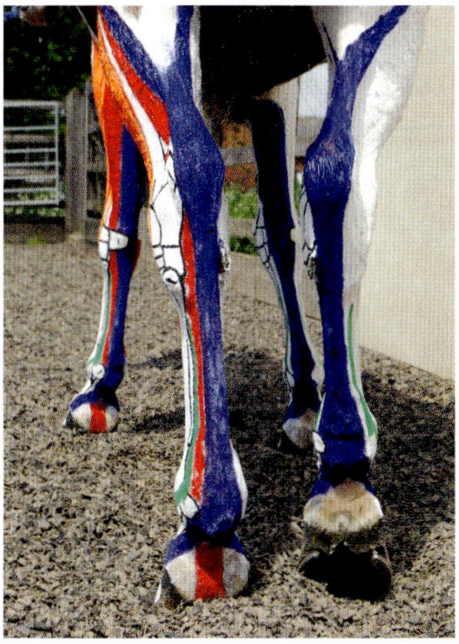

Zusammenfassung

- Faszien, Sehnen und Bänder bestehen aus Bindegewebe.
- Faszienverletzungen können die Beweglichkeit einschränken.
- Sehnen verbinden Muskeln und Knochen. Sie sind an Bewegungen beteiligt.
- Bänder verbinden Knochen und Knochen. Sie stabilisieren Gelenke.
- Die meisten Verletzungen von Sehnen, Bändern oder Faszien entstehen durch wiederholtes Überdehnen.
- Beinsehnen und -bänder haben eine schlechte Blutversorgung und heilen deshalb nur langsam.
- Beugesehnen und Fesselträger sind besonders verletzungsanfällig.
- Training erhöht die Festigkeit von Sehnen und Bändern.
- Die Haltung von Kopf und Hals beeinflusst die Rückenhaltung.

Das Verdauungssystem

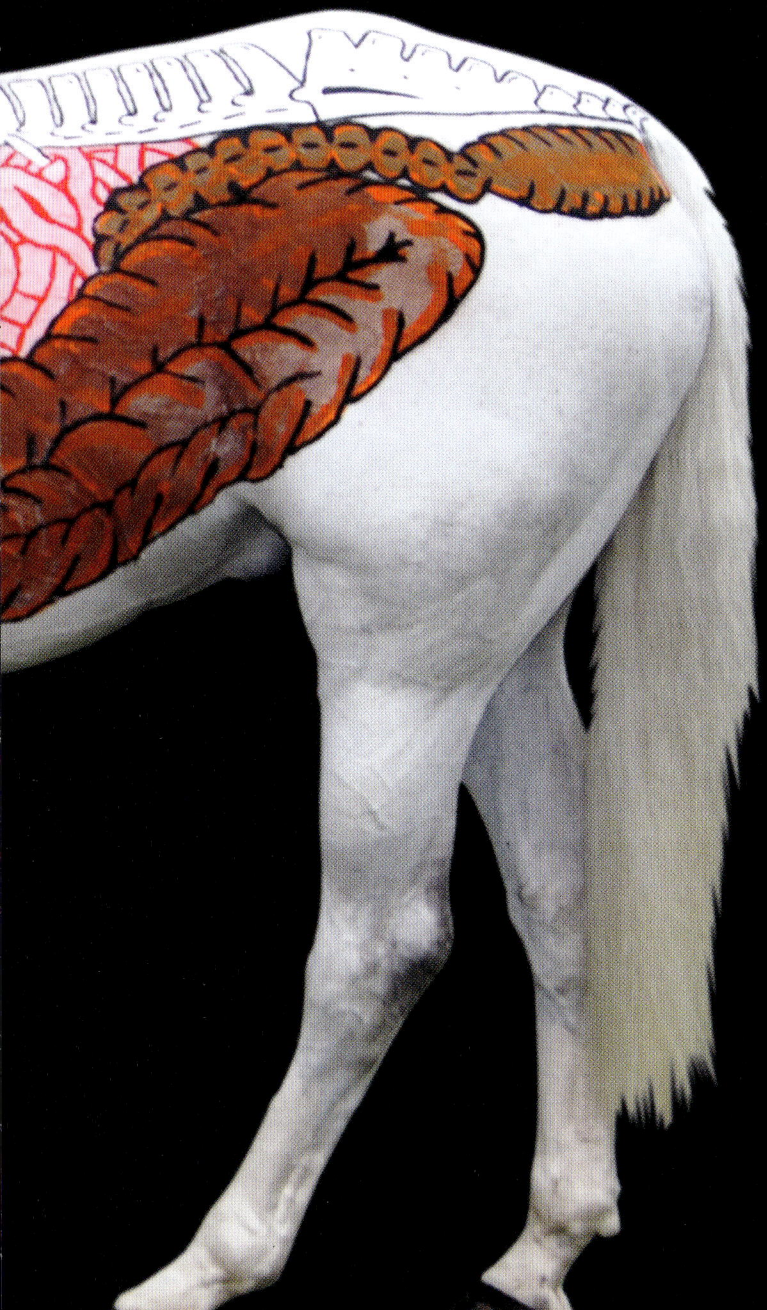

Das Verdauungssystem verwandelt Futter in Treibstoff für Energie und Leistung.

Verdauungsorgane

Das Pferd ist von Natur aus ein grasender, nicht wiederkäuender Pflanzenfresser, angepasst an karges Raufutter mit hohem Fasergehalt und wenig Stärke. Moderne Sport- und Freizeitpferde benötigen eine andere, energiereichere Fütterung als ihre Vorfahren. Heu allein reicht nicht immer aus, um die nötigen Nährstoffe und die Energie für Leistung zu liefern. Infolgedessen ist das Futter oft aufbereitet und konzentriert, reich an Getreide und Zucker und wird nach Zeitplan gefüttert. Die Anatomie des Verdauungssystems zu verstehen hilft Pferdehaltern, effektiver zu füttern, das Risiko von Darmproblemen zu reduzieren und das Pferd leistungsfähiger zu machen.

Die Hauptaufgabe des Verdauungstrakts ist es, Futter aufzunehmen und zu verdauen, Nährstoffe zu absorbieren und Abfallstoffe mit dem Kot auszuscheiden. Mit einem einfachen Magen und einem großen Dickdarm kann das Pferd sowohl Kraftfutter als auch, ähnlich wie Wiederkäuer, Zellulose verdauen. Die Nahrung wird durch mechanische, chemische, enzymatische und mikrobielle Prozesse verdaut und in Energie umgewandelt.

Maul bis Dünndarm

Maul

Kräftige, bewegliche, feinfühlige Lippen sortieren und greifen das Futter, das von den Schneidezähnen abgeschnitten wird, um zwischen den Backenzähnen mit mahlenden elliptischen Bewegungen zerkaut zu werden. Das Kauen löst die Speichelproduktion aus, die das Futter weich und gleitfähig macht und so für die Darmpassage vorbereitet. Speichel enthält Kalziumbikarbonat und ist deshalb alkalisch, sodass er die Magensäure abpuffert. Zehn bis zwölf Liter Speichel werden täglich produziert, und diese Menge hängt direkt mit der Zahl der Kaubewegungen zusammen. Ein Pferd ohne Futter kaut nicht und produziert deshalb kaum Speichel. Kauen ist für Pferde ein angeborener Drang, und Pferde, die kein Futter zur Verfügung haben, beginnen auf anderen Dingen zu kauen.

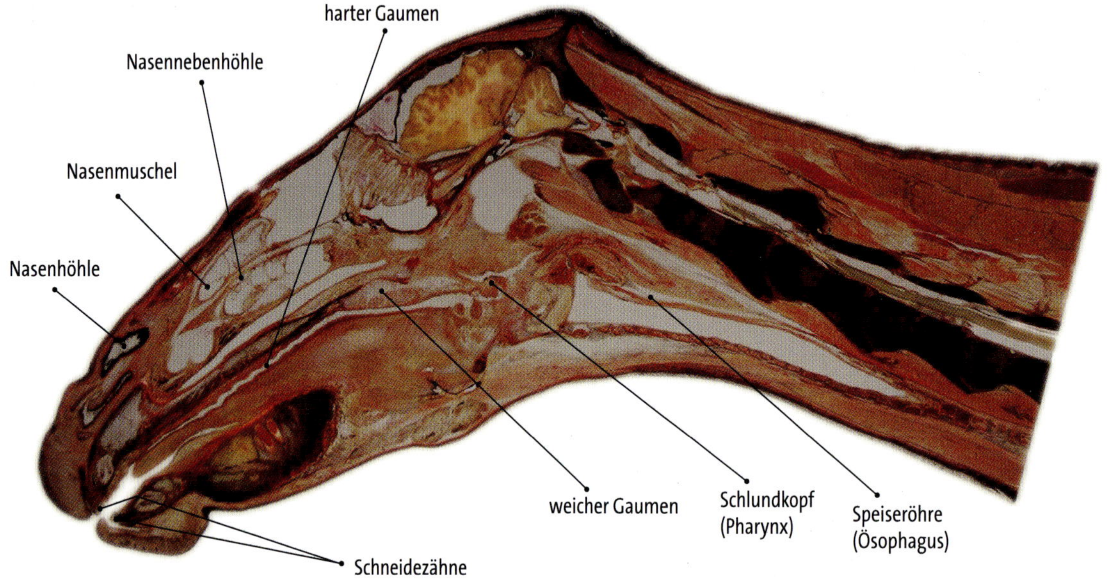

Die Zunge manövriert das Futter in den hinteren Maulbereich, wo es zu einem Bolus geformt wird. Zusammen mit den Schlundmuskeln wird es dann in die Speiseröhre gedrückt.

Zähne

In der Regel hat eine Stute 40 und ein männliches Tier 42 Zähne. Bis zum Alter von 25–30 Jahren wachsen diese kontinuierlich.Die Milchzähne werden im Alter von 2½–5 Jahren ersetzt, was Schmerzen verursachen und das Einreiten junger Pferde stören kann. Manche Pferde haben sogenannte Wolfszähne direkt vor den Backenzähnen, die bei Kontakt mit dem Gebiss wehtun können.

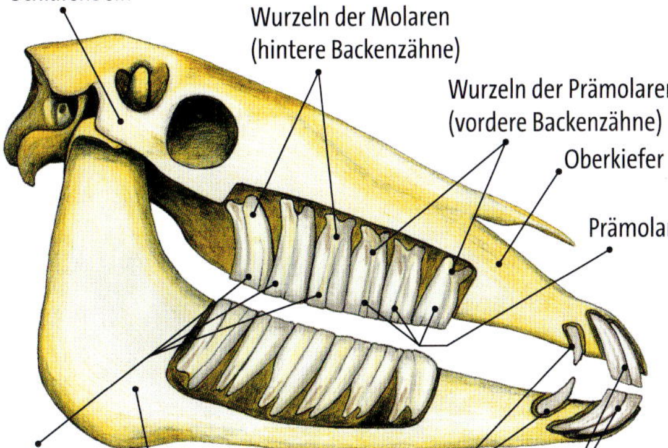

Nur gesunde Zähne können das Futter so weit zermahlen, dass Darmbakterien die Pflanzenzellwände aufschließen können. Gras enthält harte Silikate, die die Zähne abschleifen.

Zwei gängige Fütterungspraktiken führen dazu, dass Zähne unzureichend oder ungleichmäßig abgenutzt werden, sodass schmerzhafte Zahnhaken, Treppengebisse, Schleimhautverletzungen und sogar Kieferfehlstellungen entstehen:

- Weicheres Futter und weniger Zeit zum Grasen bedeuten weniger Kaubewegungen.
- Beim Füttern aus aufgehängten Heunetzen wird der Unterkiefer nach hinten verschoben.

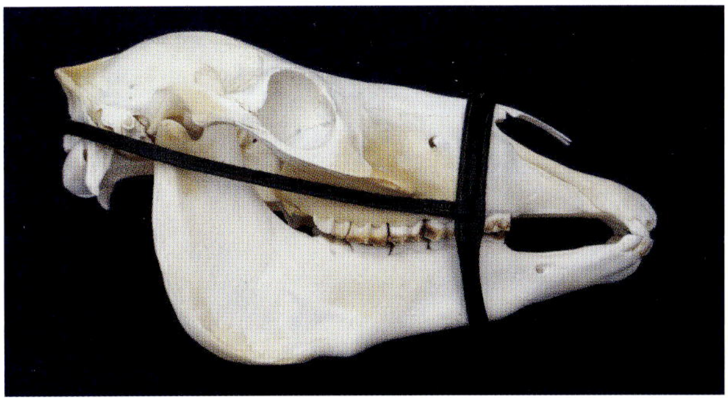

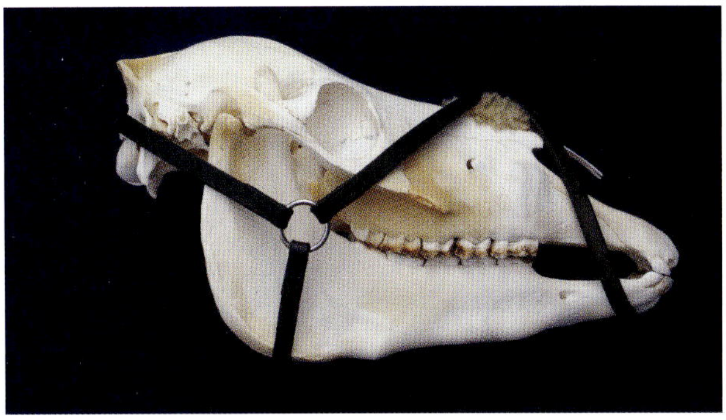

Vermeiden Sie Trensen mit Nasenriemen (oben) bei jungen Pferden, da sie auf die Zahnwurzeln drücken können. Ein mexikanisches Reithalfter (Kreuzhalfter, unten) schont diese Region.

Anzeichen für Beschwerden im Maulbereich sind:

- Wickelkauen, zögerliches oder einseitiges Kauen
- starkes Speicheln, blutiger Speichel
- schlecht riechender Atem
- stumpfes Fell, Gewichtsverlust, schlechtes Allgemeinbefinden
- Schwellungen im Gesicht

Folgende Rittigkeitsprobleme können auftreten:

- Widerstand beim Auftrensen
- Kopfschlagen oder Schiefstellen des Kopfes
- Widerstand beim Biegen und Versammeln
- hinter das Gebiss kommen
- Maul aufsperren

Um Zahnprobleme zu vermeiden, sollten die Zähne alle sechs Monate von einem Tierarzt untersucht werden.

Speiseröhre (Ösophagus)

Dieser muskulöse Schlauch ist etwa 120 bis 150 cm lang und liegt oberhalb und etwas links der Luftröhre. Wellenartige Muskelkontraktionen – die im gesamten Verdauungstrakt auftretende sogenannte Peristaltik – befördern Futterbissen vom Schlundkopf zum Magen.

Blockiert ein Fremdkörper oder unzerkauter Futterbissen die Speiseröhre, spricht man von einer Schlundverstopfung. Sie tritt häufiger bei Pferden auf, die ihr Futter hastig schlingen, vor allem wenn sie kein Trinkwasser haben.

Anzeichen einer Schlundverstopfung, die umgehend tierärztlich behandelt werden muss, sind zum Beispiel Schluckstörungen, starker oder schaumiger, mit Futterpartikeln durchmischter Speichelfluss, starker Nasenausfluss, Ausschnauben von Futter, Husten und Würgen mit gestrecktem Hals.

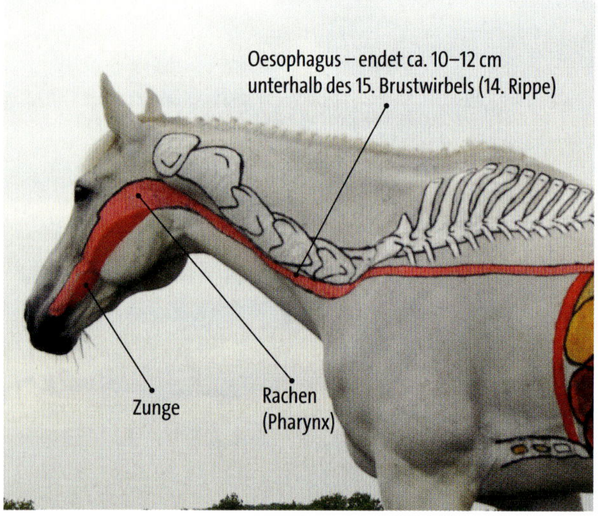

Magen

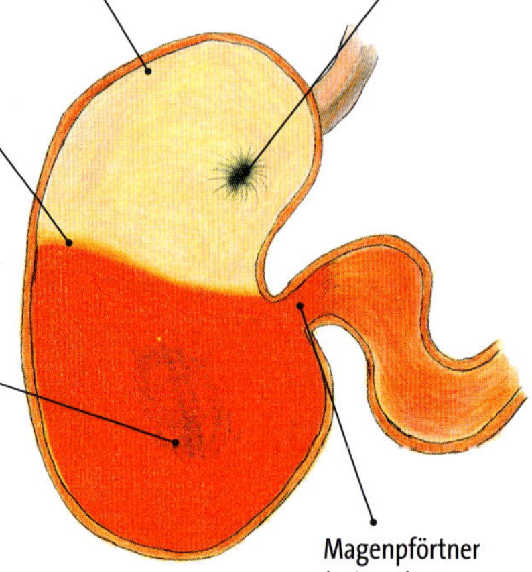

Die Drüsen der Drüsenschleimhaut bilden Salzsäure, Pepsin und Lipase, die Mikroben abtöten sowie Eiweiße und Fette aufspalten. Sie sondern auch Schleim ab, der die Schleimhaut vor der Magensäure schützt.

Der relativ kleine Magen macht nur etwa 8–10 % des Verdauungstrakts aus und fasst 8–15 Liter. Leer ist er etwa so groß wie eine kleine Wassermelone, gefüllt dehnt er sich bis zur 15. Rippe aus. Er sollte nie mehr als zu zwei Dritteln gefüllt sein. Anders als Menschen, deren Magensäureproduktion durch das Essen angeregt wird, produzieren Pferde diese kontinuierlich –

Magengeschwür (Ulkus)

Schätzungsweise zeigen über 90 % aller aufgestallten Turnierpferde Anzeichen von Magengeschwüren, wie Appetitverlust, Gewichtsabnahme, Kolik und Leistungsminderung. Hauptursache ist ein Ungleichgewicht zwischen aggressiver Salzsäure und Pepsin einerseits sowie schützendem Bikarbonat und Schleim andererseits.

Bei Weidegang oder freiem Zugang zu Heu ist der Magen selten leer; ständiges Kauen sorgt für reichlich Speichel, der die Säure neutralisiert. Bei Stallpferden, die lange Stunden ohne Futter bleiben oder weiches Kraftfutter bekommen, ist der Magen häufig leer und angreifbar. Kraftfutter erhöht zudem die Ausschüttung des Hormons Gastrin, das wiederum die Säureproduktion anregt.

Ein anderer Faktor ist der Stärkegehalt, der nicht über 1 g pro kg Körpergewicht und Mahlzeit liegen sollte. Kraftfutter enthält häufig mehr Stärke, was zur Entstehung von Magengeschwüren und Hufrehe beitragen kann. Auch die Art des Raufutters hat einen Effekt: Kalziumreiches Luzerneheu hat eine gute Pufferkapazität.

Beim Training auf leeren Magen schwappt Säure an die ungeschützte Schleimhaut. Eine Handvoll Heu vor dem Reiten erhöht die Viskosität des Magenbreis und senkt das Ulkusrisiko. Freizeitpferde mit weniger Stress und mehr Weidegang sind entsprechend weniger empfänglich für Magengeschwüre.

bis zu 72 Liter in 24 Stunden, auch bei leerem Magen. Um die Säurewirkung auszugleichen und das natürliche Fressverhalten mit 16–20 Stunden Grasen pro Tag zu imitieren, brauchen Pferde häufig kleine Mahlzeiten.
Der Pferdemagen funktioniert am besten, wenn kontinuierlich Nahrungsbrei durch ihn hindurchwandert. Futter verweilt etwa zwei Stunden im Magen, bevor es in den Dünndarm gelangt. Bei Pferden, die ein- oder zweimal täglich große Mahlzeiten bekommen, ist der Magen mit der Futtermenge überfordert, sodass unverdaute Nahrung bereits nach 20 Minuten in den Dünndarm gelangen kann. Dadurch wird nicht der volle Nährwert des Futters ausgenutzt und das nur teilweise verdaute Futter steigert das Risiko für Verstopfungskoliken.

Dünndarm

Hier findet der Großteil der enzymatischen Verdauung statt, bei der Nährstoffe aus dem Futter aufgespalten und in den Blutstrom aufgenommen werden. Der Dünndarm ist etwa 21 Meter lang, fasst 40–50 Liter und macht 30 % des Verdauungstrakts aus. Bauchspeicheldrüsensekret und Gallensaft sorgen hier für ein alkalisches Milieu, damit die Verdauungsenzyme arbeiten können. Das meiste an Fetten und Eiweiß, 50–70 % der Kohlenhydrate sowie Vitamine und Mineralstoffe werden hier absorbiert. Chymus (teilweise verdaute Nahrung) passiert den Dünndarm in durchschnittlich 90 Minuten, obwohl es auch nur 45 Minuten oder bis zu drei Stunden dauern kann. Je länger der Chymus im Dünndarm bleibt, desto mehr Nährstoffe gelangen ins Blut und desto mehr Nährwert liefert das Futter.
Es gibt drei Dünndarmabschnitte:

- das ca. einen Meter lange Duodenum (Zwölffingerdarm), wo Galle, Bauchspeicheldrüsensaft und Darmwandenzyme Kohlenhydrate zu Glukose zerkleinern, Eiweiße zu Aminosäuren und Fette zu freien Fettsäuren.
- das ca. 19 Meter lange Jejunum, wo die chemische Verdauung abgeschlossen wird. Glukose, Aminosäuren, Fettsäuren, Glycerin, Vitamine und Mineralien werden alle in den Blutstrom aufgenommen, um von Zellen genutzt oder in der Leber gespeichert zu werden.
- das Ileum, der letzte Meter Dünndarm, wo der Verdauungsprozess fortgeführt wird. Seine Hauptaufgaben sind, die Nährstoffaufnahme und den Fluss des Chymus in den Blinddarm zu kontrollieren. Die Peristaltik transportiert den Nahrungsbrei dann weiter.

Querschnitt einer Dünndarmzotte

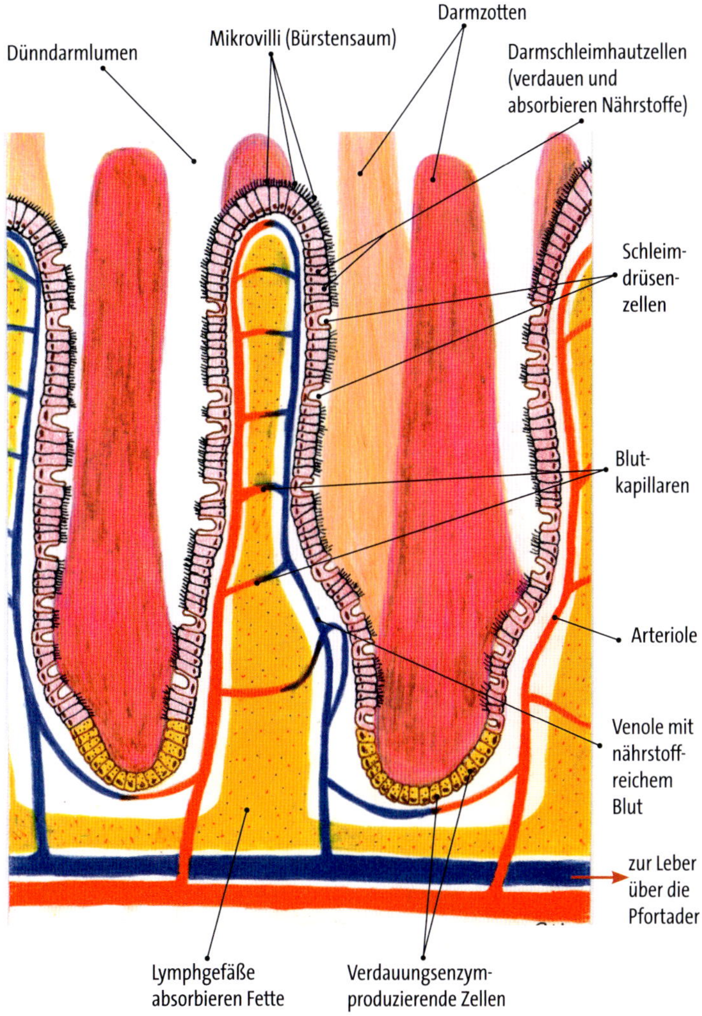

Die Dünndarmwand besteht aus Darmzotten, haardünnen Strukturen, welche die Darmoberfläche enorm vergrößern und so bei der Nährstoffaufnahme helfen. Drüsen zwischen den Zotten geben große Mengen Enzyme ab, die den Chymus weiterverdauen.

Leber

Die Leber fördert die Verdauung vor allem durch:

- **Produktion und Absonderung der Galle**
  Etwa 10 Liter Galle fließen täglich durch den Gallengang ins Duodenum. Galle enthält Eiweiße, Cholesterin und Gallensalze. Ihre Hauptaufgabe ist das Emulgieren von Fetten, die dadurch für Verdauungsenzyme angreifbar werden. Als grasender Pflanzenfresser hat das Pferd keine Gallenblase, denn es muss keine Galle speichern können.
- **Verstoffwechseln von Nährstoffen**
  Nährstoffe aus dem Darm gelangen mit dem Blutstrom über die Pfortader zur Leber. Die Leber reguliert den Eiweiß-, Kohlenhydrat- und Fettstoffwechsel, indem sie die Nährstoffe entweder freisetzt oder speichert, was durch Insulin und andere Hormone kontrolliert wird.
- **Entgiften und Entsorgen von Abfallstoffen**
  Alle Toxine und andere Gifte gelangen über die Pfortader in die Leber. Toxine können aus ganz verschiedenen Quellen stammen, etwa aus schimmeligem, kontaminiertem Heu oder einem Wurmbefall. Übermäßiger Einsatz von Phenylbutazon, Steroiden oder sogar Wurmkuren kann die Leber schädigen. Stoffwechselabbauprodukte wie Milchsäure oder Ammonium werden von der Leber unschädlich gemacht und zum Beispiel in Form von Harnstoff über die Niere ausgeschieden.

Eine nicht direkt mit der Verdauung zusammenhängende, aber ebenfalls lebenswichtige Aufgabe der Leber ist die Produktion von Bluteiweißen, die für die Blutviskosität sorgen und für die Gerinnung.

Würmer

Verschiedenste Parasiten sind im Verdauungssystem zu finden. Sie in Schach zu halten ist essenziell für die Gesundheit und die Funktion des gesamten Systems. Bei starkem Befall können Würmer zu Konditionsverlust, Gewichtsverlust, Blutarmut, Durchfall, Husten, Kolik und Leistungsschwäche führen. Würmer lassen sich durch die Kombination guten Weidemanagements mit regelmäßigen Entwurmungen kontrollieren. Allerdings tötet keine Wurmkur alle Wurmarten ab und manche werden zunehmend resistenter gegen Medikamente. Regelmäßige Kotuntersuchungen ermöglichen eine genaue Diagnose des Wurmbefalls und zielgenaue, effektive Wurmkuren.

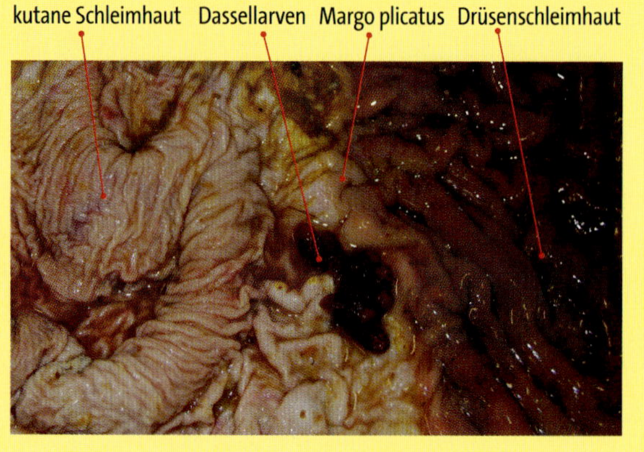

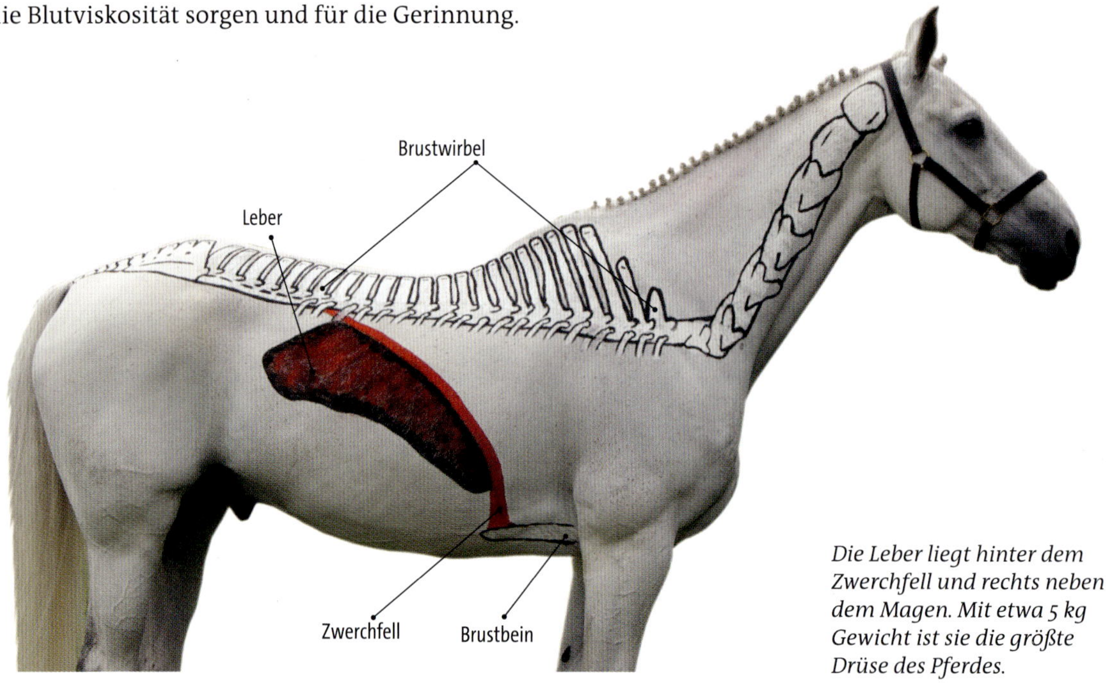

Die Leber liegt hinter dem Zwerchfell und rechts neben dem Magen. Mit etwa 5 kg Gewicht ist sie die größte Drüse des Pferdes.

Leberschäden

Pferde sind nicht dafür gemacht, mit großen Mengen an Nährstoffen, wie z. B. Eiweißen, oder an Medikamenten zurechtzukommen. Sie können Funktionsstörungen und Lebererkrankungen hervorrufen. Glücklicherweise ist die Leber sehr regenerationsfähig. Die spezialisierten Leberzellen (Hepatozyten) werden regelmäßig erneuert.

Vergiftungen mit Jakobs-Kreuzkraut sind eine häufige Ursache für Leberschäden beim Pferd. Andere Ursachen sind Bakterien, chemische Gifte und Tumoren. Jakobs-Kreuzkraut ist eine zweijährige Pflanze, deren Tausende Samen schnell mit dem Wind verbreitet werden. Die in der Pflanze enthaltenen Alkaloide schädigen die Leberzellen, sodass diese absterben und durch Bindegewebe ersetzt werden. Der Effekt ist kumulativ und führt zur Leberschrumpfung mit irreversiblem Leberversagen. Hat die Leber nur noch 30 % ihrer ursprünglichen Größe, treten Anzeichen von Leberversagen auf, die mit einer Blutuntersuchung bestätigt werden können.

Anzeichen eines Leberversagens, gleich welcher Ursache, sind unter anderem Leistungsabfall, Appetitlosigkeit, Abgeschlagenheit, Durchfall, Gewichtsverlust, Lichtempfindlichkeit, Gelbsucht, Unterbauchödem, Schwäche und neurologische Störungen wie Gähnen, Kopfpressen bzw. Vorwärtsdrängen, Orientierungslosigkeit, unkoordinierte Bewegungen und Festliegen. Treten Symptome auf, kann die Krankheit zwischen einer Woche und mehreren Monaten dauern.

Die meisten Pferde meiden Kreuzkraut, obwohl manche sich an den bitteren Geschmack der Pflanze gewöhnen. Die Keimlinge entwickeln sich im Herbst, die Blattrosette erscheint im Frühling und die erwachsene Pflanze blüht von Mai bis Oktober. Hahnenfußgewächse und Kreuzkraut im Heu sind ebenfalls gefährlich.

Bauchspeicheldrüse

Der Bauchspeicheldrüsengang leitet kontinuierlich Bauchspeicheldrüsensaft in das Duodenum. Dieser enthält Natriumbikarbonat, das den sauren Chymus neutralisiert. Die Bauchspeicheldrüse produziert außerdem Hormone, vor allem Insulin und Glukagon, die den Blutzuckerspiegel regulieren. Steigt der Blutzuckerspiegel, setzen die Betazellen Insulin frei, das die Aufnahme von Glukose in die Zellen zur Energiegewinnung fördert.

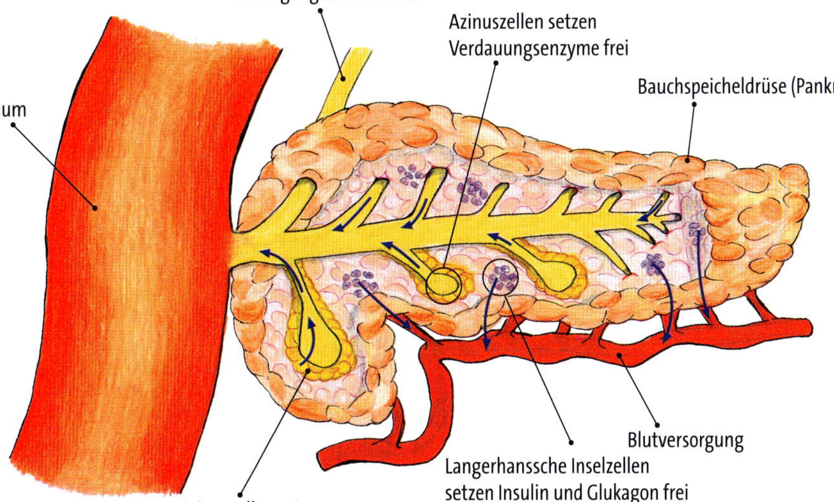

Dickdarm

Der Dickdarm muss groß sein, um die großen Mengen an Zellulose aus dem Raufutter verdauen zu können. Er ist extrem schwer und macht etwa ein Drittel des Körpergewichts aus. Dieses Gewicht der Eingeweide ist verantwortlich dafür, dass Pferde eine so belastbare Wirbelsäule entwickelt haben, und damit letztlich auch dafür, dass Pferde Reiter tragen können.

Der Dickdarm dient auch als Wasser- und Elektrolytreservoir, was für Ausdauerleistungen wichtig ist.

Ein Nebenprodukt der Zelluloseverdauung ist Wärme. Deshalb ist es bei Kälte wichtig, Pferde mit Raufutter zu versorgen, damit sie sich warm halten konnen.

Der Dickdarm – bestehend aus dem Blinddarm, dem großen und dem kleinen Kolon sowie dem Rektum – ist etwa acht Meter lang und macht 60 % des Verdauungstrakts aus. Ähnlich wie bei Wiederkäuern verdaut hier eine riesige Population nützlicher Bakterien in großen Gärkammern Fasern und unlösliche Kohlenhydrate. Außerdem werden für die Leistungsfähigkeit wichtige Vitamine, Mineralstoffe, Wasser und Elektrolyte aufgenommen.

Blinddarm (Zäkum)

Unverdaute unlösliche Kohlenhydrate gelangen über die Ileozäkalklappe in den Blinddarm. Dieser große, in der oberen rechten Bauchhälfte liegende Sack macht 25 % des Dickdarms aus und fasst bis zu 35 Liter. Milliarden von Mikroorganismen (Bakterien, Hefen, andere Pilze und Protozoen) zerkleinern die unverdauliche Zellulose so weit, dass sie vom Zäkum absorbiert werden kann. Die Darmflora ist auf bestimmte Futterstoffe spezialisiert und variiert deshalb, abhängig von der Fütterung. Pferde, die Grünfutter fressen, haben eine andere Darmflora als Pferde, die Kraftfutter bekommen. Eine Futterumstellung sollte langsam erfolgen, damit sich die Darmflora anpassen kann und der Magen nicht gereizt wird. Nach der Fermentation im Zäkum gelangt das Futter in das Kolon.

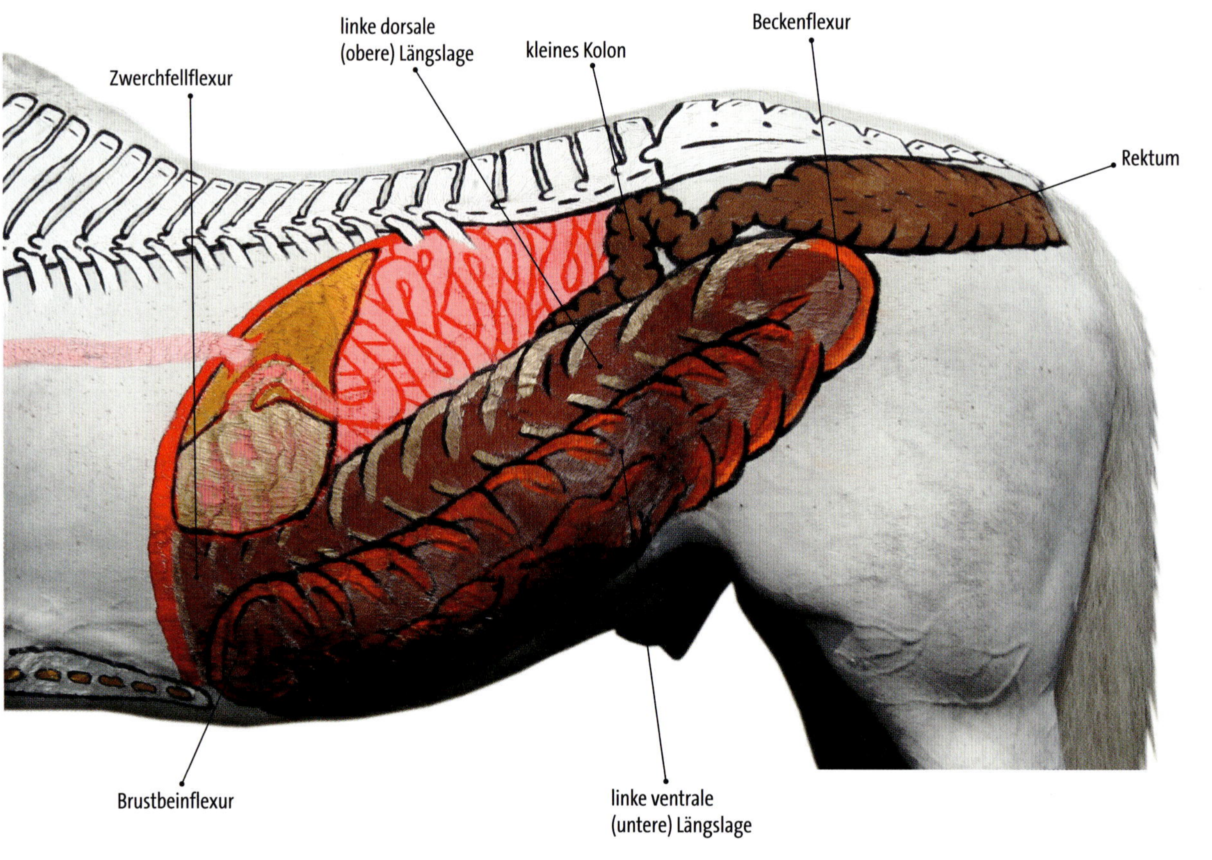

Großes Kolon

Das große Kolon ist 3,5 Meter lang und fasst etwa 90 Liter. Durch mikrobielle Verdauung werden hier harte Pflanzenfasern und Zellulose weiter aufgeschlossen. Der Großteil an Nährstoffen und Wasser wird hier absorbiert. Drehungen, Krümmungen und Variationen im Durchmesser sorgen dafür, dass das Futter lange im Kolon verweilt. Es gibt vier Lagen und drei enge Krümmungen im großen Kolon, welche als Brustbein-, Zwerchfell- und Beckenflexur bekannt und die Hauptorte für Verstopfungskoliken sind. Die Beckenflexur mit ihrer 180-Grad-Krümmung und einer krassen Verringerung des Darmdurchmessers ist besonders häufig betroffen, besonders bei Fütterung zu großer Kraftfuttermengen und bei Pferden mit Zahnproblemen, die ihr Futter unzureichend kauen. Wenn die Pferde Gras oder Heu bekommen, treten seltener Probleme auf.

Koliken bzw. Bauchschmerzen können auch durch Aufgasen entstehen, wenn die mikrobielle Gärung aus dem Gleichgewicht gerät.

Kleines Kolon

Mit einem Fassungsvermögen von 20 Litern ist das nach dem großen Kolon kommende kleine Kolon zwar ebenfalls 3,5 Meter lang, hat aber einen deutlich geringeren Durchmesser. Da es frei beweglich ist, kann es sich leicht verdrehen. Seine Hauptaufgabe ist die Aufnahme von Wasser, Elektrolyten und Nährstoffen und die Vorbereitung des Darminhalts für die Ausscheidung.

Rektum

Die Futterüberreste gelangen schließlich in das Rektum, wo sie gesammelt werden, bis sie schließlich ausgeschieden werden. Es beginnt am Beckeneingang und endet am Anus, ist also etwa 30 cm lang und normalerweise gerade.

Darmflora

Stress, Reisen, Wettkämpfe, Futterumstellungen und Medikamente wie Wurmkuren oder Antibiotika verändern alle das Darmmilieu, sodass viele der Mikroorganismen sterben. Dies beeinträchtigt die Verdauung und kann sich auf die Leistungsfähigkeit auswirken. Um dies zu vermeiden, können Sie dem Futter Pro- und Präbiotika zusetzen. Probiotika sind nützliche Mikroorganismen, die das Gleichgewicht der Darmflora wiederherstellen sollen. Präbiotika sind Faserstoffe, die den nützlichen Mikroorganismen als Nahrung dienen und dadurch ihre Vermehrung fördern.

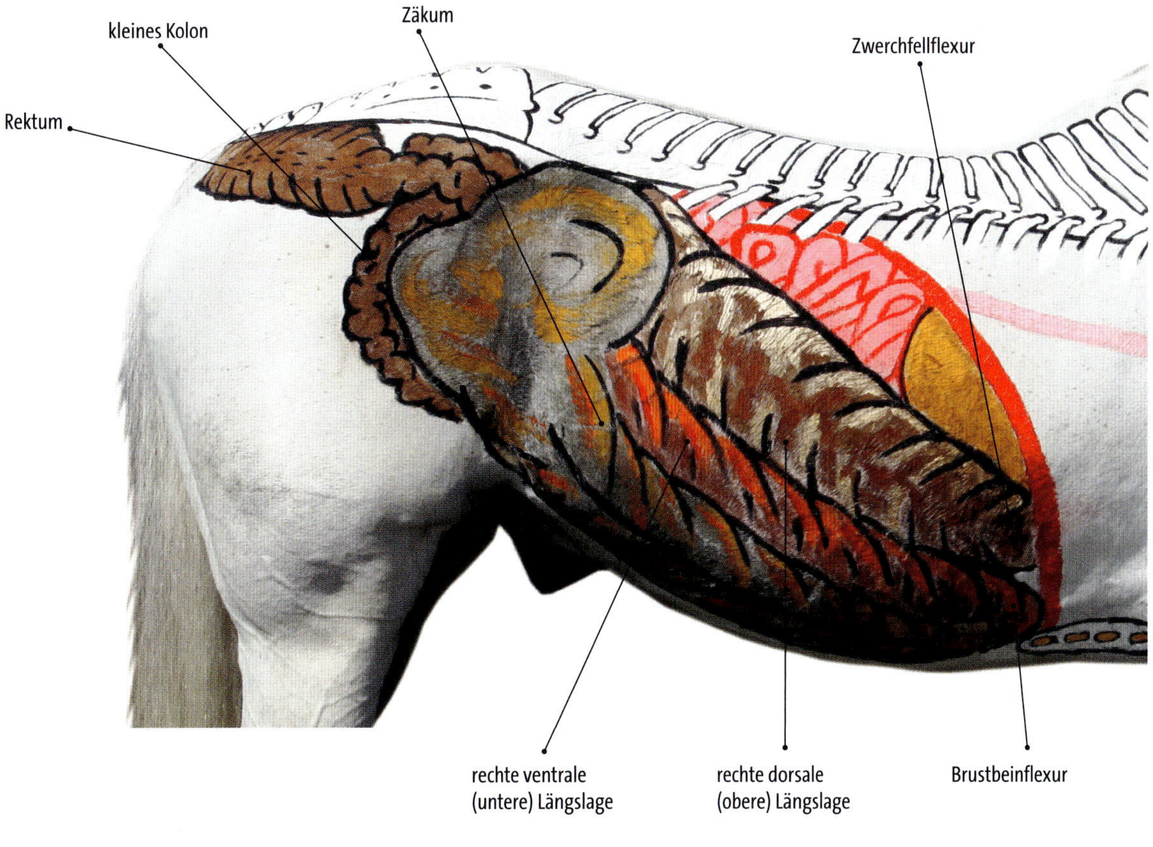

Futter, Verdauung, Training und Leistung

Wasser

Zugang zu frischem, sauberem Wasser ist äußerst wichtig. Wasser macht etwa 70 % der Körpermasse aus. Über Urin, Kot, Atmung und Schwitzen geht es verloren. Verliert das Pferd durch Hitze und Arbeit große Wassermengen, müssen diese zusammen mit Elektrolyten ersetzt werden (S. 13).

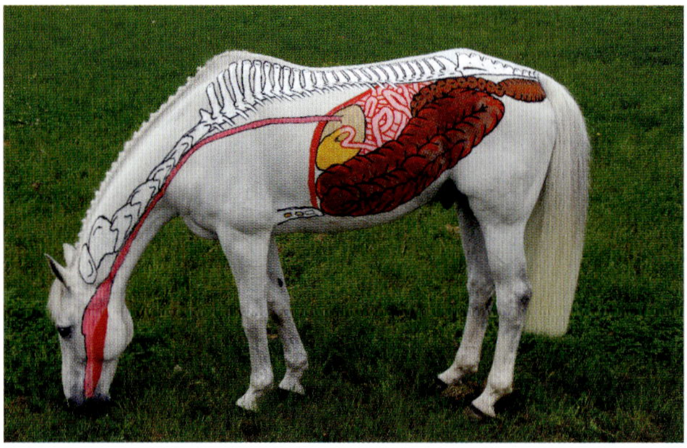

Die Fütterung von Freizeitpferden ist relativ einfach. Sie brauchen Raufutter in Form von Gras oder Heu. Die Ansprüche von Sportpferden sind komplexer. Es ist wesentlich, eine ausgewogene Ration zu gestalten, die Gewicht, Kondition, Arbeitsbelastung, Umgebungstemperatur und Alter berücksichtigt. Ein Pferd, das täglich arbeitet oder Schwierigkeiten hat, sein Gewicht zu halten, braucht sowohl Grün- als auch Kraftfutter, um genügend Energie zu erhalten. Je schwerer und schneller ein Pferd arbeitet, desto mehr Energie braucht es.

Energie

Eine ausgewogene Ernährung fördert eine optimale Verdauung und liefert genügend Energie für Wachstum, Arbeit und Regeneration. Als Faustregel sollte das Pferd täglich 1,5–2,5 % seines Körpergewichts aufnehmen. Ein 700 kg schweres Pferd braucht also 10,5–17,5 kg Heu am Tag. Das Futter sollte nach Gewicht und nicht nach Volumen bemessen werden. Ähnlich wie in freier Wildbahn sollten Pferde täglich mindestens 16 Stunden lang Zugang zu Grünfutter haben. Kraftfutter wird idealerweise in kleinen Mengen und dafür häufiger gegeben, um Magenüberladung, schlechte Verdauung und Darmprobleme zu vermeiden. Überfütterte Pferde können übergewichtig und energielos werden, ihr zusätzliches Gewicht belastet Herz, Lunge und Beine.

Energie stammt hauptsächlich aus zwei Quellen:

- **Kohlenhydrate** sind der wichtigste Treibstoff für gute Leistungen. Es gibt drei Arten:
  1. **Zellulose** – die nur von den Milliarden Mikroorganismen im Dickdarm verdaut werden kann – ist der Faserstoff in festem, langem Gras und Raufutter. Sie ist lebenswichtig für die Verdauungsfunktionen und liefert gleichmäßige, langsam freigesetzte Energie. Kein Pferd kommt ohne sie aus.
  2. **Stärke**, die in Getreide und Hülsenfrüchten enthalten ist, ist einfacher zu verdauen, wird im Dünndarm in Form von Zucker absorbiert und ist daher ein schneller Energielieferant. Traditionell wurde ein hoher Energiebedarf mit Stärke in Form von Getreide gedeckt. Da eine Überversorgung mit Stärke dem Pferd jedoch schadet, versucht man diese Energie heute in Form von hochverdaulichen Fasern wie Zuckerrüben oder Öl zuzuführen.
  3. **Zucker** ist beispielsweise in Getreide und Mais, saftigem Gras (vor allem im Frühling und Frühsommer), Melasse, Karotten und Äpfeln enthalten. Als lösliche Kohlenhydrate werden Zuckerverbindungen leicht in Magen und Dünndarm verdaut. Sie liefern sofortige Energie.
- **Öle** und **Fette** bieten reichlich Energie für Arbeits- und Sportpferde, säugende oder wachsende Pferde. Sie liefern etwa dreimal so viele Kalorien wie Kohlenhydrate. Öle und Fette sind exzellente Energieträger für Ausdauersportler oder Pferde, die bei Getreidefütterung leicht erregbar werden, weil sie langsam Energie freisetzen. Ein schwer arbeitendes Pferd kann von Fett- oder Ölzusätzen profitieren.

Training und Verdauung

Training hat einen positiven Effekt auf die Verdauung, da es den Stoffwechsel ankurbelt. Es verbessert auch die Fähigkeit der Zellen, auf Insulin anzusprechen. Sogar simple kurze Spaziergänge sind essenziell für Pferde und Ponys, die unter Hufrehe, Cushing-Syndrom, Equinem Metabolischem Syndrom oder Insulinresistenz leiden. Während des Trainings sorgt das sympathische Nervensystem für eine Umverteilung des Bluts vom Verdauungssystem zur Muskulatur (S. 116).

Zu wenig Energie im Futter kann sich negativ auf die Leistung auswirken.

Eiweiß

Eiweiß wird für Wachstum und Heilungsprozesse benötigt. Es bildet die Bausteine für Knochen, Muskeln, Knorpel und Haut. Die Struktur roter Blutzellen, Antikörper zum Schutz vor Infektionen, Enzyme und viele Hormone bestehen aus Eiweiß. Besonders Fohlen, tragende und laktierende Stuten haben einen hohen Eiweißbedarf. Raufutter enthält 8–20 % Eiweiß und deckt nur den Erhaltungsbedarf. Zusätzliches Eiweiß kann über Soja, Erbsen, Bohnen und Leinsamen im Kraftfutter gefüttert werden. Hungernde Pferde nutzen, sobald ihre Fettreserven aufgebraucht sind, Muskeleiweiß zur Energiegewinnung.

Vitamine und Mineralstoffe

Vitamine sind organische Stoffe, die in kleinen Mengen für die Stoffwechselprozesse nötig sind und vom Organismus nicht selbst hergestellt werden können. Vitamine und Mineralstoffe sind natürliche Bestandteile des Futters und müssen selten supplementiert werden. Sie liefern keine Energie.

Ausgewogenheit und ein gutes Fütterungsmanagement sind nötig, um alle Ernährungsansprüche des Pferdes zu erfüllen. Lassen Sie sich von einem unabhängigen Ernährungsexperten beraten.

Praktische Anwendung

- Gewähren Sie dem Pferd möglichst viel Weidegang.
- Stellen Sie immer sauberes Wasser zur Verfügung.
- Füttern Sie Heu an verschiedenen Stellen im Stall, damit Ihr Pferd in Bewegung bleibt.
- Füttern Sie vom Boden aus. Dadurch sichern Sie eine korrekte Kieferstellung, Rückenhaltung, Entleerung der Nasennebenhöhlen, Atemfunktion sowie eine langsame Futteraufnahme.
- Für eine gesunde Verdauung sollten mindestens 75 % der Futtermenge Raufutter sein.
- Es ist wichtig, die Balance zwischen dem physiologischen Bedarf an Raufutter und dem Bedarf an Energie aus dem Kraftfutter zu halten.
- Zu wenig Raufutter und zu viel Kraftfutter führen bei Stallpferden zu Langeweile, Stress, schlechter Verdauung, Überladung der Verdauungsorgane, Gewichtszunahme und Störungen der Darmflora.
- Füttern Sie zusätzlich saftige Pflanzen, wenn das Gras mager ist.
- Füttern Sie niemals schimmeliges, muffiges oder verunreinigtes Futter. Es kann zu Husten, Atemwegserkrankungen, Verdauungsstörungen und Koliken führen.
- Stellen Sie sicher, dass das Heu keine Giftpflanzen enthält.

Heu eine Stunde lang einzuweichen entfernt Staub und Pilzsporen, die Husten und Atemprobleme hervorrufen können. Wird es für mehr als zwei Stunden eingeweicht, gehen jedoch über 70 % des Nährwerts verloren. In diesen Fällen wäre ein Heubedampfer besser.

Zusammenfassung

- Pferde haben einen einzigartigen Magen-Darm-Trakt, der sowohl Raufutter als auch Kraftfutter verdauen kann.
- Langfaserige Pflanzen wie Heu sind für eine normale Verdauungsfunktion notwendig.
- Im Dünndarm werden Kohlenhydrate, Eiweiß und Fett enzymatisch verdaut und in den Blutstrom aufgenommen.
- Unlösliche Kohlenhydrate werden in Zäkum und Kolon von Mikroorganismen fermentiert, ähnlich wie im Vormagen der Wiederkäuer.
- Ein gutes Fütterungsmanagement ist wichtig, um die Ernährungsansprüche zu erfüllen.
- Geben Sie vor dem Training eine Handvoll Heu, um Magengeschwüre zu vermeiden.
- Futterumstellungen sollten schrittweise erfolgen, damit die Darmflora Zeit hat, sich anzupassen.
- Die Herausforderung für uns Pferdehalter ist, das natürliche Bedürfnis zu grasen mit der Tatsache in Einklang zu bringen, dass viele Pferde heute der Stallroutine unterworfen sind.

Die Atmungsorgane versorgen den Körper mit Sauerstoff aus der Atemluft, ohne den Leben und Leistung unmöglich wären.

Das Atmungssystem

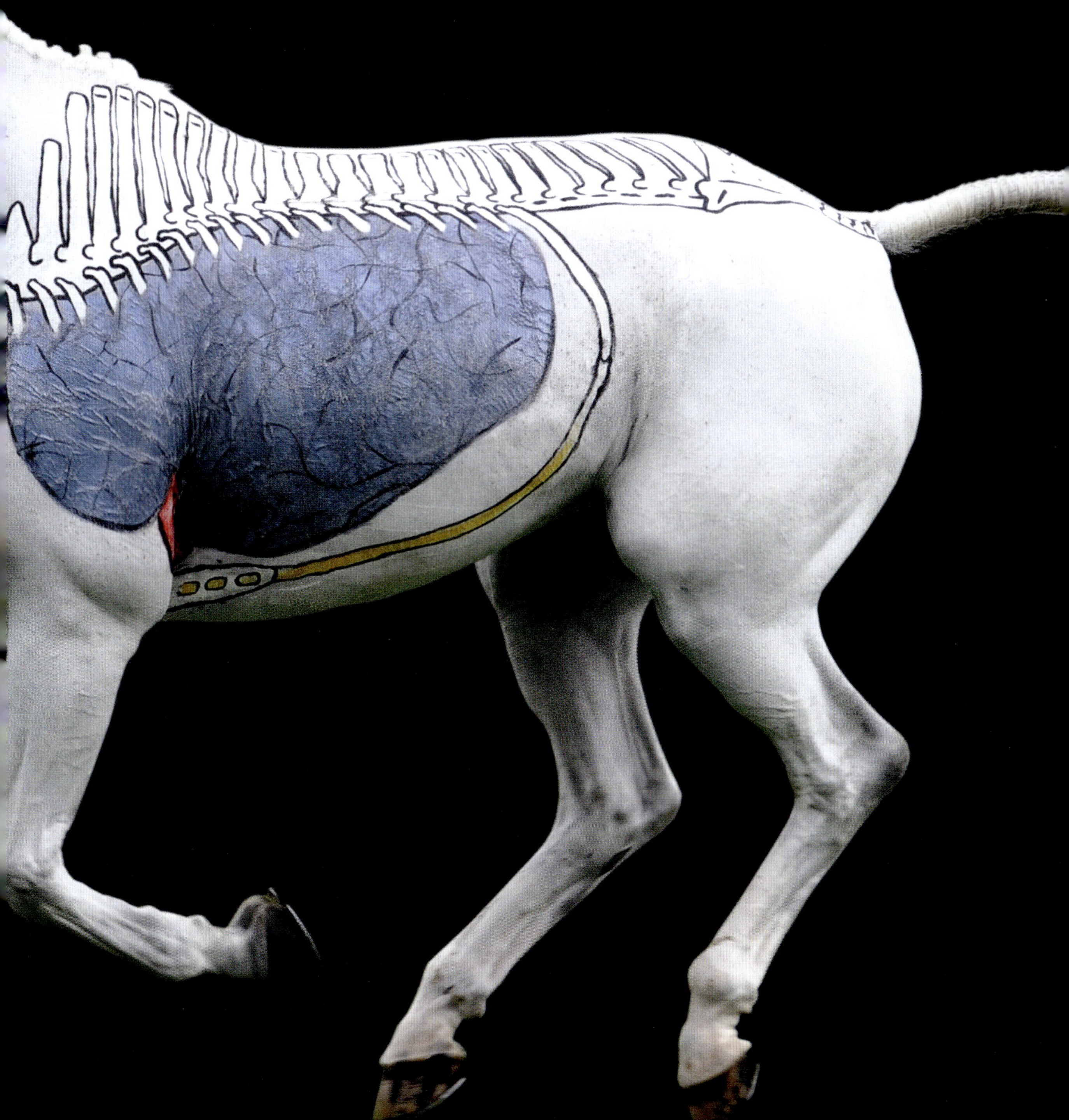

Atmungsorgane

Alle Zellen müssen fortwährend mit Sauerstoff versorgt werden, damit ihr Energiestoffwechsel funktioniert und sie überleben. Ein Sportpferd muss Sauerstoff aus der Lunge möglichst effizient mit dem Blut zur Muskulatur transportieren, um Leistung zeigen zu können. Je effizienter dieser Prozess ist, desto mehr Ausdauer wird das Pferd haben und desto aufmerksamer wird es sein. Dies ist ein wichtiger Gesichtspunkt bei Pferdepflege und Training.

Zum Atmungssystem gehören:
- die oberen Atmungsorgane: Nüstern, Nasenhöhle, Nasennebenhöhlen und Kehlkopf
- die unteren Atmungsorgane: Luftröhre (Trachea), Bronchien, Bronchiolen, Lungen und Zwerchfell (Diaphragma)

Ihre Hauptaufgaben sind:
- Sauerstoff in die Lungen zu leiten und in das Blut zu überführen, mit dem er durch die Blutgefäße (S. 88) im ganzen Körper verteilt wird.
- Sauerstoff gegen Kohlendioxid auszutauschen, ein giftiges Abfallprodukt der Zellatmung, das effizient entsorgt werden muss.
- die Atmung so zu regulieren, dass die Kohlendioxidkonzentration im Körper konstant bleibt.
- den Flüssigkeitshaushalt mit zu regulieren, indem beim Ausatmen Feuchtigkeit abgegeben wird.
- bei der Thermoregulation zu helfen, indem warme Luft aus- und kühle Luft eingeatmet wird.
- das Riechen zu ermöglichen.
- Kommunikation in Form von Wiehern, Schnauben oder Quietschen zu ermöglichen.

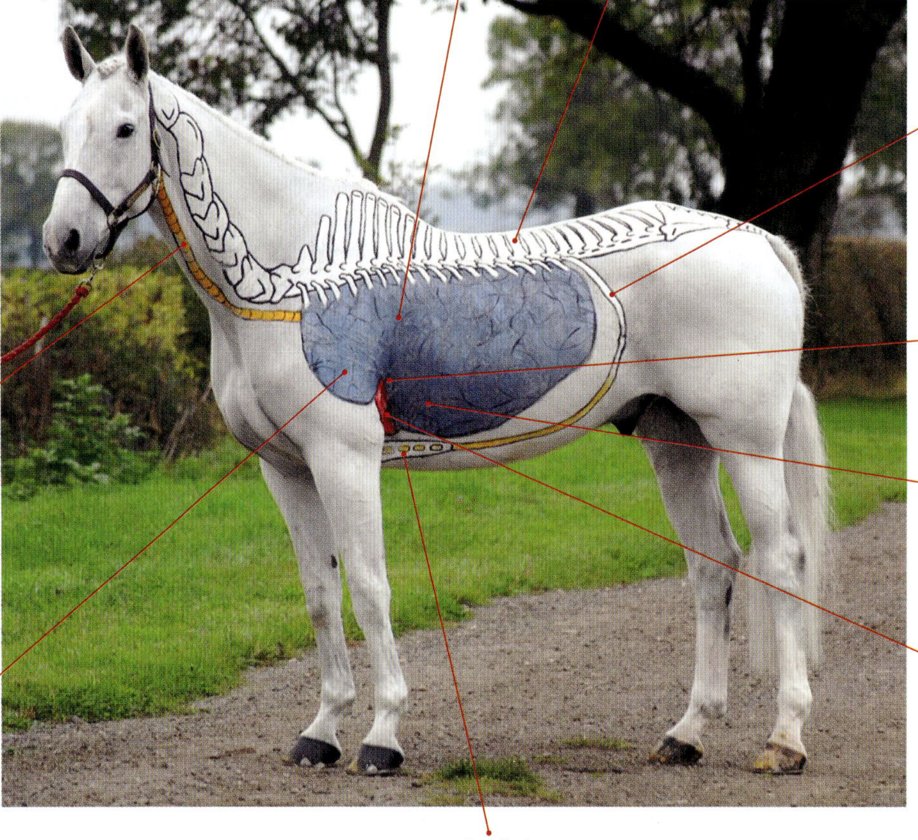

Obere Atemwege

Nüstern und Nasenhöhle

Da das Pferd nicht durch das Maul atmen kann, wird Luft ausschließlich durch die Nüstern in die Nasenhöhle gesogen, welche durch den knöchernen harten Gaumen von der Maulhöhle getrennt wird. Die Atemluft wird in der Nasenhöhle durch die feuchten Schleimhäute und winzige, Zilien genannte Härchen gefiltert und gesäubert. Durch Wellenbewegungen transportieren sie Staub, Schmutz und Keime in Richtung Rachen, wo sie abgeschluckt oder hochgehustet werden.

Normaler Nasenausfluss ist durchsichtig und dünnflüssig. Während und nach dem Training ist mehr davon zu sehen.

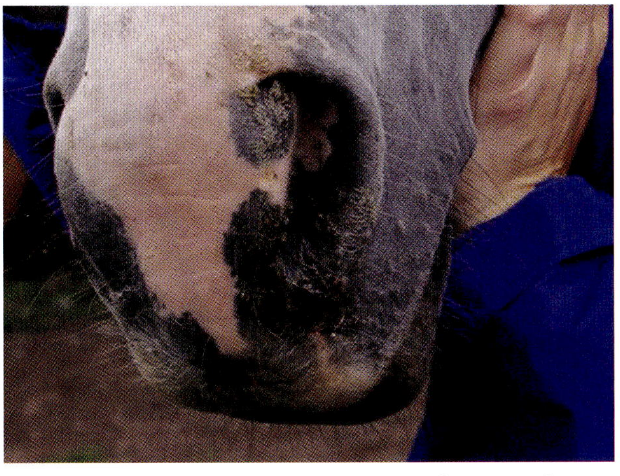

Dicker, verfärbter oder ständiger Nasenausfluss ist nicht normal und sollte untersucht werden.

Der Riechsinn

Pferde haben ein sehr gutes Riechvermögen. Ihre Nüstern können sich bei Anspannung oder Anstrengung weiten, um mehr Luft einzuatmen und auch mehr Gerüche einzusaugen. Riechzellen, spezialisierte Nervenzellen im hinteren Teil der Nasenhöhle und im sogenannten Jakobson-Organ, analysieren die Gerüche chemisch. Pferde nutzen ihren Geruchssinn, um ihre Welt zu verstehen, Freund und Feind zu unterscheiden und sogar um Gefahr zu wittern, indem sie Pheromone von ängstlichen oder gestressten Artgenossen oder Reitern wahrnehmen.

Pferde strecken ihren Kopf hoch und verschließen mit der Oberlippe die Nüstern, um starke oder unbekannte Gerüche zu wittern und sie sich einzuprägen. Dieses „Flehmen" ist oft während der Paarungszeit bei Hengsten zu sehen, die so die Paarungsbereitschaft der Stute feststellen können (S. 143). Pferde haben ein gutes Gedächtnis und erinnern sich an den Geruch von Personen und Substanzen. Das ist wichtig zu wissen, wenn man einem Pferd mit dem Futter Medikamente verabreichen will, denn hat es sich einmal den Medikamentengeruch eingeprägt, wird man es kaum zum Fressen bewegen können, auch wenn man das Medikament noch so gut zu verbergen versucht.

Der Rachen

Der Rachen (Pharynx) ist ein mit Schleimhaut ausgekleideter Raum, welcher die Nasenhöhle mit dem Kehlkopf verbindet. Der weiche Gaumen als muskulöse Fortsetzung des harten Gaumens trennt die Speiseröhre, die Futter zum Magen transportiert, vom Kehlkopf, der die Luft in die Trachea leitet.

Der Kehlkopf

Der Kehlkopf (Larynx) ist über das Zungenbein an der Schädelbasis aufgehängt und verbindet den Rachen mit der Trachea. Er kontrolliert den Luftstrom in die Lungen und wird von fünf Knorpelringen geschützt, die zwischen den Unterkieferknochen zu fühlen sind. Diese Ringe dienen als Ansatzfläche für Muskeln, die den Kehldeckel öffnen und schließen, sodass das Pferd schlucken kann, ohne dass Fremdkörper in die Luftröhre gelangen. Die das Futter nach hinten drückende Zunge stimuliert den Schluss des Kehldeckels und das Schlucken. Nimmt das Pferd die Zunge über das Gebiss, stört das folglich die Atmung und kann sogar den Kehlkopf verschließen. Auch die Zunge ist mit dem Zungenbein verbunden, ebenso wie Halsbeugemuskeln, die an der Halsunterseite verlaufen. Jegliche Spannung, Einschränkung oder ungewöhnliche Bewegung der Zunge kann deshalb das Gangbild stören.

Im Larynx befinden sich auch die Stimmbänder, die durch starke Luftströme in Schwingung versetzt werden, sodass das Pferd wiehern kann. Eine Lähmung der Stimmbandmuskeln kann den Luftstrom beeinträchtigen und zum Kehlkopfpfeifen führen. Die linke Seite ist anfälliger für Lähmungen, da der den Muskel versorgende Nerv einen längeren Weg nimmt und dadurch verwundbarer ist.

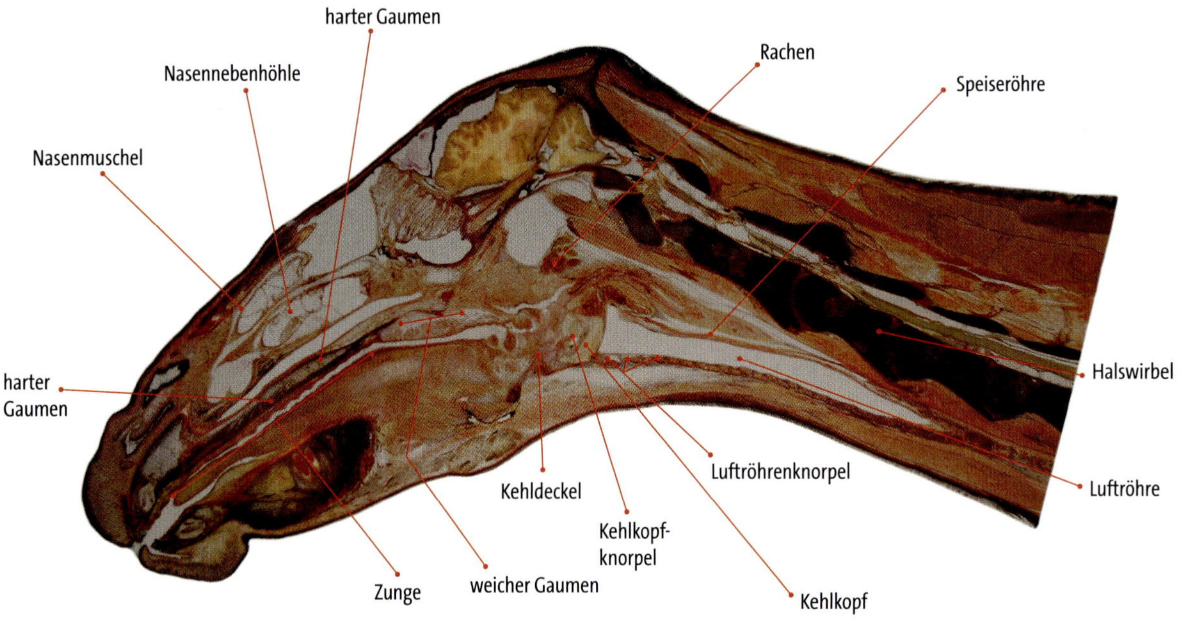

In der Nasenhöhle verwirbeln Nasenmuscheln (dünne, spiralig gewundene Knochen) die Atemluft, um sie anzuwärmen und zu säubern, bevor sie durch Rachen, Kehlkopf und Luftröhre strömt.

Untere Atemwege

Luftröhre und Bronchien

Die Luftröhre ist die Fortsetzung des Kehlkopfs und reicht bis zum vierten Brustwirbel. Bei erwachsenen Pferden kann sie einen Meter lang sein. Sie hat etwa fünf Zentimeter Durchmesser und wird durch 50–60 hufeisenförmige Knorpelringe in ihrer Wand offen gehalten, die an der Halsunterseite zu fühlen sind. Zwischen Trachea und Halswirbeln, auf der offenen Seite der Knorpelringe, liegt die Speiseröhre. Oberhalb des Herzens zweigt sich die Luftröhre in zwei Bronchien auf.

Die Lungen

Jeder Bronchus führt in eine Lunge, von denen die linke etwas kleiner ist, um Platz für das Herz zu lassen, mit dem zusammen die Lungen den Thorax ausfüllen. Die Lungen bilden eine enorm große Oberfläche aus schwammartigem, elastischem Gewebe, das sich beim Atmen ausdehnt und zusammenzieht. Eine sehr glatte Membran, das Brustfell (Pleura), überzieht Brustwand und Lungen. Der Zwischenraum enthält etwas Flüssigkeit als Gleitmittel, damit die Lungen unbeschadet an der Brustwand entlanggleiten können. Innerhalb der Lungen teilen sich die Bronchien wie die Äste eines Baumes immer weiter auf. Am Ende der kleinen Bronchiolen, die kaum größer sind als ein Haar, sitzen Millionen winzige luftgefüllte Lungenbläschen, die Alveolen.

Sauerstoffarmes Blut aus dem ganzen Körper fließt durch die rechte Herzhälfte und die Lungenarterie in die Lungen und durch die Kapillaren in der durchlässigen Alveolenwand. Dort wird dem Blut Kohlendioxid (CO_2) entzogen und ausgeatmet. Mit dem Einatmen gelangt frische, sauerstoffreiche Luft in die Alveolen, wo der Sauerstoff (O_2) vom Hämoglobin der roten Blutzellen aufgenommen wird, durch die Lungenvenen zum Herzen und von dort in den restlichen Körper gepumpt wird, wo er zur Energiegewinnung für Muskelzellen und alle anderen Zellen des Organismus dient.

Dieser komplexe Vorgang wird Gasaustausch genannt.

Zahlen und Fakten

- In Ruhe liegt die Atemfrequenz des Pferdes bei 10–18 Atemzügen pro Minute. Sie kann bei maximaler Belastung auf bis zu 240/min ansteigen. Auch eine hohe Körpertemperatur, Schmerzen und ein Adrenalinschub durch Stress lassen die Atemfrequenz ansteigen.
- Bei einem gesunden erwachsenen Pferd beträgt die Atemfrequenz etwa die Hälfte der Herzfrequenz. Bei einem Puls von 32/min sollte die Atemfrequenz also etwa bei 16/min liegen.
- Die menschliche Lunge enthält 300 Millionen Alveolen, die eine Oberfläche von 160 m² bilden, was in etwa der Größe eines Tennisplatzes entspricht und 80-mal größer ist als unsere Hautoberfläche!
- Die Zahl der Alveolen in einer Pferdelunge wird etwa 250 % höher geschätzt, auf 750 Millionen, was der Größe eines Fußballfelds entspricht!
- Mit freien Atemwegen und seiner riesigen Lungenkapazität kann ein galoppierendes Pferd bis zu 1800 Liter Luft pro Minute einatmen.
- Im Galopp werden pro Minute 300 Liter Blut durch die Lungengefäße gepumpt und mehr als 70 Liter Sauerstoff zu den arbeitenden Muskeln gebracht.

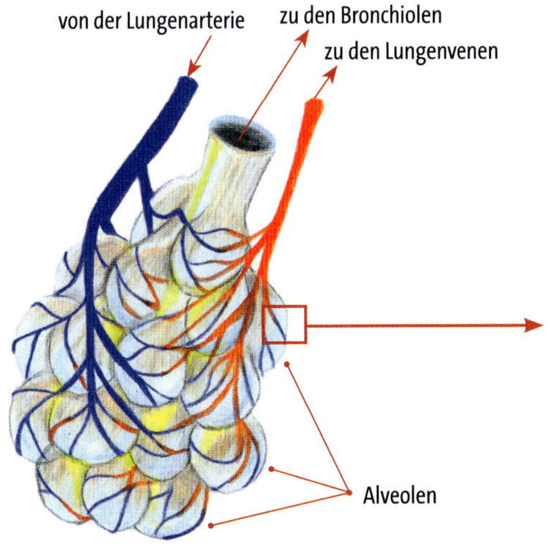

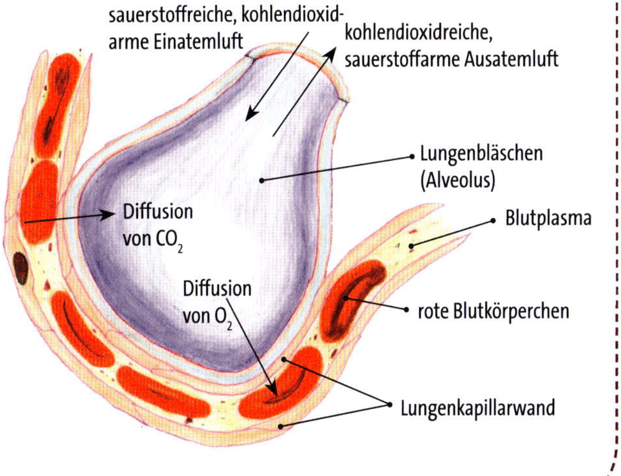

Atemmechanik

Der Brustkorb schützt Herz und Lungen. Beim Atmen ziehen die Zwischenrippenmuskeln die Rippen nach oben und außen.

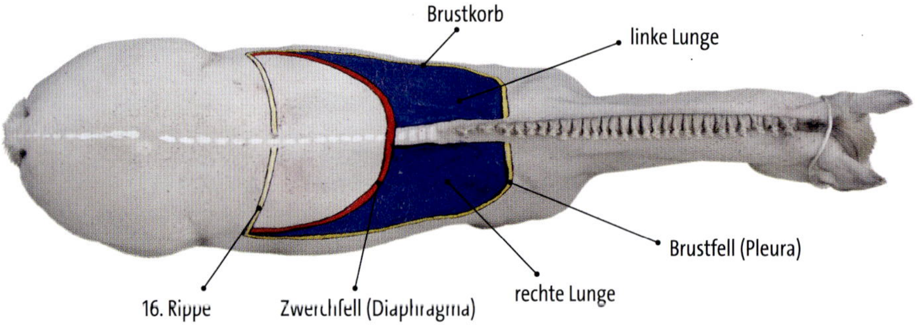

Das Zwerchfell ist eine kuppelförmige Muskelschicht, die Brust- und Bauchhöhle trennt. Es zieht sich zusammen und wird flach, um den Brustraum zu vergrößern, manchmal bis auf Höhe der 16. Rippe. Dadurch entsteht ein Unterdruck, der Luft in die Lunge saugt. Wenn die Rippen in ihre Ausgangsposition zurückkehren, entspannt sich das Zwerchfell, wird wieder kuppelförmig und drückt die Luft aus den Lungen wie bei einem Blasebalg. Die Rippenbewegungen sind vor allem bei dünnen Pferden zu sehen, wenn die Atemfrequenz zunimmt.

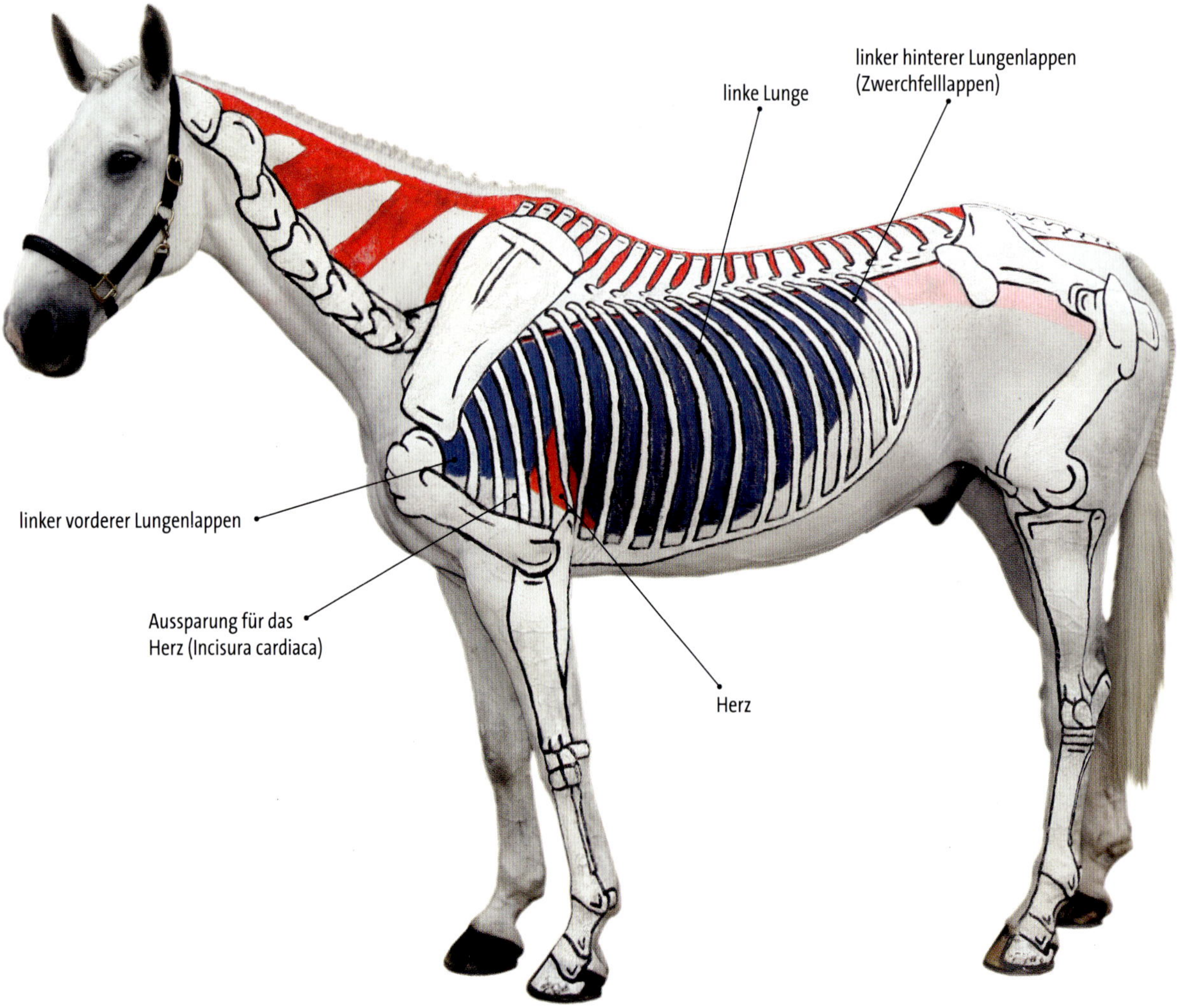

Die Rolle der Atmungsorgane im Training

Die Atemmechanik eines arbeitenden Pferdes unterscheidet sich sehr von der eines ruhenden Pferdes. Das Training von Atemsystem und Herz-Kreislauf-System ist eng miteinander verbunden. Beide arbeiten zusammen, um den höheren Sauerstoffbedarf von Herz und arbeitenden Muskeln zu decken, indem sie:

- das Atemvolumen erhöhen = mehr Luft einatmen
- die Herzleistung erhöhen = das Herz schlägt schneller und kräftiger
- die Leistung von Alveolen und Kapillaren erhöhen = den Gasaustausch steigern
- mehr Wärme ableiten = heiße Luft schneller ausatmen

Einfluss der Halshaltung auf die Atmung

Die Position von Kopf und Hals beeinflusst das Einströmen der Atemluft. Daran sollten Sie vor allem denken, wenn Sie Pferde mit Erkrankungen der oberen Atemwege trainieren. Für maximale Leistungsfähigkeit müssen die Atemwege offen und unbehindert sein, wie es bei einem galoppierenden Pferd zu sehen ist, dessen stromlinienförmig gestreckte Atemwege optimale Luftströmung erlauben.

Teilweise Halsbeugung, wie sie bei Spring- und Dressurpferden gefordert wird, um Balance und Schwung zu fördern, stört die Stromlinienform. Eine Krümmung im Bereich der Kehle erhöht den Atemwiderstand, da der Rachen eingeengt und die Trachea gebogen wird. Ein Pferd, das am Gebiss geht, verliert also immer etwas Atemwegsfreiheit.

Muss ein Pferd hinter der Senkrechten gehen, hat es eventuell Schwierigkeiten, genügend Luft zu holen und wird sich dem Reiter widersetzen, indem es seinen Kopf runternimmt, um seinen eingeengten Rachen zu befreien. Außerdem können die Stimmbänder flattern und Geräusche entstehen. Wird der Kopf während anstrengender Arbeit in dieser Position gehalten, wird die Leistung darunter leiden. Wir könnten auch keinen Marathon mit dem Kinn auf der Brust laufen!

Der Durchmesser des Rachens wird kleiner, wenn der Kopf hoch und das Genick gebeugt ist.

Der Durchmesser des Rachens wird optimiert, wenn der Hals auf mittlerer Höhe gestreckt wird.

Einfluss der Gangart auf die Atmung

In Schritt und Trab besteht kaum ein Zusammenhang zwischen Atemfrequenz und Schrittzahl. Im Galopp ist das anders.

Einatmung

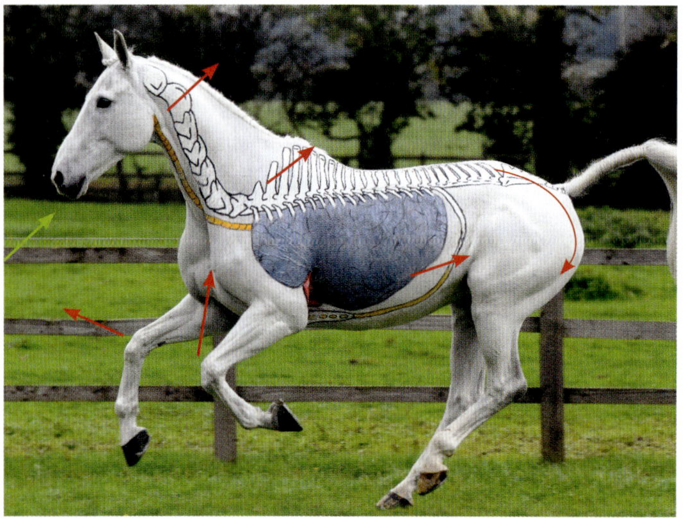

Wenn das Becken abkippt und die Hinterbeine unter den Körper treten, werden Kopf und Vorderbeine angehoben, die Eingeweide nach hinten verlagert, das Schulterblatt nach vorn geführt und der Brustkorb erweitert, sodass Luft in die Lunge gesogen wird.

Ausatmung

Wenn die Vorderbeine Gewicht aufnehmen, die Hinterbeine hochgenommen werden und der Kopf gestreckt wird, rutschen die Bauchorgane nach vorn, drücken auf das Zwerchfell und pressen die Luft aus den Lungen. Auch das Zurückdrücken des Schulterblatts trägt dazu bei, die Lungen einzuengen.

Wie das Pferd im Galopp atmet

Im Galopp, wenn der Sauerstoffbedarf proportional zur Geschwindigkeit ansteigt, wird die Atmung mit den Galoppsprüngen synchronisiert. Durch die Vorwärts- und Rückwärtsbewegung der Eingeweide wird pro Galoppsprung ein Atemzug gemacht. Ein Pferd kann bis zu 130 Galoppsprünge pro Minute erreichen und entsprechend auch eine Atemfrequenz von 130/min. Wenn die Vorderbeine auftreten, atmet das Pferd aus; wenn es sich mit den Hinterbeinen abstößt, atmet es ein.

Atemfitness

Eine gute Lungenfunktion ist essenziell für optimale Leistungen. Im Rahmen eines strukturierten Trainingsprogramms atmet das Pferd schneller, wenn die Aktivität gesteigert wird. Faktoren, die die Lungenfunktion beeinträchtigen können, sind das Lungenvolumen, der Durchmesser der Atemwege und die Gangart.

Einflussfaktoren auf die Atemfitness

- Im Training nimmt das Atemzugvolumen zu, wodurch sich die Menge an Sauerstoff, die in den Blutkreislauf gelangt, ebenfalls erhöht.
- Wenn die Fitness zunimmt, werden mehr Lungenbläschen geöffnet (rekrutiert) und dadurch der Gasaustausch verbessert.
- Je effizienter Sauerstoff zu den Zellen gebracht wird, vor allem zu Muskelzellen und Gehirn, desto mehr Ausdauer und Arbeitswilligkeit wird das Pferd zeigen.
- Aerobes Training verbessert Atmung und Kreislauf durch den höheren Sauerstoffverbrauch.
- Auch ein dichter werdendes Kapillarnetz um die Lungenbläschen trägt zur Verbesserung des Gasaustauschs bei.

- Je mehr Kohlendioxid im Blut ist, desto angestrengter muss das Pferd atmen, um ihn loszuwerden und seinen Blut-pH-Wert zu halten.
- Wenn das Pferd fitter wird, wird der Herzmuskel kräftiger und pumpt mehr Sauerstoff durch den Körper.
- Wenn die Muskeln kräftiger werden, brauchen sie für die gleiche Arbeit weniger Sauerstoff.
- Die Zwerchfelltätigkeit verbessert sich.

Wärmeabgabe über die Atmung

Eine schnelle Atmung lässt das Pferd die bei Bewegung entstehende Wärme ausstoßen, was in feuchtwarmem Klima schlechter funktioniert. Schnelle, flache Atemzüge (bis zu 140/min) ermöglichen die Wärmeabgabe über Konvektion, Konduktion und Verdunstung über einen höheren Luftstrom durch die Nüstern.

Atemerholung

Nach anstrengendem Training sollte das Pferd Schritt gehen, bis sich seine Atemfrequenz normalisiert hat. Die Erholungszeit variiert je nach Pferd, allerdings sollten Puls- und Atemfrequenz innerhalb von 20–30 Minuten normal sein. Um die individuellen Basiswerte zu ermitteln, sollten Sie Puls und Atemfrequenz vor und nach jedem Training notieren. Je fitter das Pferd wird, desto schneller normalisieren sich die Werte nach dem Training. Weichen die Werte von der Norm ab, muss nach der Ursache geforscht werden. Da die Muskeln bei hoher Atemfrequenz stärker arbeiten, entsteht mehr Wärme, und es ist wichtig, den Körper so schnell wie möglich zu kühlen. Kühles Wasser erwärmt sich bei Hautkontakt schnell und muss durch neues kühles Wasser ersetzt werden, bis Körpertemperatur und Atemfrequenz wieder normal sind.

Managementmaßnahmen für gesunde Atmungsorgane

Atemwegsprobleme sind nach Verletzungen des Bewegungsapparats die zweithäufigste Ursache für Leistungseinbußen bei Sportpferden. Probleme der unteren Atemwege werden meist durch Viren, Bakterien oder allergische Reaktionen hervorgerufen. Um das Risiko zu minimieren, sollten Sie:

- **nur hochwertiges, sauberes, staub- und schimmelfreies Heu und Stroh verwenden.** Allergien können Bronchiolen und Alveolen schädigen, wodurch die Lungenkapazität dramatisch abnimmt. Ein Heubedampfer minimiert sehr effektiv die Menge an Staub, Bakterien, Schimmel und Hefen im Heu.
- **vom Boden aus füttern,** damit die Atemwege offen bleiben, Schleim abfließen kann und die Atmungsorgane so funktionieren können, wie es die Natur vorgesehen hat.
- **den Stall sauber und gut belüftet halten.** Urin und Kot setzen Ammoniak frei, der die Atemwegsgesundheit beeinträchtigt.
- **nur ausmisten und einstreuen, wenn kein Pferd im Stall ist,** um das Einatmen von Staub, Pollen und anderen Allergenen zu vermeiden.
- **Ihrem Pferd so viel Weidegang wie möglich gewähren.**
- **regelmäßig entwurmen.** Darmparasiten können zu Blutarmut führen, was im Blutbild leicht nachzuweisen ist. Ein Mangel an roten Blutkörperchen bedeutet eine geringere Sauerstoffaufnahme, wodurch das Pferd träge und teilnahmslos wird.
- **vor dem Kauf den Körperbau beurteilen.** Große Nüstern, eine breite Brust und ein breiter Brustkorb deuten auf eine große Atemkapazität hin.

Zusammenfassung

- Eine effiziente Atmung ist essenziell für gute Leistungen.
- In den Lungen findet der Gasaustausch statt.
- Atemwegsprobleme sind eine wesentliche Ursache für Trainingsprobleme und schlechte Leistungen.
- Lungenschäden lassen sich durch Training nicht beseitigen.
- Atem- und Schrittfrequenz sind im Galopp gekoppelt.
- Die Position von Kopf und Hals beeinflusst die Atemwegsfunktion.

Ein starkes, gesundes Herz ist die Voraussetzung für gute Leistungen.

Das Herz-Kreislauf-System

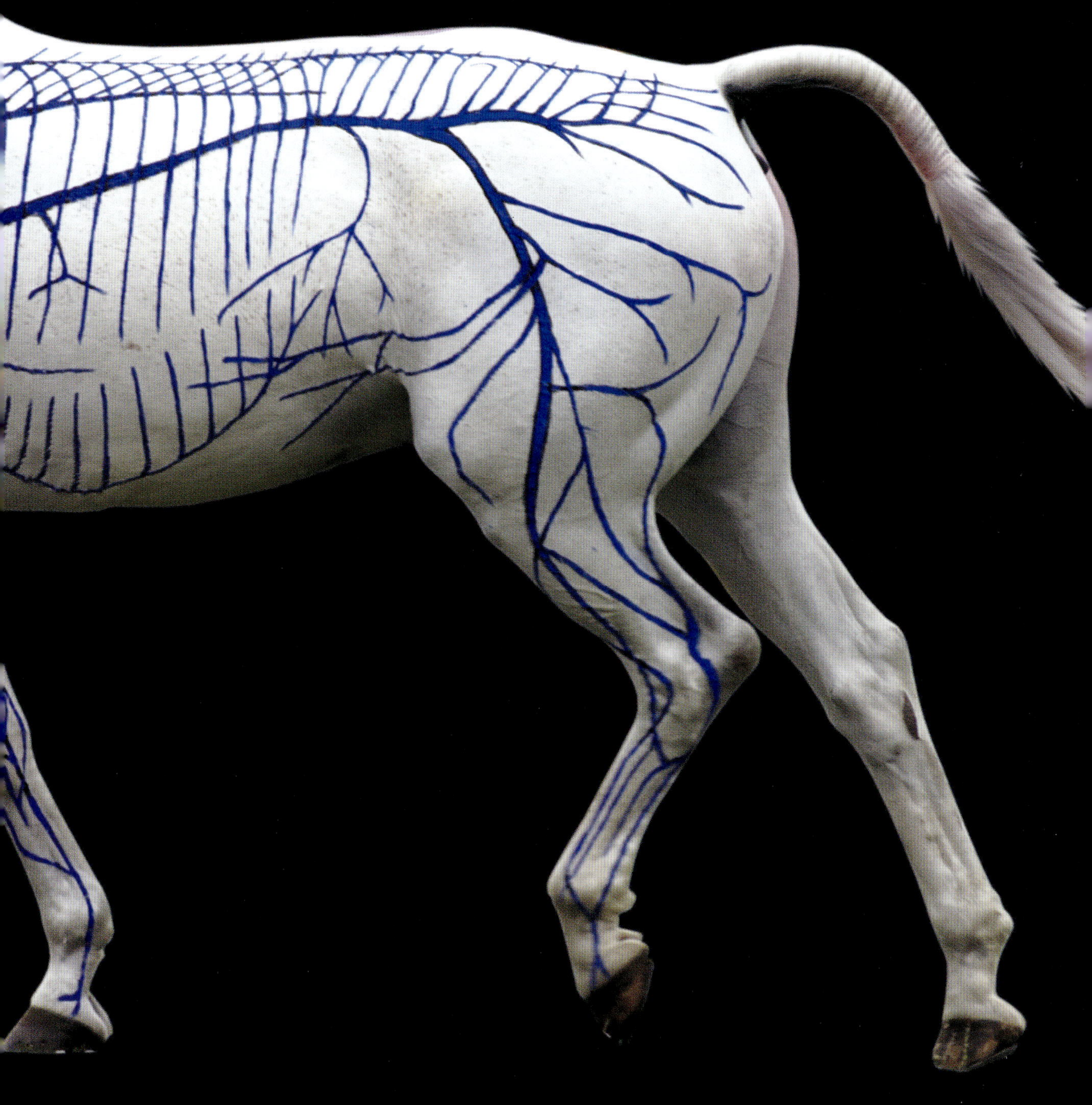

Blut

Etwa 40 Liter Blut zirkulieren durch den Pferdekörper. Hauptbestandteil des Blutes ist **Plasma**, eine strohfarbene Flüssigkeit. Es enthält:

- **rote Blutzellen (Erythrozyten),** die im Knochenmark produziert werden und mithilfe des roten Blutfarbstoffs Hämoglobin Sauerstoff ins Gewebe sowie Kohlendioxid zur Lunge transportieren.
- **weiße Blutzellen (Leukozyten).** Sie sind weniger zahlreich als die Erythrozyten, entstehen im roten Knochenmark und im Lymphsystem, sammeln sich in infizierten Geweben an und bilden Antikörper, um den Organismus vor Krankheitserregern zu schützen.
- **Blutplättchen/Thrombozyten.** Sie machen einen sehr kleinen Teil des Blutes aus und sind für die Blutgerinnung sowie die Reparatur von Blutgefäßen zuständig.
- **Fette, Kohlenhydrate, Eiweiße, Hormone** und andere chemische Substanzen.

Ein gesundes Herz-Kreislauf-System macht das Pferd stark, energiegeladen und voller Lebensfreude.

Definition

Vasodilatation = Erweiterung von Blutgefäßen
Vasokonstriktion = Verengung von Blutgefäßen durch Zusammenziehen der glatten Muskelzellen in der Gefäßwand

Thermoregulation

Das Pferd reguliert seine Körpertemperatur auf verschiedene Arten (S. 12). Von Muskeln oder Eingeweiden produzierte Wärme wird durch Vasodilatation und Vasokonstriktion nach Bedarf verteilt, genutzt oder abgeleitet. Arteriolen in der Unterhaut können sich zusammenziehen oder erweitern, um den Blutfluss in die Haut und damit deren Temperatur zu kontrollieren. Überhitzt das Pferd, gibt der Hypothalamus (S. 125) über das vegetative Nervensystem das Signal zum Erweitern der Arteriolen, sodass mehr Blut in die Haut strömt und Wärme durch Konduktion und Strahlung abgegeben werden kann. Umgekehrt ziehen sich die Arteriolen zusammen, wenn dem Pferd kalt ist, sodass weniger Blut durch die Haut strömt und weniger Wärme verloren geht.

Vasodilation

Herz

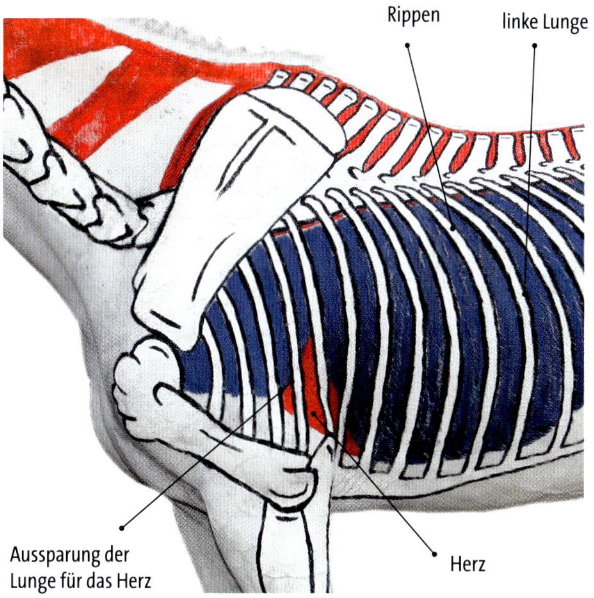

Das Herz ist das erste Organ, das sich beim Embryo entwickelt, und das wichtigste Organ des Körpers. Es ist ein hohler, kegelförmiger Muskel mit etwa 4,5 kg Gewicht und liegt zwischen den Lungen auf der linken Seite geschützt im Brustkorb. Wenn das Pferd fitter wird, kann das Herz größer und schwerer werden. Eine breite Brust bietet mehr Platz für Herz und Lungen und deutet auf größere Leistungsfähigkeit hin.

Das Herz ist aus drei Schichten aufgebaut:

- dem **Endokard**, der inneren Auskleidung.
- dem **Myokard**, der Herzmuskelschicht, die für die Herzkontraktionen sorgt.
- dem **Epikard**, der Membran, die das Herz umgibt und einen Teil des Herzbeutels (Perikard) darstellt.

Das Herz besteht aus vier Hohlräumen. Die oberen beiden, Vorhöfe (Atrien) genannten, sind weniger muskulös und pumpen das Blut in die unteren beiden, die Kammern (Ventrikel). Die linke Herzkammer hat eine besonders muskulöse Wand, da das Blut von hier in die Arterien des ganzen Körpers gepumpt werden muss. Linke und rechte Herzhälfte werden durch eine Septum genannte Muskelwand voneinander getrennt.

Vier Herzklappen verhindern einen Rückfluss des Blutes. Es sind die:

- **Trikuspidalklappe** am Ausgang des rechten Vorhofs
- **Bikuspidalklappe** (Mitralklappe) am Ausgang des linken Vorhofs
- **Pulmonalklappe** am Ausgang der rechten Herzkammer
- **Aortenklappe** am Ausgang der linken Herzkammer

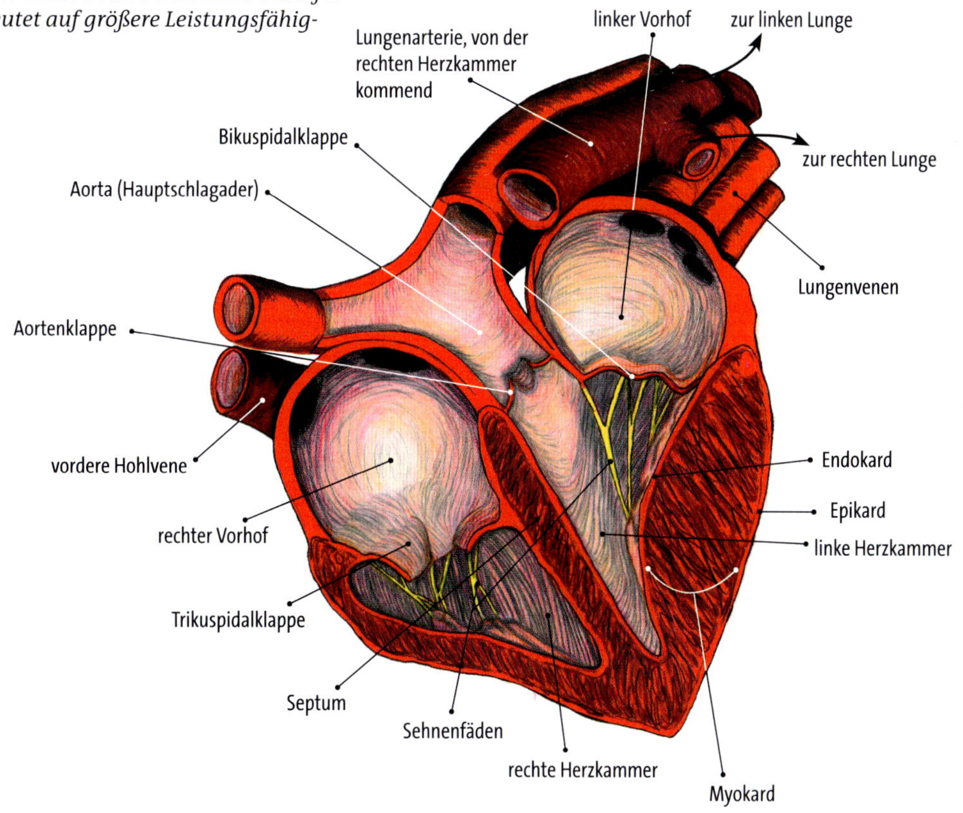

Herztöne

Die Herztöne klingen wie ein dumpfes „Buh-Dup". Der erste Herzton, das „Buh", entsteht, wenn sich die Herzkammermuskulatur anspannt und gegen das Blut drückt (Muskelton). Der zweite Herzton, das „Dup", entsteht durch den Schluss der Aorten- und der Pulmonalklappe (Klappenton). Die Phase, in der die Herzmuskulatur entspannt ist und die Herzkammern sich mit Blut füllen, heißt Diastole. Die Austreibungsphase, in der sich die Kammermuskulatur zusammenzieht, heißt Systole.

Das Herz als Pumpe

Sauerstoffreiches Blut gelangt von der Lunge über die Pulmonalvenen zum linken Vorhof. Durch die Bikuspidalklappe wird es in die linke Herzkammer gedrückt, von wo aus es durch die Aortenklappe in die Aorta und weiter in alle Körperregionen gelangt. Gleichzeitig fließt sauerstoffarmes Blut über die Hohlvenen zum rechten Vorhof. Durch die Bikuspidalklappe hindurch wird es in die rechte Herzkammer gepresst, die es durch die Pulmonalklappe wieder verlässt, um durch die Lungenarterie in die Lungen zu fließen, wo der Gasaustausch stattfindet.

Zwei Kreisläufe pumpen das Blut durch den Körper:

- Der **Lungenkreislauf** bringt sauerstoffarmes Blut vom Herzen zu den Lungen und sauerstoffreiches Blut zurück zum Herzen.
- Der **Körperkreislauf** bringt sauerstoffreiches Blut vom Herzen zu allen Organen und sauerstoffarmes Blut zurück zum Herzen.

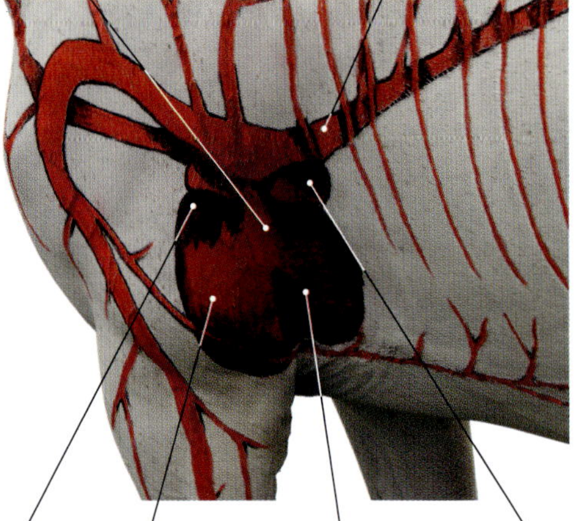

Puls

Ein Puls ist eine Blutwelle, die bei jedem Herzschlag durch die Arterien fließt. Er ist immer dort fühlbar, wo eine Arterie dicht unter der Haut über einen Knochen läuft. Die Qualität des Pulses ist ein nützlicher Indikator der Gesundheit. Zum Beispiel kann ein im Vergleich zum anderen Bein pochender Puls in einer Zehenarterie auf ein Problem im dazugehörigen Huf hindeuten.

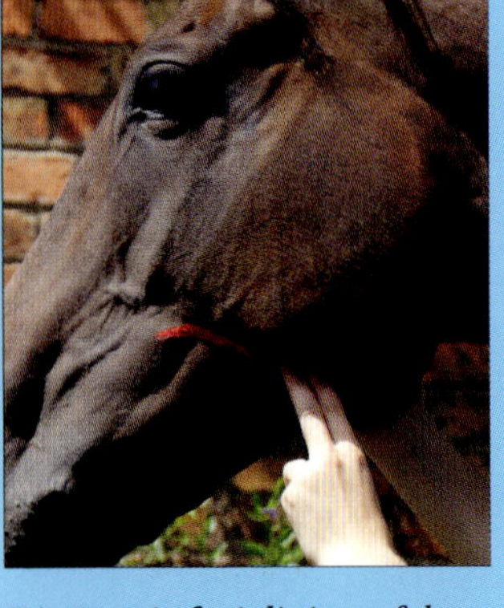

Die Arteria facialis ist auf der Innenseite der Unterkieferäste zu fühlen.

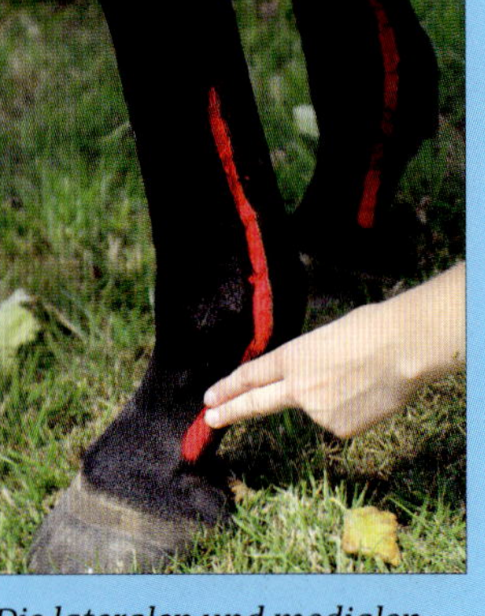

Die lateralen und medialen Zehenarterien der Vorderbeine sind direkt unterhalb der Fesselgelenke zu fühlen.

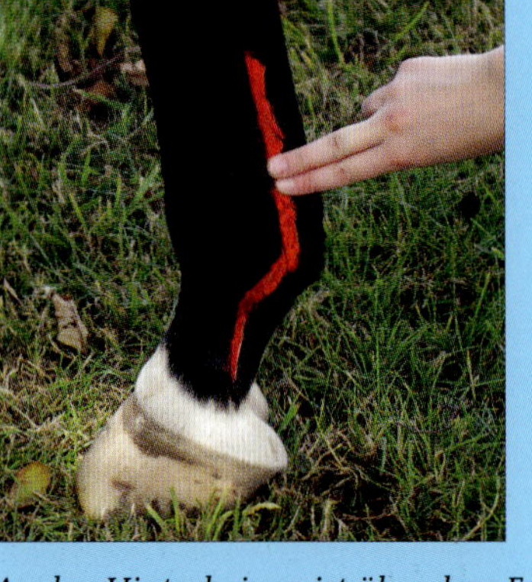

An den Hinterbeinen ist über dem Fesselgelenk zwischen Fesselträger und Beugesehne eine Zehenarterie zu spüren.

Einfluss des Trainings auf das Herz

Der wichtigste Anpassungsmechanismus ist, dass das vom Herzen pro Herzschlag ausgeworfene Blutvolumen enorm gesteigert werden kann. Bei voller Belastung kann die Herzfrequenz von 35/min auf 240/min steigen, was mehr als dem Sechsfachen des Ruhepulses entspricht und mehr ist, als die meisten Spezies inklusive des Menschen leisten können. Steigt die Herzfrequenz, wird mehr Blut in die Muskeln gepumpt, um ihre Energiezufuhr zu sichern. Im Ruhezustand pumpt das Herz eines fitten Pferdes mit jedem Schlag einen Liter Blut in die Aorta. Unter Belastung kann diese Menge auf 1,7 Liter pro Herzschlag ansteigen. Wenn der Herzmuskel mehr Blut durch den Körper pumpt, steigt der Blutdruck. Mehr Blut wird durch die Kapillaren gepresst, deren Zahl ansteigt, sodass eine größere Oberfläche für den Gasaustausch entsteht. Dadurch ist effizientere aerobe Arbeit möglich.

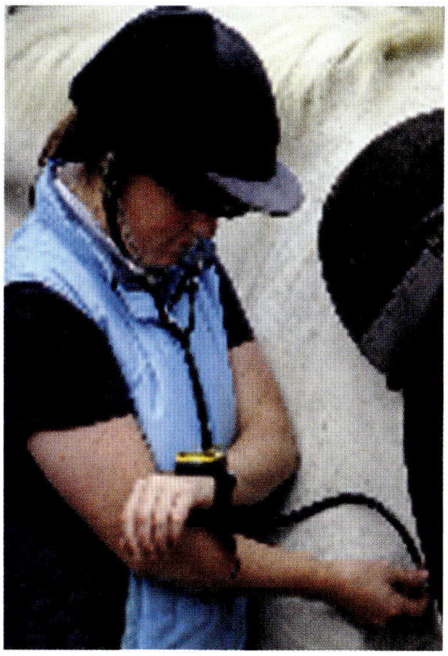

Wer regelmäßig die Herzfrequenz seines Pferdes überprüft, kann Gesundheit und Fitness beurteilen.

Durchschnittliche Herzfrequenzen nach 10 Minuten Training

Herzfrequenz in Ruhe	35–42 Schläge/min	niedriger bei sehr gut trainierten Pferden
leichte Arbeit im Schritt oder Trab	60–150 Schläge/min	
mäßige Belastung im Arbeitsgalopp	100–170 Schläge/min	die Art des Geländes und Aufregung haben einen Einfluss.
hohe Belastung im Renngalopp	180 Schläge/min oder höher	
maximale Herzfrequenz	240 Schläge/min	
nach 10–15 min Erholung im Schritt	60 Schläge/min oder weniger	untrainierte, aufgeregte oder ausgetrocknete Pferde können bis zu 45 min benötigen.
Angst, Schmerzen, Stress, Infektionen, Verletzungen oder Koliken erhöhen ebenfalls die Herzfrequenz.		

Ist das Pferd aufgeregt, kann sich durch die Aktivierung des sympathischen Nervensystems schon vor dem Start die Herzfrequenz erhöhen.

Blutgefäße

Drei Arten von Blutgefäßen leiten Blut durch den Körper:
- Arterien
- Venen
- Kapillaren

Arterien

Arterien leiten frischrotes sauerstoffreiches Blut mit hohem Druck vom Herzen in alle Körperregionen. Einzige Ausnahme ist die Lungenarterie, die sauerstoffarmes Blut vom Herzen zur Lunge transportiert. Je weiter sie vom Herzen wegführt, desto mehr verzweigt sich die Aorta, ähnlich wie das Geäst eines Baumes. Jede Körperregion wird von mehreren Ästen versorgt, deren kleinste Zweige Arteriolen heißen. Kontrolliert durch das sympathische Nervensystem (S. 116) regulieren sie den Blutfluss und reduzieren den Blutdruck, bevor das Blut von den Arterien in die Kapillaren fließt.

Arterienwände enthalten glatte Muskelzellen. Sie sind dick und elastisch, um dem durch das Herz erzeugten hohen Blutdruck zu widerstehen. Wird eine Arterie verletzt, spritzt im Rhythmus des Herzschlags Blut heraus. Um das Verletzungsrisiko zu senken, verlaufen die meisten großen Arterien auf der Beugeseite der Gelenke oder tief im Inneren des Körpers. Die das Hinterbein versorgenden Popliteal- und Femoralarterien beispielsweise ziehen vor dem Hüftgelenk und hinter dem Kniegelenk entlang.

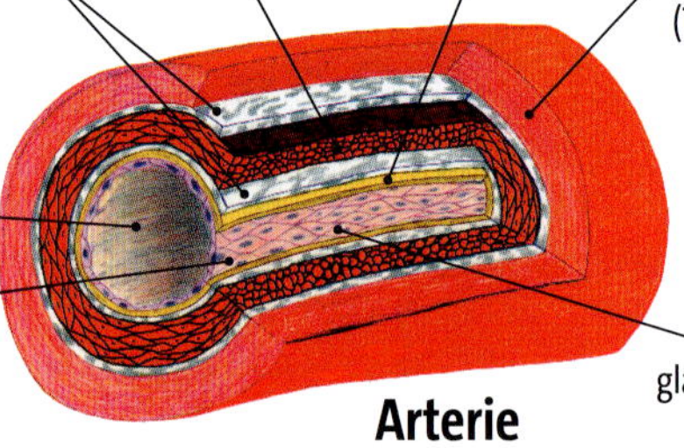

Arterie

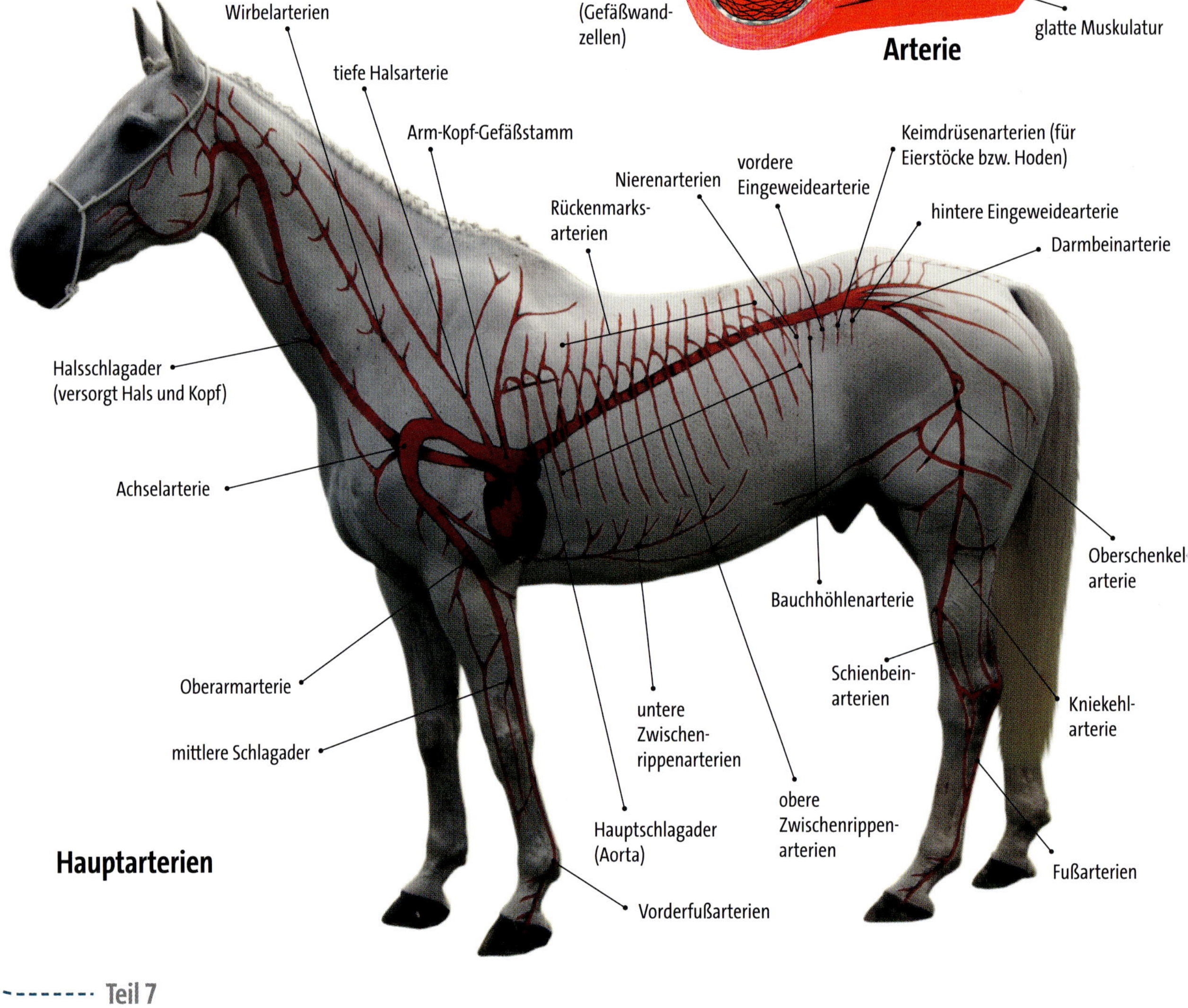

Hauptarterien

Venen

Venen transportieren sauerstoffarmes, kohlendioxidreiches Blut mit Stoffwechselabbauprodukten zum Herzen. Einzige Ausnahme sind die Lungenvenen, die sauerstoffreiches Blut aus der Lunge zum linken Vorhof leiten. Da der Blutdruck in den Venen deutlich niedriger ist als in den Arterien, haben sie eine viel dünnere Wand und Venenklappen, die einen Rückfluss verhindern. Aus verletzten Venen fließt dunkelrotes Blut, ohne wie bei verletzten Arterien zu pulsieren. Die kleinsten Venen, die Venolen, entsprechen den Arteriolen im arteriellen System. Sie vereinigen sich zu immer größeren Venen, die letztlich in die zum rechten Herzvorhof führende Hohlvene münden.

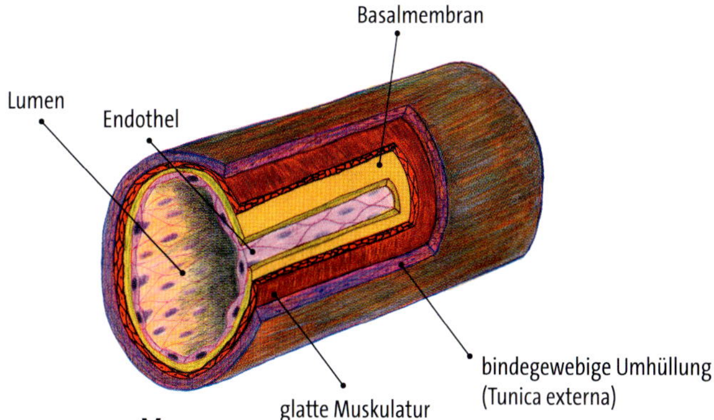

Vene

Die großen Venen folgen ähnlichen Wegen wie die großen Arterien

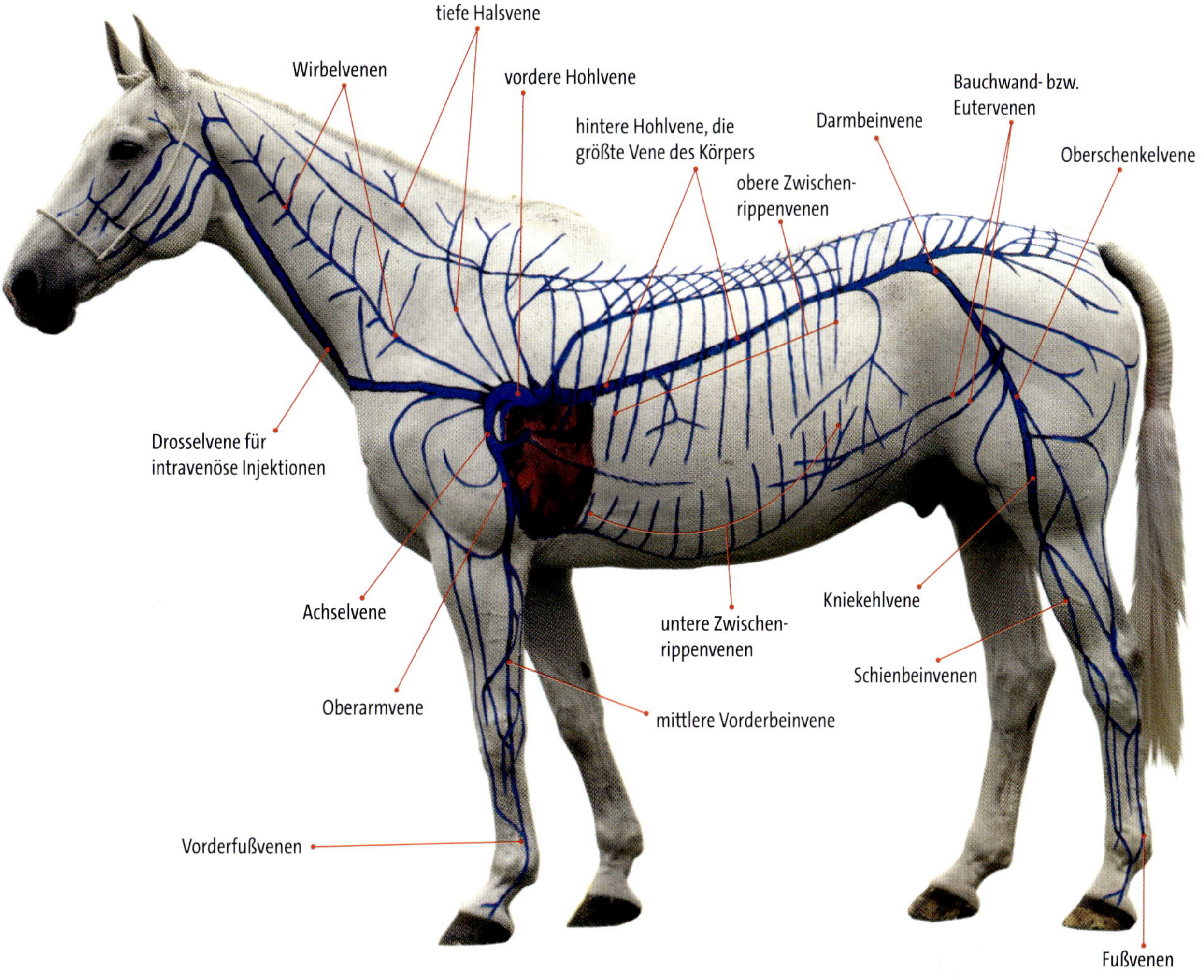

Kapillaren

Sauerstoff und Kohlendioxid, Mineralstoffe, Abfallstoffe und vieles mehr werden durch die Kapillarwand hindurch zwischen Blut und Körpergeweben ausgetauscht. Die durchlässige Gefäßwand besteht hier nur aus einer Lage Endothelzellen. Kapillaren bilden ein dichtes Netz, das den ganzen Körper durchzieht. Wie in einem Flussdelta fließt das Blut hier langsamer und der Blutdruck beträgt nur 60 % des Drucks in der Aorta.

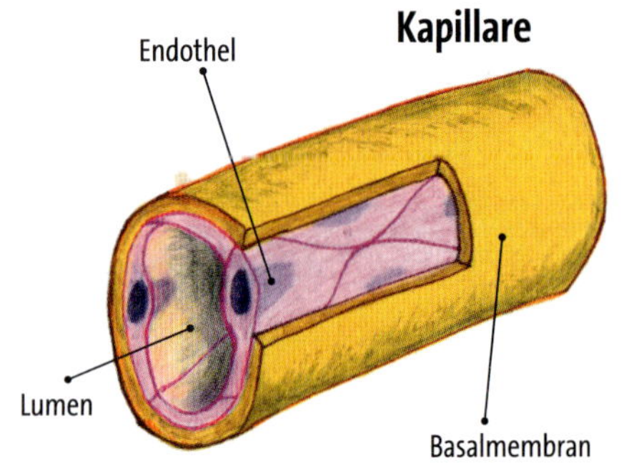

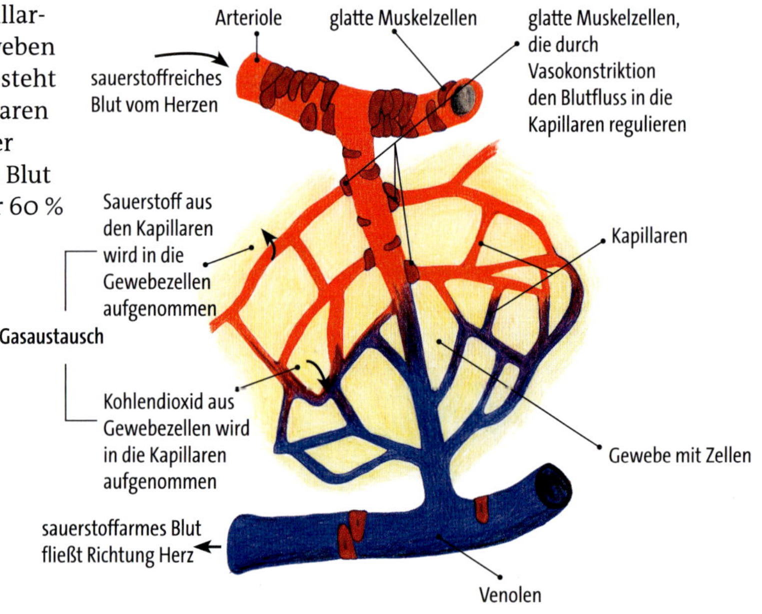

Milz

Bis zu einem Drittel aller roten Blutzellen des Pferdes wird in der dunkelroten, bläulich schimmernden Milz gespeichert. Ihre Lage hängt von der Atemphase und der Magenfüllung ab. Als lymphatisches Organ entsorgt die Milz alte Blutzellen. Das Hämoglobin in ihnen wird abgebaut und in der Leber zu Gallefarbstoff verarbeitet, während das Eisen recycelt wird, um neues Hämoglobin herzustellen. Die Milz kann auch neue weiße Blutzellen bilden. Während körperlicher Anstrengung werden in der Milz gespeicherte rote Blutzellen freigesetzt, wodurch sich der Gasaustausch erhöht und alle Gewebe besser mit Sauerstoff versorgt werden können, was die Ausdauer steigert. Vollblüter haben im Durchschnitt eine größere Milz als Warmblüter, was auf eine höhere aerobe Kapazität und Leistungsfähigkeit hinweist. Wie der Mensch kann auch das Pferd ohne Milz leben, doch ist bei Pferden, deren Milz entfernt wurde, die Leistungsfähigkeit stark eingeschränkt.

Training und das Herz-Kreislauf-System

Das Herz-Kreislauf-System zu verstehen, zu wissen, wie man es trainiert und wie es mit anderen Organsystemen interagiert, ist der Schlüssel zu besseren Leistungen. Es arbeitet eng zusammen mit:

- dem Atmungssystem, das Sauerstoff für den Energiestoffwechsel der Zellen zur Verfügung stellt (S. 78).
- dem vegetativen Nervensystem, das die Funktion der inneren Organe einschließlich des Herzens reguliert (S. 110).
- dem endokrinen System, das die Durchblutung der inneren Organe kontrolliert (S. 122).
- dem Verdauungssystem, das Nährstoffe wie Kohlenhydrate und Fette als Energieträger ins Blut abgibt (S. 66).
- dem harnbildenden System, das den arteriellen Blutdruck mit reguliert (S. 134).

Das passende Konditionsniveau des Herzens ermöglicht dem Pferd, gute Leistungen im Sport oder bei anderen Aktivitäten zu zeigen, an denen es teilnehmen soll, ohne seine Komfortzone verlassen zu müssen. Für optimale Leistungen muss das Herz-Kreislauf-System seine Sauerstofftransportkapazität erhöhen. Ein untrainiertes Pferd ermüdet leicht, verliert seine Konzentration und wird daher eher stolpern oder ein Hindernis reißen.

Zellatmung

Energie aus der Nahrung wird durch eine Reihe chemischer Reaktionen in den Zellen verwertet, an denen Sauerstoff und Glukose aus dem Blut oder Glykogen aus den Muskeln beteiligt sind.

Das Pferd nutzt zwei Arten der Zellatmung, wenn es sich bewegt:

- **Aerobe Atmung:** Sie ist abhängig davon, dass genügend Sauerstoff mit dem Blut zur Muskulatur gelangt. Das Abfallprodukt Kohlendioxid wird an Hämoglobin gebunden, zu den Lungen transportiert und ausgeatmet. Die Herzfrequenz liegt bei aerober Arbeit normalerweise unter 150/min. Ein fittes Pferd kann diese Art der Arbeit lange durchhalten, ohne zu ermüden. Aerobes Training stärkt das Herz und die aerob arbeitenden Muskeln, verbessert die Zirkulation und den Sauerstofftransport durch den Körper, senkt den Blutdruck und verbrennt Fett. Beispiele sind Distanzreiten, Wanderreiten und Dressur.
- **Anaerobe Atmung:** Sie tritt bei kurzzeitiger explosiver körperlicher Arbeit auf, wenn das Herz-Kreislauf-System die Muskelzellen nicht schnell genug mit Sauerstoff versorgen kann. Als Energielieferant dient Glykogen aus den Muskelzellen. Diese Art der Arbeit setzt eine gute aerobe Grundlage voraus. Anaerobe Arbeit verbessert die Kapazität des Herz-Kreislauf-Systems, Erholungszeit, Kraft und Muskelmasse. Nachteil ist die Produktion von Milchsäure (Laktat), die mit dem Blut zur Entgiftung in die Leber gebracht wird. Angesammelte Milchsäure kann einen Muskelkater hervorrufen. Ein Weg, dies zu verhindern, ist, das Pferd bis zu einer Stunde Schritt gehen zu lassen, damit die Milchsäure abtransportiert werden kann.

Um das Pferd rundum fit zu machen, ausdauernd, kraftvoll, beweglich, schnell, agil und ausbalanciert, muss man es sowohl aerob als auch anaerob arbeiten. Die Kombination führt zum Aufbau von Muskelmasse und zur Verbrennung von Fett. Beispiele sind Springpferde, die ruhigen Galopp und explosionsartige Anstrengung beim Springen verbinden, oder Polo-Ponys, bei denen leichter Galopp mit plötzlicher Beschleunigung und abrupten Stopps wechselt.

Herz-Kreislauf-Training

Ein Herz-Kreislauf-Training zu planen, ist eine komplexe Aufgabe und abhängig von Alter, Ausbildungsstand, Temperament, Rasse, Sportart und Trainingsziel. Im Zweifel sollten Sie den Rat eines erfahrenen Trainers einholen. Ein gut durchdachtes, dem Zweck angepasstes, **individuelles Programm** ist der Schlüssel zum Trainingserfolg. Egal wie fit es ist, ein Dressurpferd wird nie ein gutes Rennpferd. Jedes Trainingsprogramm sollte Arbeit an Steigungen beinhalten.

- **Ausdauerbewegungstraining** ist die Basis für Ausdauer und die erste Stufe jedes Trainingsprogramms. Ein untrainiertes Pferd kann bis zu neun Monate benötigen, um die gewünschte Fitness zu entwickeln. Ein vormals fittes Pferd kann nach drei Monaten Weidegang sechs bis zehn Wochen brauchen. Beginnen Sie mit 15 Minuten Schrittarbeit jeden zweiten Tag, erhöhen Sie die Belastung langsam in Zehn-Minuten-Schritten und führen Sie nach und nach Trab- und Galoppphasen ein. Die langsame Arbeit unter dem Reiter, an der Longe oder im Führgerät verbessert auch die Temperaturregulation, stärkt die Knochen (S. 18) und erhöht die Stoffwechselkapazität.
- **Intervalltraining** verbessert die aerobe Kapazität durch kurze Phasen schneller Arbeit, die von Ruhephasen unterbrochen werden, in denen sich die Herzfrequenz normalisieren kann. Das Pferd sollte gearbeitet werden, bis die Herzfrequenz auf etwa 180/min steigt, Schritt gehen, bis sie wieder bei 100/min liegt, und dann die Übung wiederholen. Ein Vielseitigkeitspferd profitiert zur Turniervorbereitung von drei fünf bis sechs Minuten langen Galoppphasen, die von ein- bis zweiminütigen Schrittphasen unterbrochen werden. Je fitter das Pferd wird, desto kürzer werden seine Erholungszeiten.
- **Sprinttraining** verbessert die anaerobe Kapazität. Ein Pferd verbessert seine Fitness mit zwei oder drei Sprints auf einer leicht ansteigenden, einen Kilometer langen Galoppstrecke. Das Ganze nicht öfter als jeden fünften Tag, damit die Muskeln Zeit haben, sich zu regenerieren.

Abwechslung ist die Würze des Lebens!

Egal für welche Disziplin Sie trainieren: Bringen Sie Abwechslung in Ihr Trainingsprogramm. Sie hält das Pferd geistig fit und stellt sicher, dass es alle seine Muskeln benutzt.

Ein Erhaltungstraining für ein fittes Pferd könnte so aussehen:

Tag 1: Ausreiten
Tag 2: zielorientiertes Lernen neuer Lektionen
Tag 3: aerobes Training
Tag 4: Ausritt/Intervalltraining
Tag 5: Ausbildungseinheit in jeweiliger Sportdisziplin
Tag 6: „Cross Training“, z. B. Springen oder Cavalettiarbeit für ein Dressurpferd
Tag 7: Sprinttraining
Tag 8: Ruhetag oder Schrittgehen

Fitness-Fakten

- Der schnellste Anstieg der Herz-Kreislauf-Fitness tritt in den ersten sieben Wochen auf.
- Nach 28 Wochen Training bleibt die Herz-Kreislauf-Fitness auf gleichbleibend hohem Niveau.
- Es kann bis zu zwölf Wochen dauern, bis das Herz-Kreislauf-System wieder auf Vortrainingsniveau ist, abhängig vom Pferd und der Trainingsintensität vor und während des Abtrainierens.
- Nach einem initialen Training muss der Trainingsstimulus erhöht werden, um die Herz-Kreislauf-Fitness weiter zu steigern.
- Die maximale Herzfrequenz sinkt mit dem Alter. Bei Pferden über 20 Jahren kann sie weniger als 200/min betragen.

Zusammenfassung

- Blut besteht aus roten und weißen Blutzellen, Blutplättchen und Plasma.
- Arterien transportieren sauerstoffreiches Blut in die Kapillaren, wo der Austausch mit Kohlendioxid stattfindet.
- Kapillaren bringen mit Abfallprodukten angereichertes Blut zu den Venen, die es zu Herz und Lunge transportieren.
- Die Hauptaufgabe des Herz-Kreislauf-Systems ist es, sauerstoffreiches Blut zu den Muskeln zu bringen.
- Der Ruhepuls eines Pferdes beträgt 35–42/min.
- Die Herzleistung steigt proportional zur Arbeitsbelastung, bis die maximale Herzfrequenz erreicht ist.
- Stärkung des Herz-Kreislauf-Systems reduziert das Verletzungs- und Unfallrisiko.
- Ein untrainiertes Pferd ist, besonders wenn es einen untrainierten Reiter trägt, anfällig für Verletzungen.
- Ein Fitnessprogramm sollte zielorientiert geplant werden.

Das lymphatische System

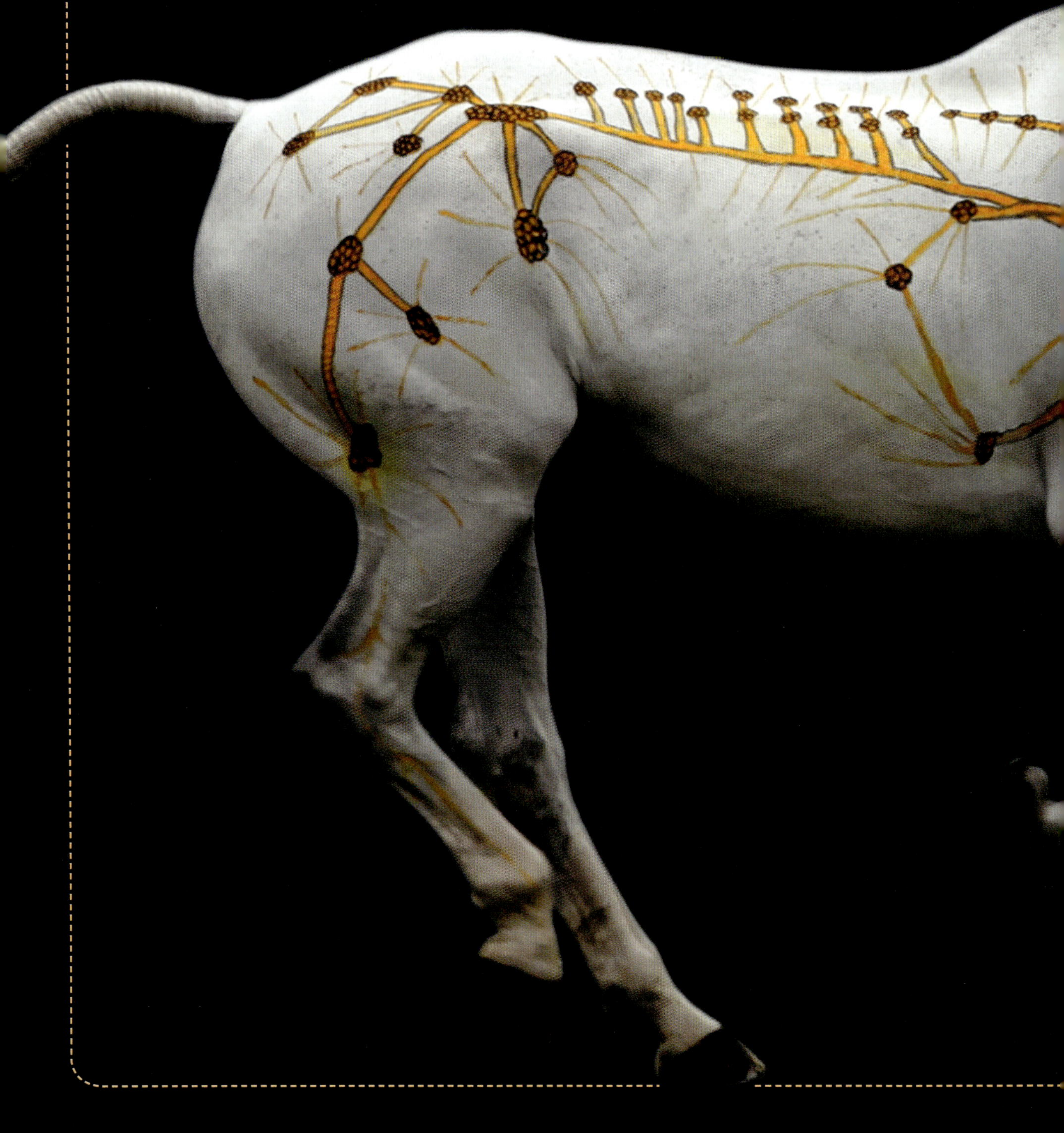

Das lymphatische System ist für die Immunabwehr essenziell. Es schützt den Organismus vor Bakterien und Krankheiten.

Das lymphatische System

Das lymphatische System besteht aus Lymphe, Lymphgefäßen, Lymphknoten, Milz und Knochenmark. Es bekämpft Infektionen und bildet die Hauptabwehr gegen Krankheiten und die negativen Folgen von Verletzungen. Es ist ein wichtiger Teil des Immunsystems.

Die Hauptaufgaben des Lymphsystems sind:

- Krankheiten zu bekämpfen
- den Flüssigkeitshaushalt in Balance zu halten, indem es überflüssige Flüssigkeit aus den Geweben aufnimmt, filtert und wieder ins Blut leitet (S. 103)
- Gewebe zu ernähren und zu säubern
- Bakterien und andere Mikroorganismen in den Lymphknoten zu filtern
- Abfall zu entsorgen, inklusive geschädigter, toter Zellen oder Krebszellen
- bei Aufnahme und Transport von Fetten aus dem Verdauungssystem zu helfen (S. 66)
- Knorpel, Hornhaut und Hufhorn zu ernähren und zu säubern, die keine eigene Blutversorgung haben

Das Immunsystem

Das Immunsystem ist die körpereigene Abwehr gegen krank machende Mikroorganismen, Pathogene genannt. Das lymphatische System produziert Lymphozyten, spezialisierte Abwehrzellen, die Pathogene und Krebszellen erkennen und zerstören. Ein Fohlen wird mit begrenzter Immunität geboren. Seine Lymphozyten müssen erst durch Kontakt mit Pathogenen trainiert werden. Sie produzieren dann Antikörper, die im Körper zirkulieren und eine schnelle, starke Immunreaktion auslösen, sobald die Bedrohung wieder auftritt.

Diese spezifische Immunität ist individuell abhängig davon, welchen Pathogenen das Pferd bereits begegnet ist. Was erklärt, weshalb manche Pferde in einem Stall einen Husten oder eine Viruserkrankung bekommen, während andere gesund bleiben.

Wird das Immunsystem durch schlechtes Futter, Stress, Austrocknung, Erschöpfung, Ansammlung von Toxinen, Abfallprodukten oder Pathogenen geschwächt, wird das Pferd anfällig für Krankheiten. Manchmal wird das Immunsystem jedoch auch hyperaktiv, zum Beispiel bei Allergien, wo es auf eigentlich harmlose Pollen, Staub oder andere Umweltallergene überreagiert.

Milz

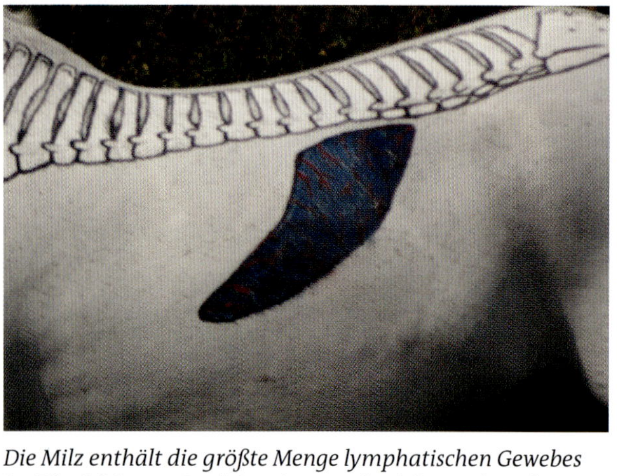

Die Milz enthält die größte Menge lymphatischen Gewebes im Pferdekörper. Geschützt im Brustkorb liegend, ist ihre Hauptaufgabe die Produktion von Lymphozyten zur Infektionsbekämpfung und die Entsorgung geschädigter roter Blutzellen aus dem Blutstrom. Sie leistet auch einen wichtigen Beitrag zur Leistungsfähigkeit (S. 96).

Thymus

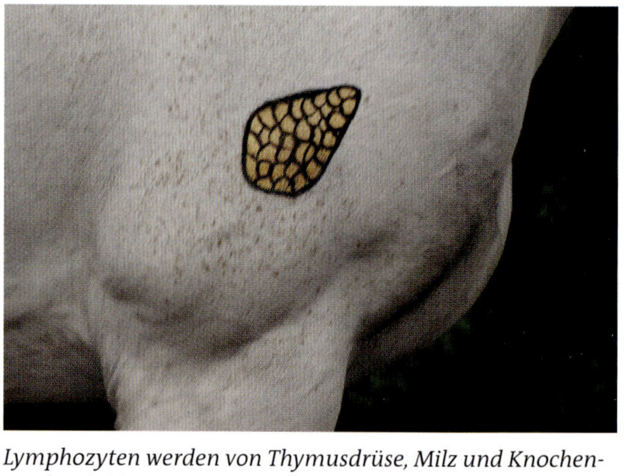

Lymphozyten werden von Thymusdrüse, Milz und Knochenmark gebildet. Der tief zwischen den Vorderbeinen sitzende Thymus ist außerdem eine endokrine Drüse (S. 126).

Flüssigkeitshaushalt: Zahlen und Fakten

- Wasser macht etwa 70 % des Pferdekörpers aus.
- Ein durchschnittliches Pferd hat etwa 40 Liter Blut.
- 2 bis 3 % der Körperflüssigkeit sind Lymphe.
- Die Blutgefäße enthalten etwa 5 % der gesamten Körperflüssigkeit, doch diese Menge fluktuiert schnell, wenn der Bedarf des Körpers sich ändert.
- Etwa 15 % des Körperwassers umgibt die Blutgefäße und Zellen.
- Bis zu 50 % des Körperwassers befinden sich in den Zellen.
- 30 % des Wassers werden im Blinddarm und im Kolon gespeichert und können Wasserverluste an anderer Stelle ausgleichen.

Die wichtigsten Lymphzentren und Lymphgefäße

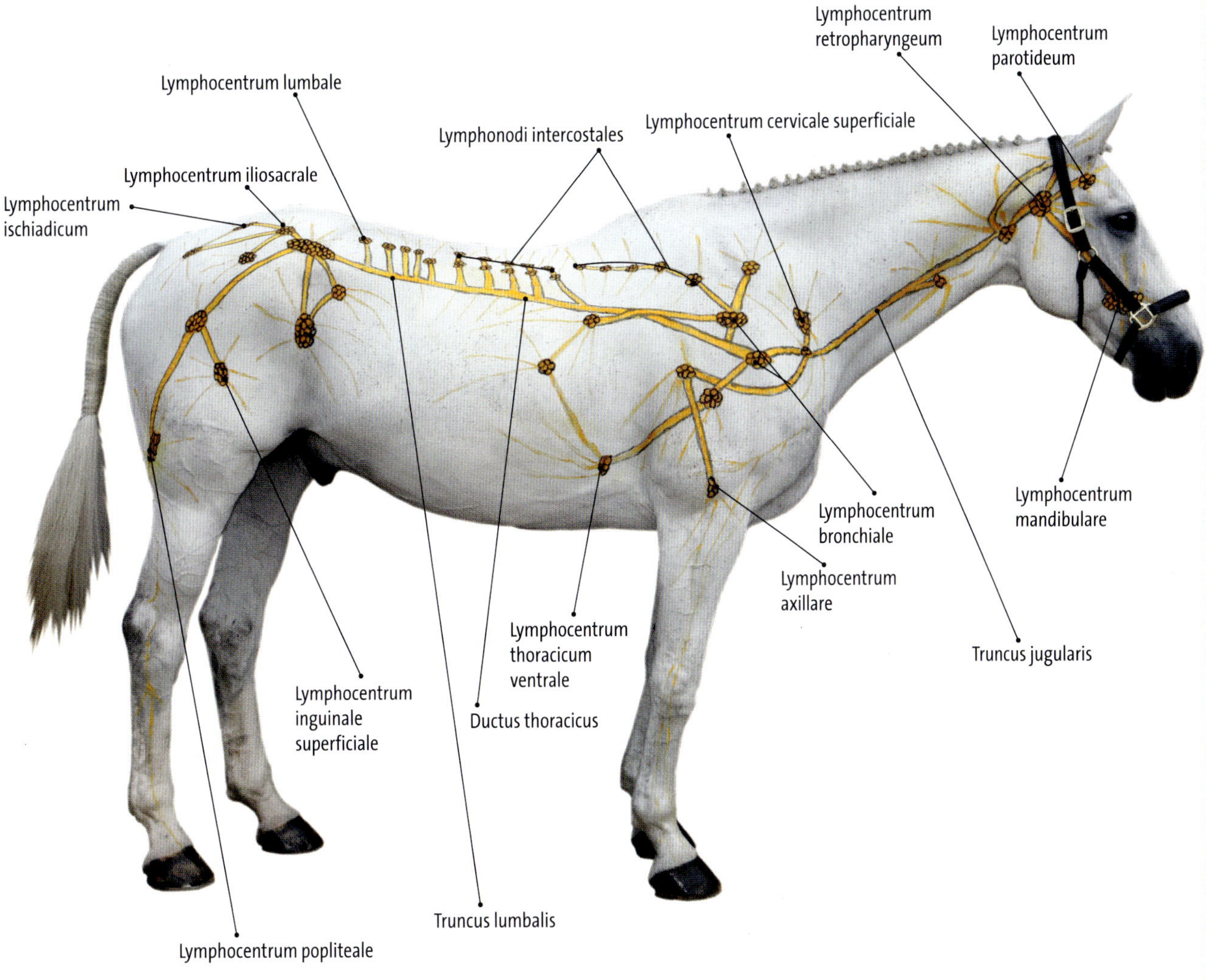

Lymphe

Anders als beim Herz-Kreislauf-System gibt es im Lymphsystem keine zentrale Pumpe. Der Lymphfluss ist abhängig von Peristaltik sowie von der Kontraktion der Skelettmuskeln, wenn das Pferd sich bewegt. Klappen in den Lymphgefäßen verhindern einen Rückfluss und ein Unterdruck hilft, die Lymphe in die großen Lymphgänge zu saugen. Auch Ein- und Ausatmung helfen, die Lymphe in Richtung Herz zu saugen.

Lymphe ist eine wässrige, farblose Flüssigkeit, die Lymphozyten, Glukose und Proteine enthält. Sie entsteht aus Plasma, das aus den Blutkapillaren sickert, um die Zellen mit Sauerstoff und Nährstoffen zu versorgen. Wenn es den Sauerstoff abgegeben hat, fließt es als Lymphe in die Lymphkapillaren. Lymphe zirkuliert durch die Körpergewebe und nimmt Fette und Bakterien auf, die im Lymphsystem herausgefiltert werden. Die klare Flüssigkeit, die aus einem Hautschnitt austritt, ist Lymphe.

Lymphgefäße

Winzige, nur eine Zelle dicke Lymphkapillaren entspringen in den Zellzwischenräumen. Sie vereinen sich zu einem Netzwerk größerer Lymphgefäße, die denselben Wegen folgen wie die Blutgefäße. Die Lymphgefäße verbinden sich zum Ductus thoracicus genannten Lymphsammelstamm. Er läuft unter der Wirbelsäule Richtung Herz, wo die Lymphe nahe des Herzens in die vordere Hohlvene abgegeben wird.

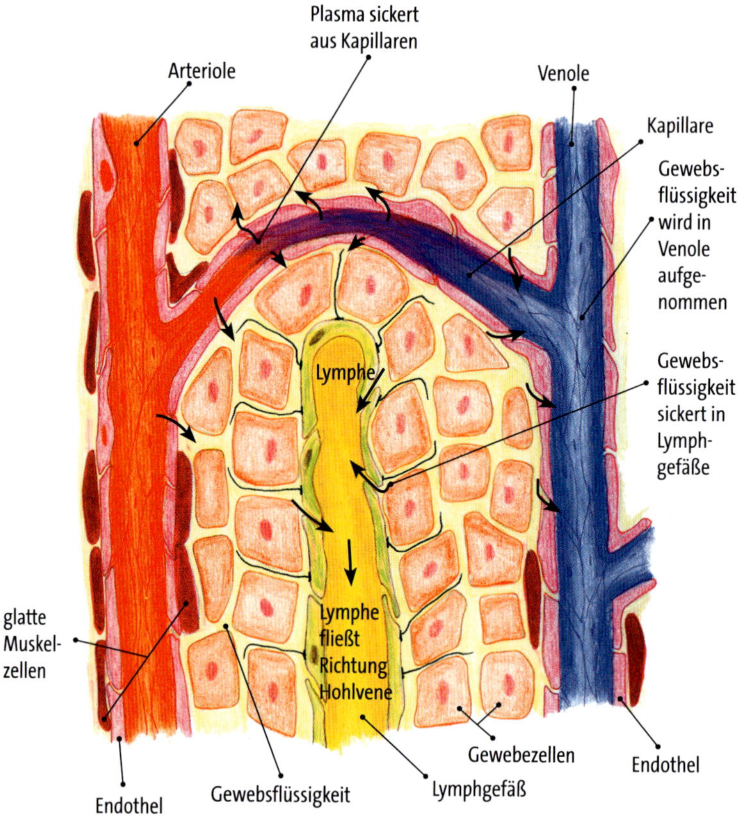

Lymphknoten

Kleine rundliche Lymphknoten sind in Gruppen und Reihen zwischen die Lymphgefäße geschaltet. Sie enthalten Krankheiten abwehrende weiße Blutzellen und bilden neue Lymphozyten, die Abfallprodukte, tote Zellen und Zellreste, Bakterien und andere schädliche Mikroorganismen sowie Toxine aus den Geweben filtern und zerstören, bevor die Lymphe wieder in den Blutstrom zurückkehrt.

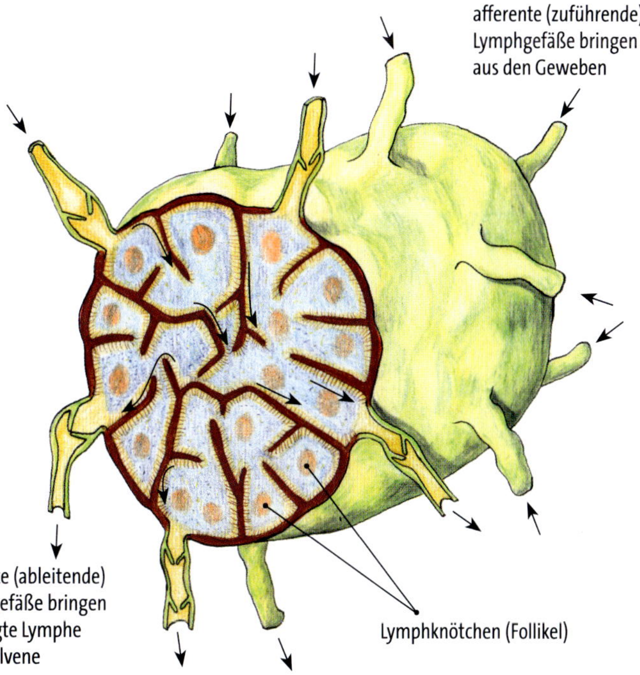

Lymphzentren

Lymphzentren bestehen aus Gruppen benachbarter Lymphknoten, die alle dicht an einer Körperregion oder einem Organ liegen, dessen Lymphe sie filtern, zum Beispiel an Herz, Lunge, Fortpflanzungsorganen oder Nieren. Die Zahl der Knoten in einem Lymphzentrum variiert, so kann das für das Kolon zuständige Lymphzentrum bis zu 6000 Lymphknoten umfassen, die entlang des Kolons verteilt liegen.

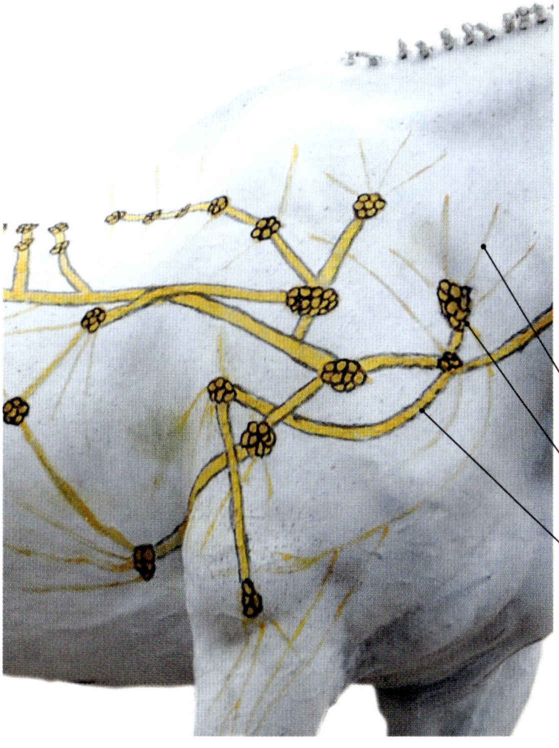

Praktische Anwendung

Wenn Lymphknoten oder Lymphzentren aktiv Infektionen bekämpfen, schwellen sie oft an, da viele Lymphozyten rekrutiert werden, um die Infektion abzuwehren.

Manchmal sind die Schwellungen vor allem in der Kieferregion zu fühlen. Die Parotideal-, Mandibular-, Sternal- und Inguinal-Lymphzentren sind hilfreich zur Diagnostik. Genau wie wir selbst ermüden Pferde leicht, wenn sie mit einer Infektion zu kämpfen haben, und sind „nicht ganz auf der Höhe". Trainingsprogramme müssen dann gedrosselt werden.

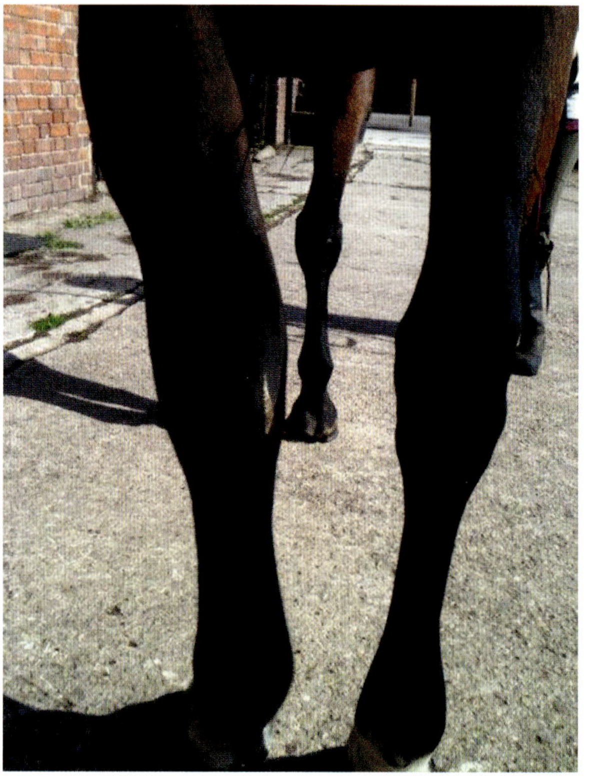

Lymphangitis (Einschuss) ist eine Entzündung von Gewebsflüssigkeit bzw. Lymphe. In Phasen plötzlicher Inaktivität können die Beine stark anschwellen, heiß und schmerzhaft werden. Auch bakterielle Infektionen durch winzige Verletzungen oder Insektenstiche können die Ursache sein. Eine sofortige tierärztliche Behandlung ist erforderlich.

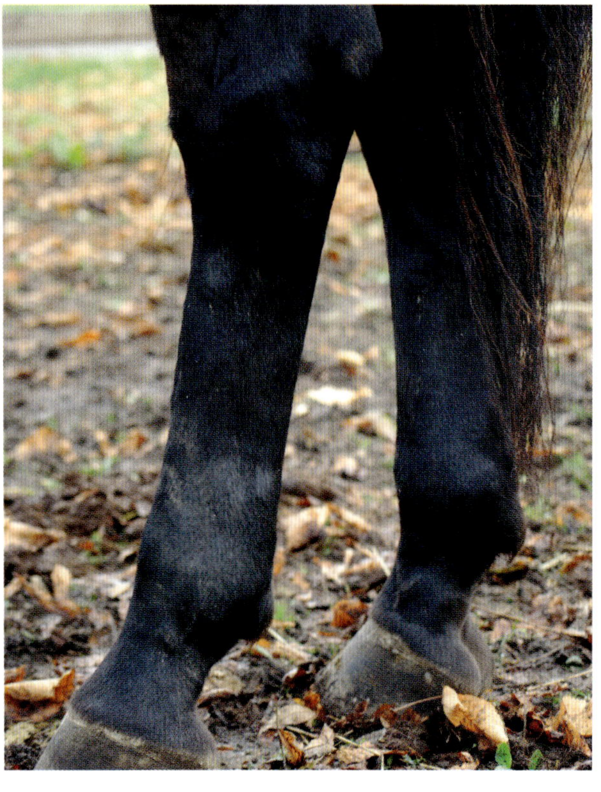

Schwellungen (Ödeme) entstehen, wenn das Lymphsystem überschüssige Flüssigkeit nicht aus dem Gewebe abtransportieren kann. Sie können vorübergehend auftreten, etwa nach Verletzungen, oder weil das Lymphsystem selbst versagt, was als Lymphödem bezeichnet wird. Da es unterhalb von Karpal- und Tarsalgelenk keine Muskeln gibt und auch keine andere Pumpe, kann Inaktivität durch eine Trainingsunterbrechung oder zu wenig Bewegungsfreiheit zu Schwellungen der Beine führen, wenn sich Lymphe ansammelt. Dies kann bei Boxenruhe zum Problem werden, doch das Bein zu bandagieren ist nicht die richtige Lösung. Manuelle Lymphdrainage kann manchmal helfen, Lymphödeme zu reduzieren. Sobald das Pferd wieder aktiver wird, verteilt sich die Flüssigkeit wieder.

Während der Bewegung entstehen mehr Toxine und Abfallprodukte infolge von Mikrotraumen und verstärkter Zellatmung. Durch Stress und Reisen wird auch die hormonelle Aktivität erhöht. Das Lymphsystem spielt eine wichtige Rolle bei der Reinigung und Regeneration der Muskulatur. Obwohl der Reinigungsprozess schon während der Bewegung beginnt, kann er mehrere Stunden andauern. Um die Lymphe im Fluss zu halten und damit Herz- und Atemfrequenz sich normalisieren, ist es wichtig, das Pferd nach anstrengender Arbeit bis zu zwei Stunden lang behutsam in Bewegung zu halten.

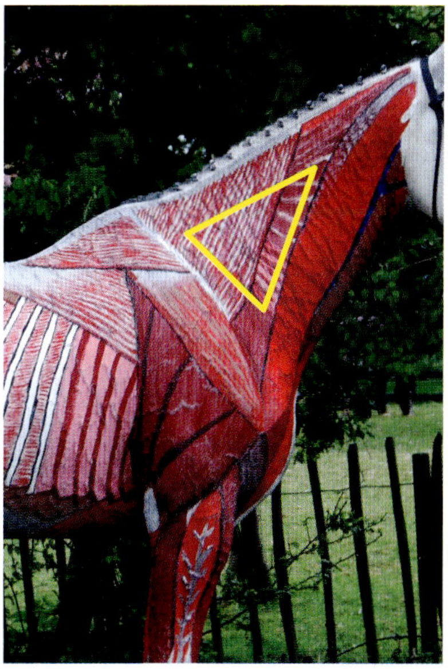

Das gelbe Dreieck zeigt die gängigste Stelle für muskuläre Injektionen von Medikamenten, die dann mit der Lymphe in das Blutgefäßsystem gelangen.

Zusammenfassung

- Die Hauptaufgabe des lymphatischen Systems ist die Abwehr von Krankheiten.
- Lymphe ist eine farblose, aus dem Blut abgeleitete Flüssigkeit, die beim Bekämpfen von Infektionen hilft.
- Lymphe wird mithilfe der Muskulatur durch den Körper bewegt.
- Lymphe reguliert die Flüssigkeitsverteilung.
- Knochenmark, Thymus und Lymphknoten produzieren Lymphozyten.
- Wenn das Pferd gegen eine Infektion kämpft, schwellen die Lymphknoten an und sind teilweise unter der Haut zu fühlen.
- Inaktivität kann zu Schwellungen der Beine führen.

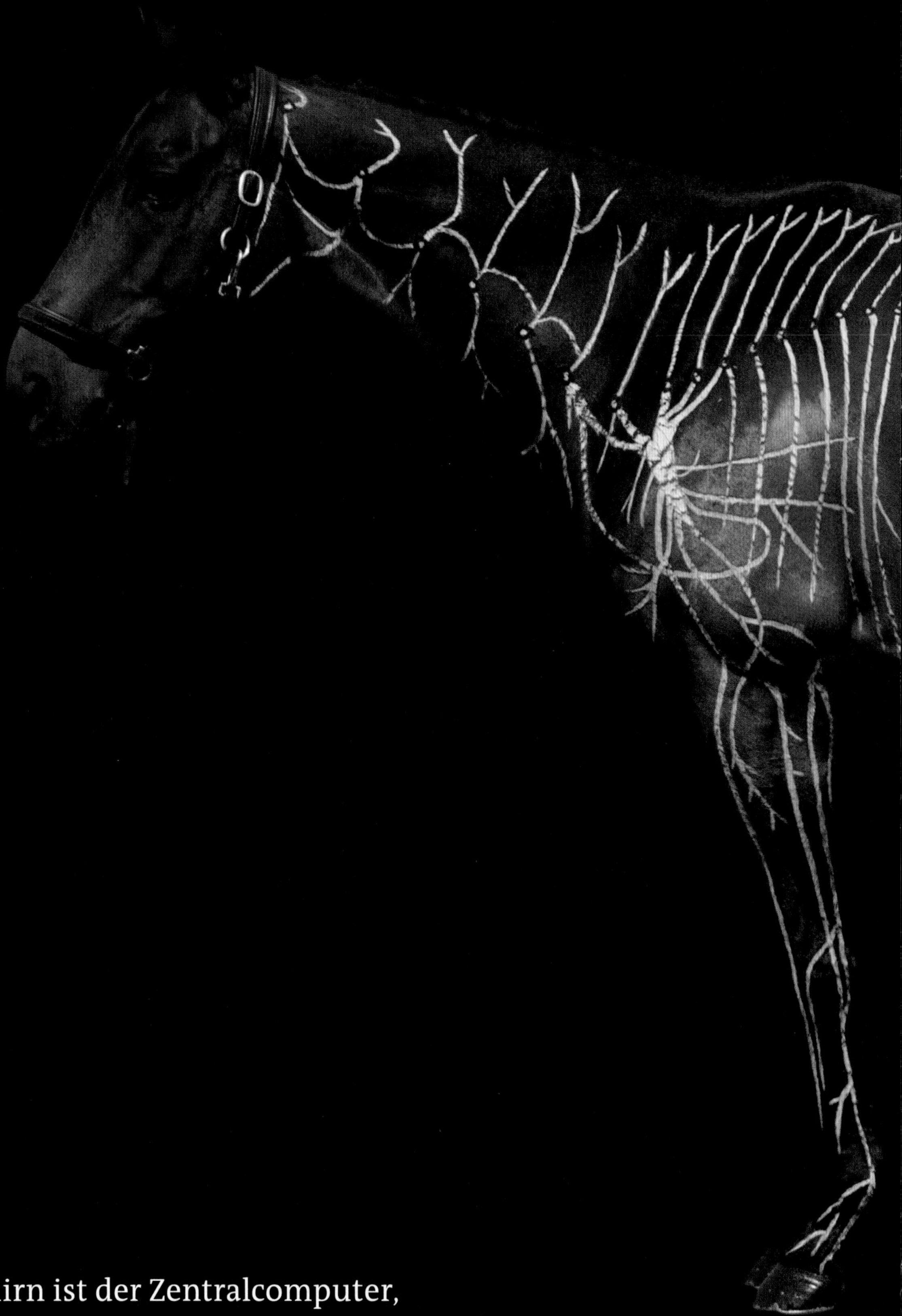

Das Gehirn ist der Zentralcomputer,
der jeden Aspekt des Körpers kontrolliert.

Das Nervensystem

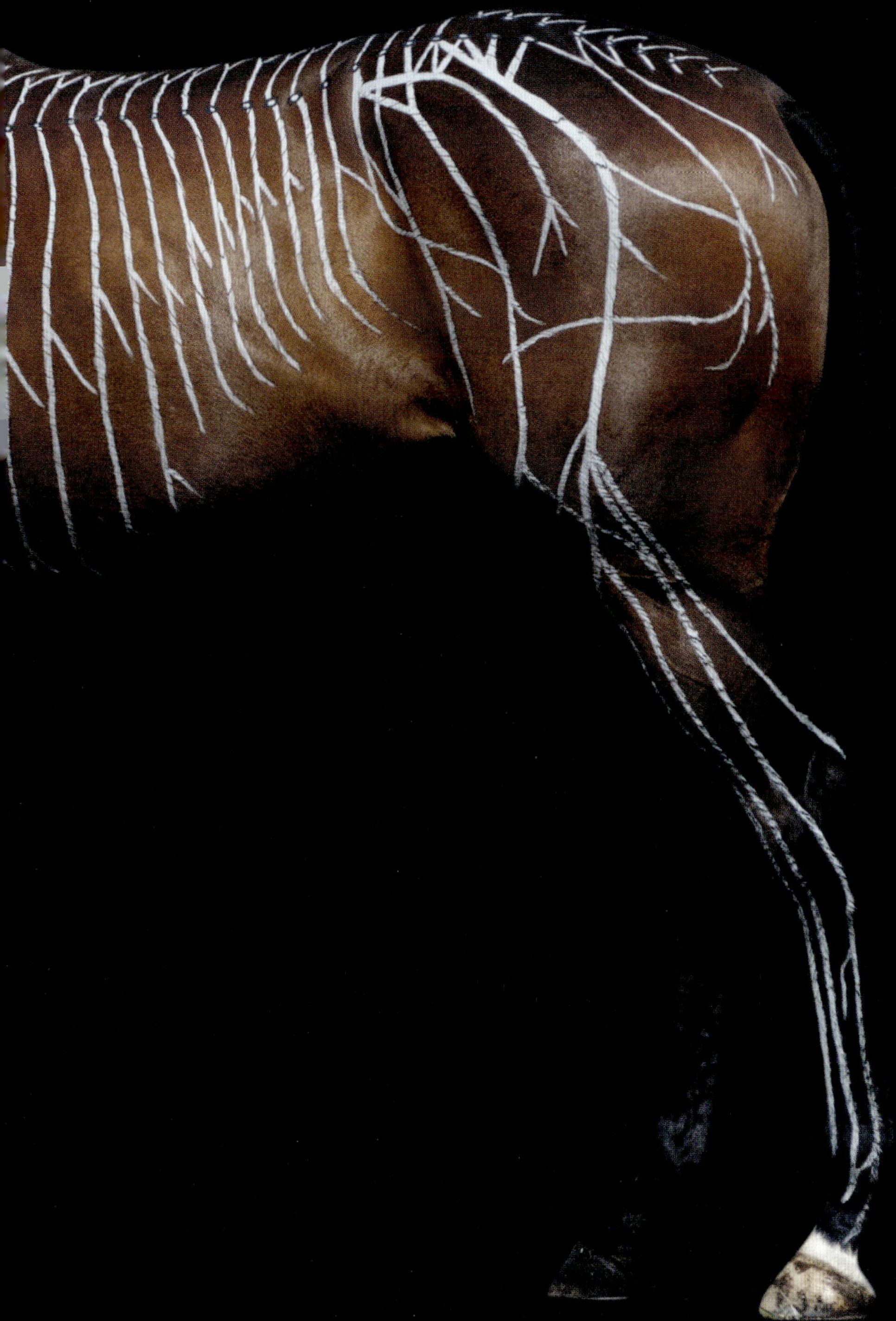

Ein Kommunikationssystem

Das Nervensystem ist das komplexeste Organsystem. Bestehend aus Gehirn, Rückenmark und einem dichten Netzwerk peripherer Nerven, koordiniert es mithilfe von Hochgeschwindigkeitsnervenimpulsen alle anderen Organsysteme und initiiert alle willkürlichen Bewegungen. Es kontrolliert bewusste Bewegungen und unbewusste Reflexe, Sinneswahrnehmungen, willkürliches Verhalten und unwillkürliche Funktionen wie den Herzschlag, die Atmung und die Verdauung. Das Nervensystem ist unterteilt in zwei Systeme, die fortwährend miteinander kommunizieren und interagieren.

- **Nervensystem**
  - **zentrales Nervensystem (ZNS)**
    - Gehirn
    - Rückenmark
  - **peripheres Nervensystem (PNS)**
    - vegetatives (autonomes) Nervensystem (VNS) reguliert Organe und Reaktionen, über die das Pferd keine Kontrolle hat, z. B. Herz, Magen und Darm
      - sympathisch dominiert im Zustand der Alarmbereitschaft
      - parasympathisch dominiert im entspannten Zustand
    - somatisches Nervensystem (SNS): sensorische und motorische Neuronen, aktiviert durch die Sinne als Antwort auf physische Reize wie Licht, Geräusche, Temperatur oder Schmerz

Reflexbogen

Reflexe sind schnelle, unwillkürliche Antworten auf Reize und dienen oft dem Schutz. Zum Beispiel blinzelt ein Pferd, um das Auge zu schützen, und reagiert auf eine lästige Fliege mit einem Hautzucken. Reflexe kommen immer dann ins Spiel, wenn eine unmittelbare Reaktion nötig ist. Um Verletzungen zu vermeiden und ein sofortiges Zurückziehen aus einer gefährlichen Situation zu erlauben, senden Nervenenden, die auf Schmerz, Temperatur, Druck und Berührung reagieren, Signale direkt ans Rückenmark, das unmittelbar über ein Motoneuron ein Signal an den Muskel sendet, sich zu kontrahieren.

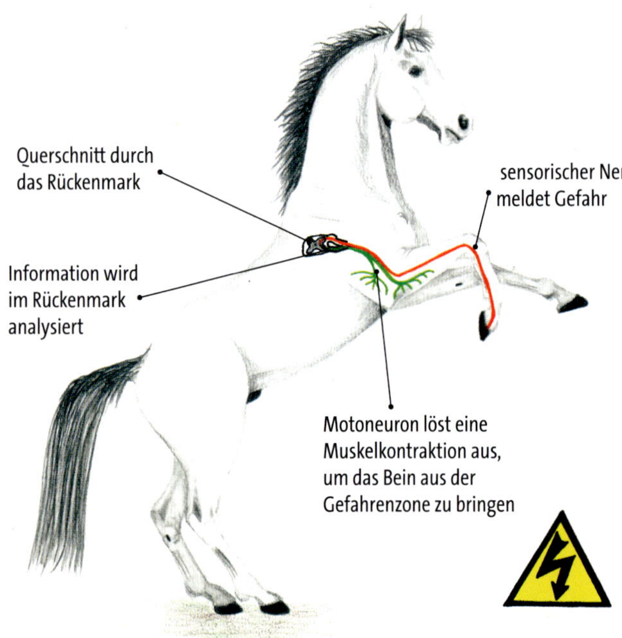

Nerven und Neuronen

Das Nervensystem besteht aus einer unermesslichen Zahl von Nervenzellen, Neuronen genannt. Gemeinsam transportieren sie Nachrichten durch den Körper, wie Telefonleitungen, die Nachrichten an einen Zentralcomputer leiten. Sie reagieren auf verschiedene Reize.

Die Struktur aller Neuronen ist ähnlich, obwohl Größe, Gestalt, Position und Funktion variieren. Jedes Neuron hat drei Anteile: den Zellkörper, das Axon und die Dendriten. Ein Fohlen wird mit einem vollständigen Satz Neuronen geboren.

Es gibt drei Arten von Neuronen:

- **sensorische Neuronen**, die in der Regel lange Dendriten haben, um Sinneswahrnehmungen zum ZNS zu transportieren.
- **motorische Neuronen** (Motoneuronen), die ein langes Axon und kurze Dendriten besitzen, leiten Signale vom Gehirn zu den Muskeln und Drüsen.
- **Interneuronen** senden Informationen zwischen sensorischen und motorischen Neuronen. Sie sind nur im ZNS zu finden.

Nervenimpulse entstehen in sensorischen Rezeptoren überall im Körper, wenn diese auf Reize wie Berührung, Druck, Geräusche, Dehnung, Bewegung etc. reagieren. Neuronen sind über Synapsen als Kontaktstellen miteinander verbunden. Elektrische Impulse werden entlang der Dendriten und Axone weitergeleitet. An einer Synapse wird der Nervenimpuls durch einen chemischen Botenstoff (Neurotransmitter) auf die nächste Nervenzelle übertragen. Die Reizleitung benötigt nur Millisekunden, was fast augenblickliche Reaktionen auf Stimuli ermöglicht. Wird eine Nervenleitungsbahn wiederholt und regelmäßig genutzt, steigt die Zahl der Rezeptoren und Neurotransmitter, sodass Bewegungen natürlicher und leichter werden. Bei Inaktivität sinkt sie wieder und die Bewegung wird weniger flüssig.

Berührt der Schenkel des Reiters die Pferdehaut, leiten Druckrezeptoren diese Information zum Gehirn.

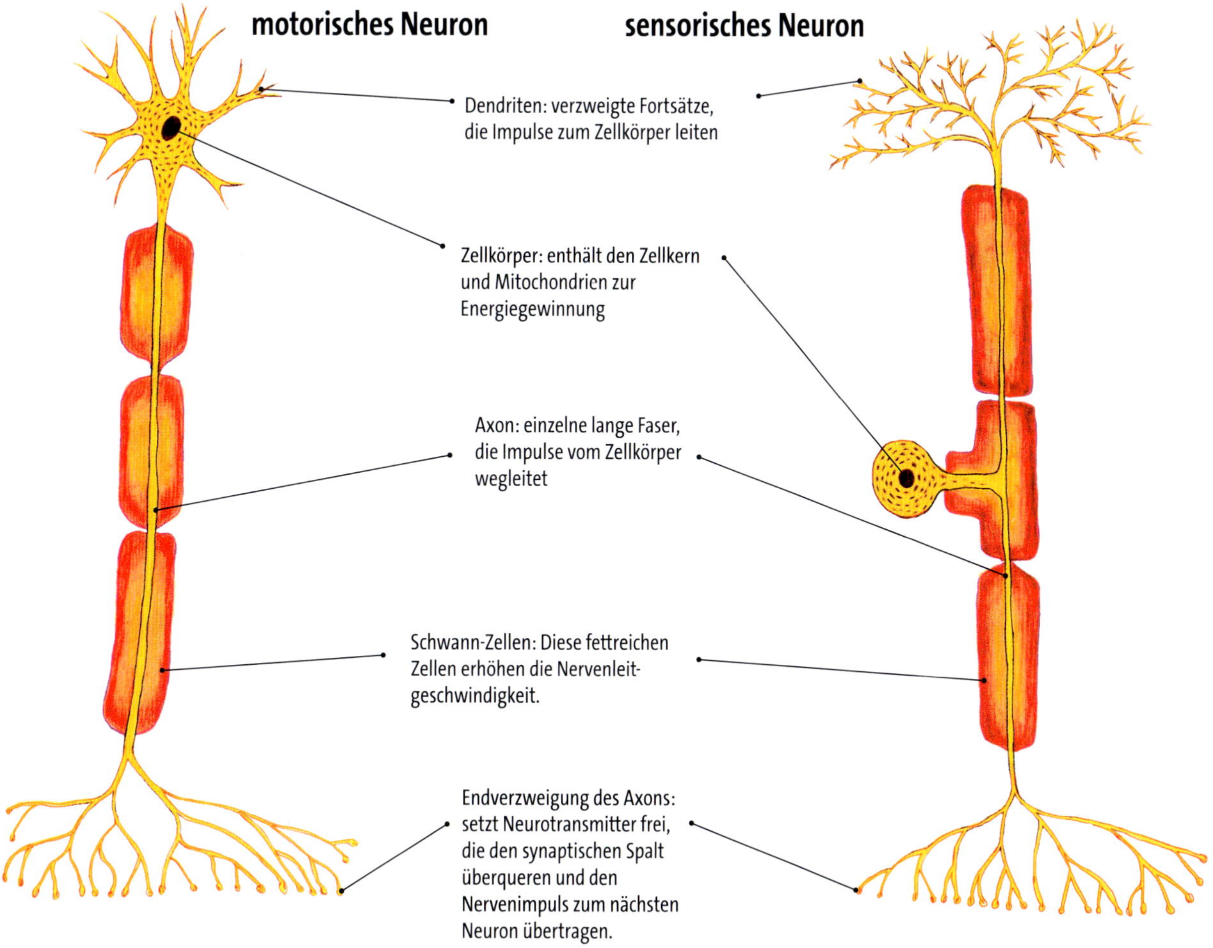

Das zentrale Nervensystem

Gehirn und Rückenmark bilden das zentrale Nervensystem. Durch den Schädel geschützt, von Hirnflüssigkeit und schützenden, nährenden Hirnhäuten umgeben, kontrolliert das Gehirn alle anderen Systeme, indem es Muskeln aktiviert oder die Freisetzung von Neurotransmittern oder Hormonen auslöst (S. 124). Diese zentrale Kontrolle erlaubt schnelle und koordinierte Antworten auf Veränderungen der Umwelt. Das Gehirn verbraucht 20 % des über die Lunge aufgenommenen Sauerstoffs.

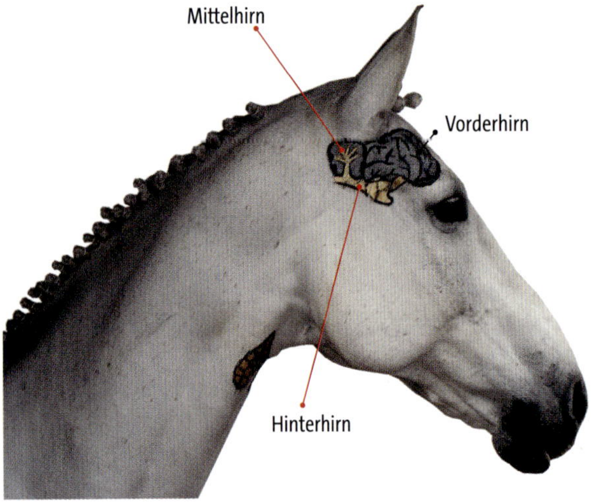

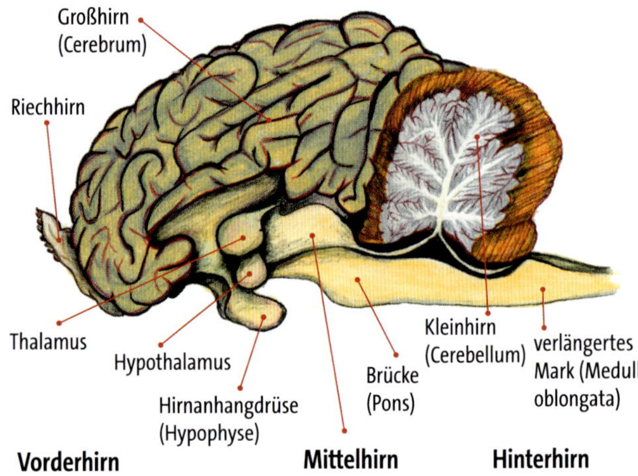

Gehirn

Das Pferdegehirn ist relativ klein. Es wiegt etwa 600 g, macht also ca. 0,1 % des Körpergewichts aus und wird in drei Hauptsegmente eingeteilt, die jeweils spezielle Aufgaben haben, die sie aber nicht allein erfüllen.

1. Das **Vorderhirn** macht etwa 75 % der Hirnmasse aus. Es wird in vier Regionen unterteilt:

- **Das Großhirn**: Die größte Hirnregion mit Hirnwindungen, in denen Hunderttausende Neuronen und ihre Nervenfasern verschiedene Hirnregionen miteinander verbinden. Auf Erinnerungen aufbauend, reagiert es auf Sinneseindrücke wie Sehen, Riechen, Temperaturempfindungen, Berührungen und Gerüche (S. 81). Es kontrolliert und koordiniert die meisten körperlichen und mentalen Aktivitäten und ist das Zentrum für Lernen, Temperament, Emotionen und Intelligenz.
- **Der Hypothalamus**: Etwa so groß wie eine Weintraube bildet er die Basis des Vorderhirns. Er ist über einen Strang mit der Hirnanhangdrüse verbunden und kontrolliert sowohl das Hormonsystem (S. 122) als auch das unwillkürlich arbeitende vegetative Nervensystem. Beispielsweise reguliert er Blutdruck, Körpertemperatur, Geschlechtstrieb, Aggression und Freude.
- **Der Thalamus**: Ist verantwortlich für ein erstes Sortieren der eingehenden Nachrichten und deren Weiterleitung zu den entsprechenden Hirnregionen, die sie weiter verarbeiten.
- Das **Riechhirn**: Ist für den Geruchssinn zuständig.

2. **Das Mittelhirn**, das hinter dem Großhirn liegt, kontrolliert Reaktionen auf Informationen des Sehsinns und des Riechsinns und ermöglicht die willkürliche Kontrolle von Atmung, Verhalten und Bewegungen.

3. **Das Hinterhirn**:

- **Das verlängerte Mark**: verbindet Rückenmark und Gehirn und kontrolliert Vitalfunktionen wie Herzschlag, Verdauung und Atmung. Es koordiniert auch Schluck-, Husten- und Niesreflex.
- **Das Kleinhirn**: ähnelt einer kleinen Version des Großhirns und ist verantwortlich für Gleichgewicht, Haltung, Bewegungen und Muskeltonus.
- **Die Brücke**: verbindet das verlängerte Mark und den Thalamus der rechten und linken Großhirnhemisphäre.

Rückenmark

Das in der Wirbelsäule gelegene Rückenmark besteht aus einem langen Strang Nervenfasern, die Nachrichten zwischen dem Gehirn und allen anderen Körperregionen austauschen. Es ist etwa zwei Meter lang und läuft vom verlängerten Mark bis zur Mitte des Kreuzbeins. 8 Hals-, 18 Brust-, 6 Lenden-, 5 Kreuz- und 5 Schwanznerven treten zwischen den Wirbelkörpern hervor. Der Durchmesser des Rückenmarks beträgt zwei bis drei Zentimeter und ist in den Hals- und den Lendenwirbeln am größten, wo die Nerven für die Gliedmaßen entspringen.

Querschnitt des Rückenmarks

Das Rückenmark besteht aus grauer Substanz, in der die Nervenzellkörper liegen, und weißer Substanz, welche die Axone enthält, die über lange Strecken bis zum Gehirn ziehen. Jede dorsale sensorische Nervenwurzel vereinigt sich mit einer ventralen motorischen Wurzel zu einem Spinalnerv. Die äußerste harte Hirnhaut (Dura mater) umspannt als derbes faseriges Gewebe das Rückenmark.

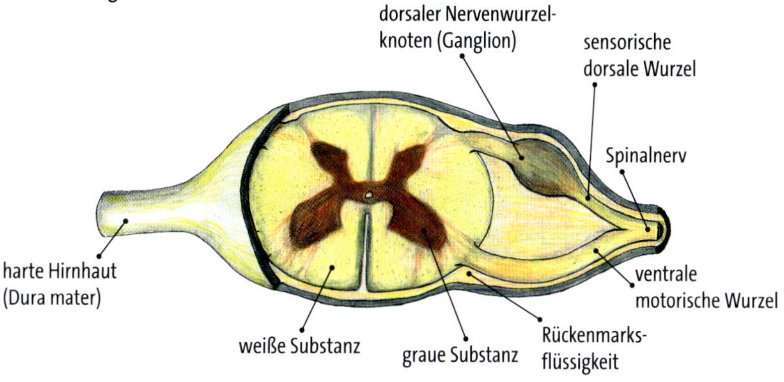

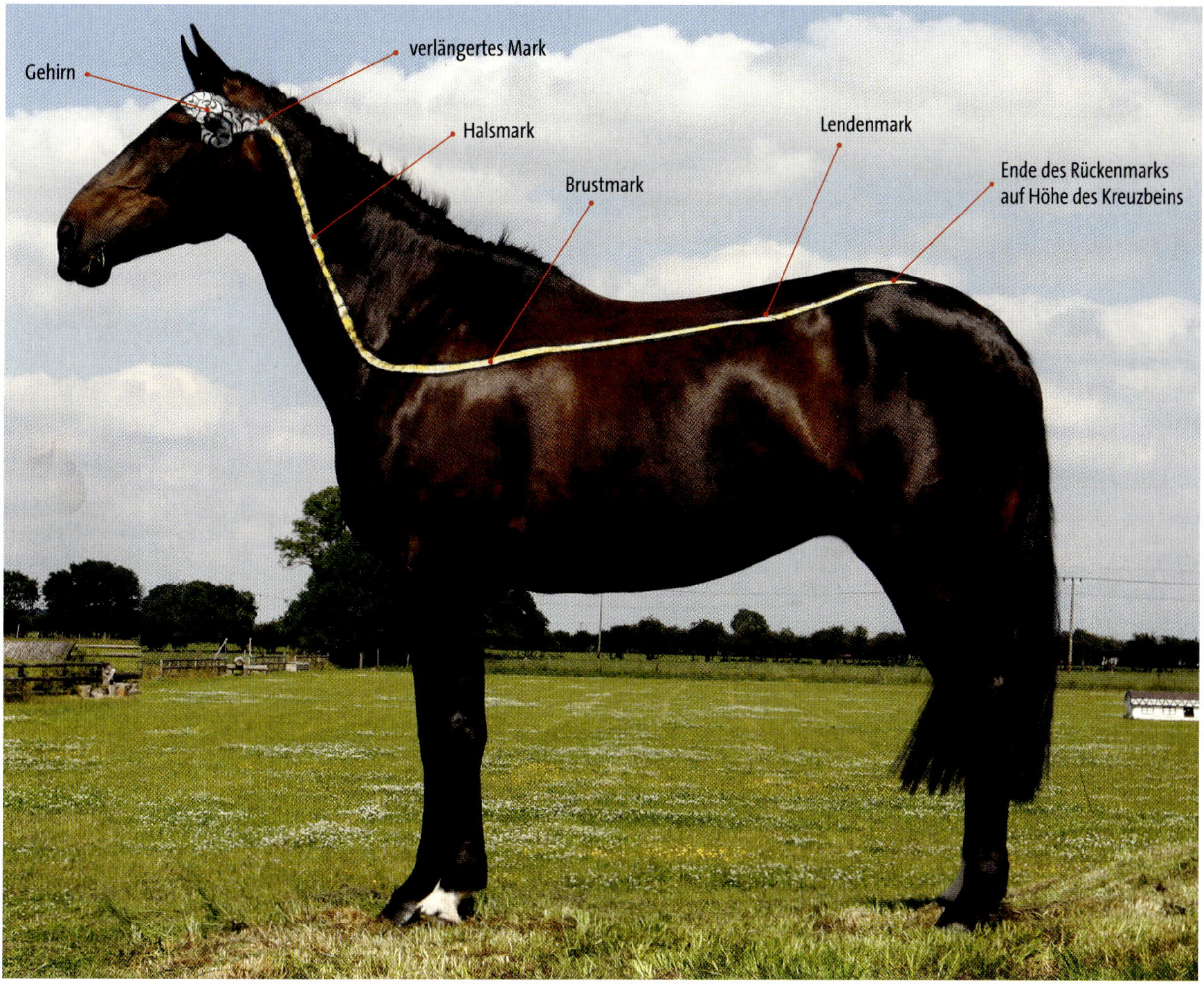

Das periphere Nervensystem

Nach dem Verlassen des Wirbelkanals teilen sich die Spinalnerven in zwei Äste. Die dorsalen Äste versorgen Haut, Muskeln, Knochen und Faszien oberhalb des Wirbelkanals und die größeren ventralen Äste versorgen die unterhalb liegenden Strukturen einschließlich der Gliedmaßen.

Geschützt unter dem Schultergelenk liegend befindet sich der Plexus brachialis, ein Geflecht aus zervikalen und thorakalen ventralen Spinalnerven, das die Beuge- und Streckmuskeln des Vorderbeins versorgt. Eine Verletzung hier ist ernst und kann zu anormaler Haltung und Muskelatrophie führen.
Das Bein kann eventuell nicht mehr gestreckt oder gebeugt werden und kein Gewicht mehr tragen.

Der Plexus lumbosacralis versorgt das Hinterbein. Er ist ein Geflecht aus ventralen Ästen lumbaler und sakraler Spinalnerven. Sie penetrieren die Bauchwand und die Beckenhöhle, verlaufen tief im Inneren des Körpers und gut geschützt unter Wirbelsäule, Beckenknochen sowie zwischen den Oberschenkeln.

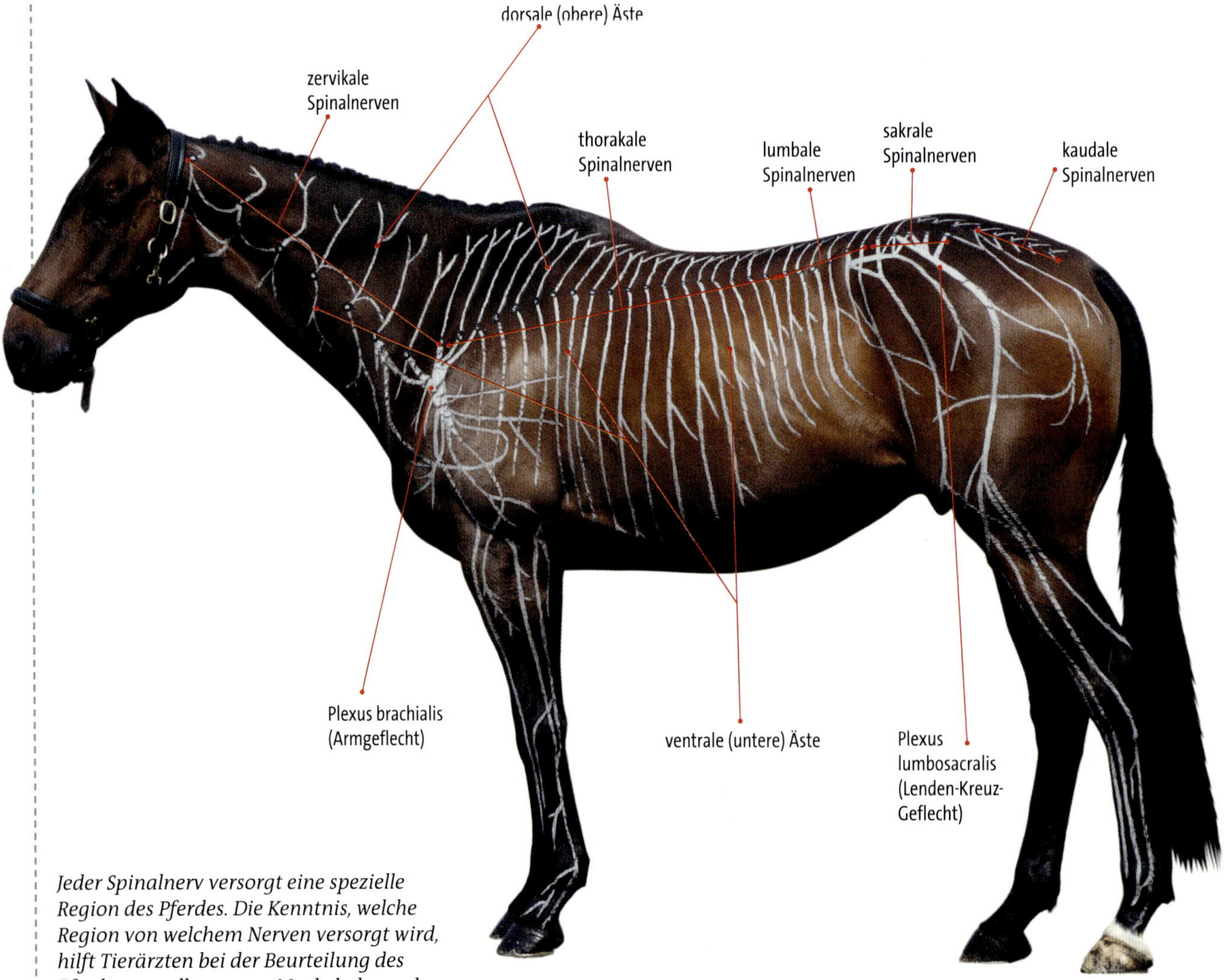

Jeder Spinalnerv versorgt eine spezielle Region des Pferdes. Die Kenntnis, welche Region von welchem Nerven versorgt wird, hilft Tierärzten bei der Beurteilung des Pferdes, vor allem wenn Muskelschwund (Atrophie) zu erkennen ist.

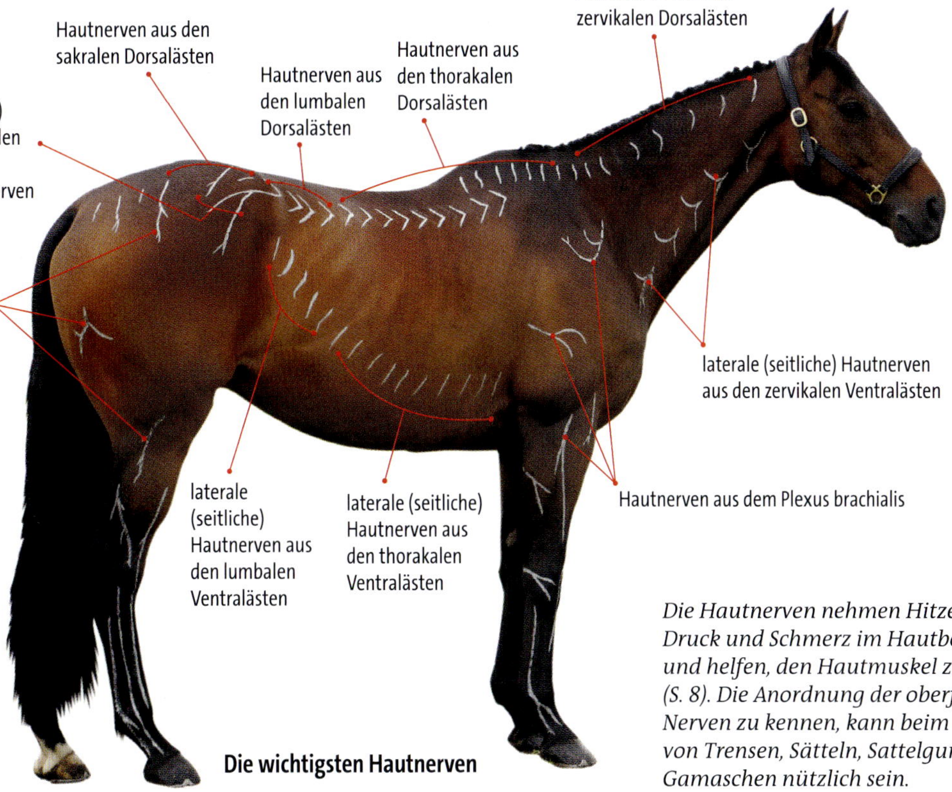

Die wichtigsten Hautnerven

Die Hautnerven nehmen Hitze, Kälte, Druck und Schmerz im Hautbereich wahr und helfen, den Hautmuskel zu bewegen (S. 8). Die Anordnung der oberflächlichsten Nerven zu kennen, kann beim Anpassen von Trensen, Sätteln, Sattelgurten und Gamaschen nützlich sein.

Dermatome

Ein Dermatom ist eine Hautzone, die von einem Spinalnerv oder einer Spinalnervengruppe innerviert wird. Dermatome können, obwohl sie im Prinzip immer die gleiche Fläche einnehmen, von Pferd zu Pferd ein wenig variieren. Schmerzen können in eine Körperregion projiziert werden, die im Verlauf des Nervs liegt, der die schmerzende Stelle versorgt. Beispielsweise kann ein Nervenschaden in der Lendenregion am Ventralast des ersten Lumbalnervs entlang in das zugehörige Dermatom projiziert werden und sich als Schmerz oberhalb des Knies äußern. Dies kann die Suche nach der Ursache eines Problems erschweren.

Das periphere Nervensystem wird eingeteilt in:

- **Das somatische oder willkürliche Nervensystem:** Es leitet Signale der äußeren Sinnesrezeptoren zum Gehirn, das reagiert, indem es sogenannte Effektorsignale zu den Muskeln sendet.
- **Das vegetative oder autonome Nervensystem (VNS):** Es besteht aus Motoneuronen, die Herzmuskeln und glatte Muskeln in den inneren Organen versorgen, z. B. in Darm, Blase und Gebärmutter.

Alle Organe werden von Nerven aus beiden Anteilen des VNS versorgt, die gegensätzlich wirken:

- **Das sympathische Nervensystem** ist an der Kampf-oder-Flucht-Reaktion beteiligt. Es erhöht die Aufmerksamkeit der Sinne, steigert die Kapazität von Kreislauf- und Atemsystem und unterdrückt das Verdauungssystem. Es steigert Schweißfluss, Herzfrequenz und Blutfluss, erweitert die Pupillen und hemmt z. B. Speichelfluss oder Harnabsatz.
- **Das parasympathische Nervensystem** dominiert, wenn das Pferd in einer sicheren, entspannten Umgebung ist. Es verlangsamt den Herzschlag, steigert den Speichelfluss und erlaubt das Harnabsetzen.

Das VNS zu verstehen, sensibilisiert Reiter für den psychischen Zustand des Pferdes.

Wenn ein Pferd Angst hat, kommt das somatische Nervensystem ins Spiel. Pferde reagieren je nach Temperament verschieden auf Angstgefühle. In einer beängstigenden Situation kann ein Pferd durchgehen, während ein anderes nur zur Seite springt. Reaktionen auf Schmerzen oder Angst können z. B. Zurückweichen, zur-Seite-Werfen oder im Extremfall Buckeln, Steigen, Treten oder Beißen sein. Da die Hirnanatomie dem Pferd nicht erlaubt, solche Reaktionen zu überdenken, sind sie Ausdruck seines Selbsterhaltungstriebs und nicht von Bösartigkeit.

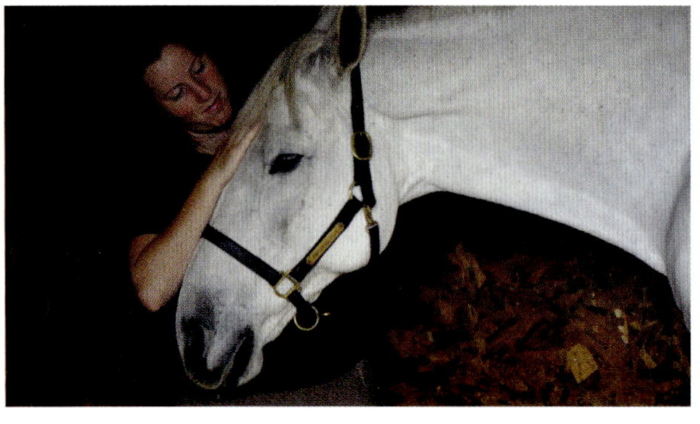

In entspannter Umgebung dominiert das parasympathische Nervensystem. Diese Erkenntnis ist bei Pflege und Training nützlich. Eine ruhige Umgebung, Geduld, sanfter Umgang und eine beruhigende Stimmlage lösen erwünschte Verhaltensweisen aus und fördern parasympathische Reaktionen. Neue Lektionen sollten langsam und ohne Druck auf das Pferd eingeführt werden. Eine laute, aggressive Stimme, Ungeduld und ein rauer Umgang stimulieren sympathische Verhaltensweisen der Stressreaktion und blockieren das Lernen. Pferde mit einer großen Amygdala, der für emotionale Verarbeitung zuständigen Hirnregion, reagieren nervöser und sind, obwohl sie während des Trainings mehr Geduld und Verständnis erfordern, gute Wettkämpfer, weil sie bei Aufregung mehr Adrenalin freisetzen.

Pferdeverhalten: Kampf oder Flucht?

Als Beute- und Herdentiere haben Pferde Überlebensmechanismen entwickelt. Obwohl domestizierte Pferde keinen wirklichen Gefahren mehr ausgesetzt sind, blieben ihre primitiven Überlebens- und Fluchtinstinkte bei Gefahr erhalten. Die für das Nachdenken und Analysieren zuständigen Frontallappen des Gehirns sind bei Pferden nicht sehr ausgeprägt. Wenn sie mit einer potenziell gefährlichen Situation konfrontiert werden, wird zuerst die Amygdala und kurz darauf der Hypothalamus aktiviert, der die Freisetzung von Adrenalin veranlasst. Dadurch werden die Pupillen weit, der Herzschlag schneller und der Blutdruck höher. Mit dieser erhöhten Aufmerksamkeit ist das Pferd bereit zur Flucht. Sobald die vermeintliche Gefahr vorüber ist, wird das parasympathische System aktiviert und das Pferd entspannt sich wieder.

Die Sinne

Das Pferd benutzt seine Sinne, einschließlich Schmerz-, Temperatur- und Tastsinn zusammen mit Sehen, Hören, Schmecken und Riechen, um seine Umwelt zu begreifen. Zu Verstehen, wie diese Sinne funktionieren, kann manche Verhaltensweisen erklären.

Sehen

Das Pferd hat von allen Landsäugetieren die größten Augen und fast vollständigen Rundumblick.

Monokulares Sehen ermöglicht ihm, mit jedem Auge unterschiedliche Dinge zu sehen. Es kann etwas in einer Hecke sehen und sich erschrecken, ohne seinen Kopf drehen zu müssen.

Binokulares Sehen mit beiden Augen ermöglicht ihm, Objekte direkt vor sich zu fokussieren. Um ein Hindernis zu fokussieren, muss es seinen Kopf heben. Ist der Hals überbeugt, kann es nur seine Hufe sehen.

Anders als das menschliche, fast kugelrunde Auge, ist das Pferdeauge etwas abgeflacht. Die Netzhaut ist unten dichter an der Linse als oben. Dadurch kann das Pferd beim Grasen sowohl das Gras als auch entfernte Dinge scharf sehen, was erklärt, weshalb es auf der Weide weitergrasen und gleichzeitig herannahende Personen oder Pferde beobachten kann.

Das Auge arbeitet ähnlich wie eine Kamera. Die schützende Hornhaut und die Linse brechen das Licht und helfen beim Fokussieren, bevor ein kopfstehendes Bild auf die Netzhaut projiziert wird. Diese enthält Millionen lichtempfindlicher Zellen, sogenannter Fotorezeptoren. Helligkeitsempfindliche „Stäbchen" erlauben dem Pferd in der Dämmerung zu sehen, während „Zapfen" die Farben unterscheiden. Die Fotorezeptoren erzeugen Nervenimpulse, die über den Sehnerven zum Gehirn gelangen.

Hören

Schallwellen breiten sich als Luftvibrationen aus und werden von den großen Ohren aufgefangen, die sich unabhängig voneinander bewegen können wie Antennen. Neben der Aufnahme von Geräuschen drücken sie auch Stimmungen aus. Beim Reiten ist häufig ein Ohr als Zeichen der Konzentration auf den Reiter gerichtet. Sind beide Ohren gespitzt, ist das Pferd aufmerksam. Fallen sie zur Seite, ist es entspannt, und sind sie nach hinten angelegt, aggressiv.

Geräusche werden durch den Gehörgang zum Trommelfell geleitet, das durch Schallwellen in Schwingung gerät. Die Schwingungen werden auf die drei Gehörknöchelchen des Mittelohrs übertragen, Hammer, Amboss und Steigbügel. Dies verstärkt die Schallwellen und leitet sie ins Innenohr. Eustachische Röhren genannte Kanälchen verbinden das Mittelohr mit dem Rachen und sorgen für den Druckausgleich. Im Innenohr sitzt die Gehörschnecke, in deren spiraligem, flüssigkeitsgefülltem Hohlraum der Hörnerv beginnt.

Tausende winziger Haarzellen übertragen die Schallwellen auf den Nerven, damit sie im Gehirn entschlüsselt werden können.

Ein hoch entwickelter Hörsinn weit jenseits des menschlichen Hörvermögens erlaubt dem Pferd, die Welt um sich herum zu überwachen. Pferde können höhere Töne hören als Menschen und bleiben oft in aufmerksamer Pose stehen, um zu lauschen.

Geschmack und Geruch

Der Geruchssinn ist hoch entwickelt und wird genutzt, um Nahrung wahrzunehmen, aber auch Menschen, andere Pferde und mögliche Geschlechtspartner innerhalb einer komplizierten Sozialstruktur. Pferde begrüßen sich oft Nase an Nase und erkennen sich am Geruch ebenso wie am Aussehen. Sie begrüßen Menschen ebenfalls, indem sie an der Hand schnuppern, um Pheromone wahrzunehmen. Um neue Gerüche zu prüfen und zu speichern, heben sie ihren Kopf und flehmen (S. 81).

Die chemischen Sinne Geruch und Geschmack sind sehr eng miteinander verbunden. Das Pferd nutzt den Geruchssinn, um ungenießbare, schädliche Nahrung zu meiden. Deshalb wird es weder verunreinigtes Wasser noch unangenehme Medizin schlucken, so gut sie auch versteckt sein mag. Das Futter wird mit Speichel durchmischt, der die Chemikalien löst. Geschmacksknopsen auf der Zunge und am weichen Gaumen unterschieden zwischen süß, bitter, scharf und salzig. Einige Nahrungsmoleküle finden den Weg zu den Riechzellen der hinteren Nasenhöhle, die ihre Signale an das Gehirn weiterleiten.

Berührung

Die physikalischen Reize Berührung, Druck, Schmerz, Hitze und Kälte werden von spezialisierten Sensoren in der Haut wahrgenommen (S. 6). Die Sensibilität ist abhängig von der Dicke der Haut und des Fells, der Zahl der Rezeptoren, der Rasse und dem Alter. Vollblüter haben meist eine dünnere, feinfühligere Haut, sodass sie Kälte schneller wahrnehmen. Rund um Augen, Lippen und Nase sitzen besonders viele Sensoren. Dank der Tasthaare, die zusätzliche Informationen weiterleiten, ist das Maul äußerst sensibel. Ein großer Teil des Trainings kommt über den Tastsinn zustande, der Signale der Reiterbeine, des Sitzes und der Hände an das Gehirn übermittelt. Das Pferd kann die feinsten Hilfen wahrnehmen, schließlich kann es auch eine Fliege auf seinem Fell spüren! Werden harsche Trainingsmethoden angewandt, indem der Reiter fortwährend im Maul zieht oder in die Rippen tritt, stumpft das Pferd ab und reagiert nicht mehr.

Die Nüstern werden von starken Knorpelringen gestützt und können erweitert werden, um mehr Luft einzusaugen und Gerüche zu intensivieren.

Berührungen spielen nicht nur beim Umwerben oder zwischen Stute und Fohlen ein wichtige Rolle, sondern auch bei der gegenseitigen Fellpflege und bei der Bindung zwischen Pferd und Mensch. Sanftes Streicheln belohnt ein Pferd für eine gute Leistung, verstärkt den Lerneffekt und entspannt es.

Physiotherapie und das Nervensystem

Das vegetative und das somatische Nervensystem können durch Physiotherapie beeinflusst werden.

Effleurage, eine sanfte Streichmassage, stimuliert die Berührungsrezeptoren der Haut. Sie führt zu einer natürlichen Opiatausschüttung, die Schmerzen dämpft und Entspannung fördert.

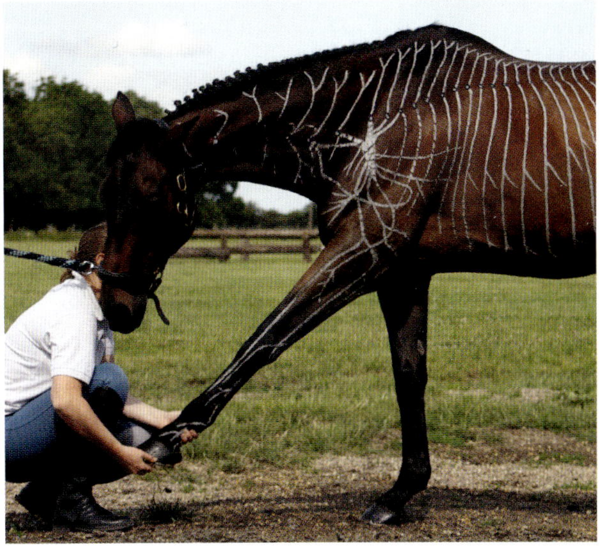

Passives Stretching stimuliert die Dehnungsrezeptoren und die Propriozeption in den Gelenken. Es ist besonders gut für Pferde, die Boxenruhe halten müssen.

Die regelmäßigen, rhythmischen Reize durch **Tapotement** (Klopfungen) oder **Striegeln** wärmen und regen die Durchblutung an. Ein nützlicher Nebeneffekt der täglichen Putzroutine.

Die **Petrissage** ähnelt dem Kneten von Brotteig. Sie mobilisiert Muskeln und Faszien, beeinflusst Druckrezeptoren in den oberflächlichen Geweben sowie den Fluss von venösem Blut und Lymphe.

Praktische Anwendung

Das zentrale Nervensystem (ZNS) spielt beim Trainieren eine wichtige Rolle, da es die Blutmenge reguliert, die zu den arbeitenden Muskeln fließt, und an der Effizienz der Bewegungen beteiligt ist. Einige Verbesserungen sind bereits nach zwei bis vier Lerneinheiten erkennbar, aber in der Regel sitzen Lektionen nach zwei bis sechs Wochen. Umfassende Veränderungen können sechs bis zwölf Monate benötigen.

Bewegung, Balance und Propriozeption

Propriozeption ist der „Lagesinn", die räumliche Wahrnehmung, über die das Pferd unbewusst die Position seines Körpers kontrolliert. Zusammen mit dem Gleichgewichtssinn, der sich hauptsächlich um Balance und Koordination kümmert, erlauben sensorische und motorische Nerven in Muskeln, Sehnen und Bändern die Propriozeption. Sie leiten Signale zum ZNS und zurück, um die Körperhaltung und die Bewegungen anzupassen. Diese unbewusste Wahrnehmung der Position aller Körperteile erlaubt dem Pferd, ein ausdrucksstarkes Dressurpferd oder ein wendiges Springpferd zu werden.

Die Propriozeption kann durch Übungen an der Hand oder unter dem Reiter verbessert werden. Seitengänge, Stangenarbeit, passives Stretching, Wendungen, Arbeit an Steigungen und Gymnastiksprünge verbessern alle die Körperwahrnehmung und ermutigen das Pferd zu mehr Koordination, Balance und Entspannung.

Die Propriozeption verbessert sich, wenn das Pferd:
- ruhig und entspannt ist
- warm ist. Eine höhere Körpertemperatur verbessert das Zusammenspiel von Rezeptoren, Nerven, Muskeln und Sehnen. Ein wichtiger Grund für ein strukturiertes Aufwärmprogramm.

Die Propriozeption wird schlechter, wenn das Pferd:
- kalt ist.
- gestresst oder aufgeregt ist. In diesem Zustand ist es sich seines Körpers weniger bewusst und wird eher schlechte Leistungen zeigen, stolpern oder beim Springen eine Stange reißen.
- müde ist.

Pferde, die an steilen Hängen leben und arbeiten sowie auf unterschiedlichen Terrains geritten werden, haben mehr Nervenreize zu verarbeiten und dadurch eine bessere Propriozeption als Stallpferde, die nur auf einem makellosen Boden gearbeitet werden.

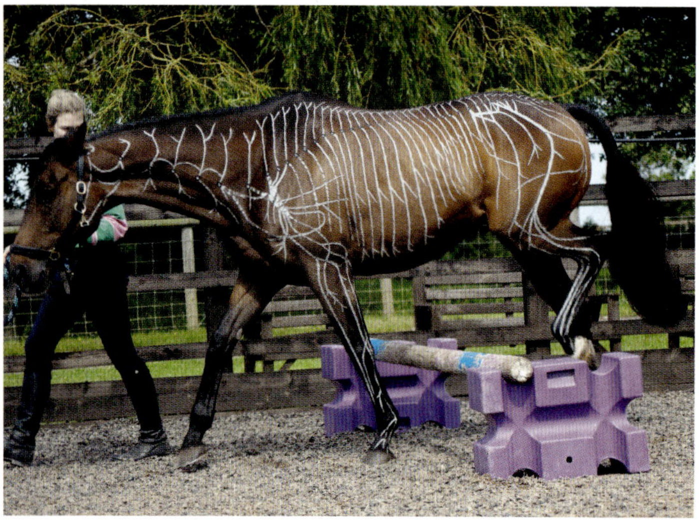

Obwohl das Nervensystem nicht wie das Herz-Kreislauf- oder das Atmungssystem trainiert werden kann, verbessert sich seine Reaktionsfähigkeit durch Wiederholungen, da sich die Zahl der neuronalen Verschaltungen, die Nervenleitgeschwindigkeit und die synaptische Übertragung verbessern. Der alte Spruch „Übung macht den Meister" hat also eine wissenschaftliche Grundlage. Je öfter ein Pferd über eine Stange trabt, desto geübter wird es, bis die Bewegung ihm zur zweiten Natur wird und als Bewegungsmuster gelernt wurde. Genau wie beim Fahrradfahren, das man nie verlernt.

Das Nervensystem trainieren

Konditionieren

Eine ruhige, entspannte Atmosphäre kombiniert mit Geduld, Beständigkeit und Wiederholungen fördert das Lernen und bietet optimale Bedingungen für die Funktion des Nervensystems, unabhängig von der anstehenden Aufgabe, dem Alter oder dem Ausbildungsstand.

Rehabilitation nach Verletzungen

Wie Menschen reagieren Pferde auf Verletzungen, indem sie kompensatorische Bewegungsmuster entwickeln. Um Schmerz zu vermeiden wird das Pferd neue neuronale Verschaltungen innerhalb des Bewegungsapparats entwickeln, die, einmal etabliert, schwer zu knacken sein können. Das Pferd hat ein gutes Gedächtnis und die Bewegungsmuster können bleiben, auch wenn die ursprüngliche Verletzung ausgeheilt ist. Um dieses Szenario zu vermeiden, sollte sich das Pferd so bald wie möglich schmerzfrei normal bewegen, bevor das neue Bewegungsmuster etabliert ist.

Übungen, die Geschwindigkeits- und Richtungswechsel erfordern, machen das Pferd aufmerksam und reaktionsschnell. Hindernisse in verschiedenen Geschwindigkeiten und aus verschiedenen Winkeln anzureiten, halten es konzentriert und helfen, seine Reaktionen zu verbessern.

Einige erlernte Bewegungsmuster oder eingeprägte Verhaltensweisen sind nicht hilfreich. Wird beispielsweise ein junges Pferd immer nur links geführt, wird es Druck auf der Nase als Signal verstehen, seinen Kopf nach links zu wenden, was beim Einreiten als unerwünschtes Verhalten gewertet wird. Eine schlechte Angewohnheit zu vermeiden ist besser, als zu versuchen, sie loszuwerden!

Zusammenfassung

- Das ZNS besteht aus Gehirn und Rückenmark.
- Es kontrolliert alle Aktionen, Reaktionen und Verhaltensweisen.
- Das Neuron ist die kleinste Einheit des Nervensystems.
- Nerven leiten Signale vom Gehirn zu den Muskeln und Organen.
- Das Gehirn macht 0,1 % des Körpergewichts aus.
- Die Sinne sammeln Informationen.
- Die Kampf-oder-Flucht-Reaktion ist auch bei domestizierten Pferden noch stark ausgeprägt.
- Pferde haben nicht die Hirnkapazität, um zu planen oder vorauszudenken. Sie können nur auf Situationen reagieren.
- Das Nervensystem reagiert gut auf Physiotherapie.
- Eine ruhige Stimmung, Wiederholungen und immer gleiche Hilfen sind der Schlüssel zum Trainingserfolg.

Das endokrine System

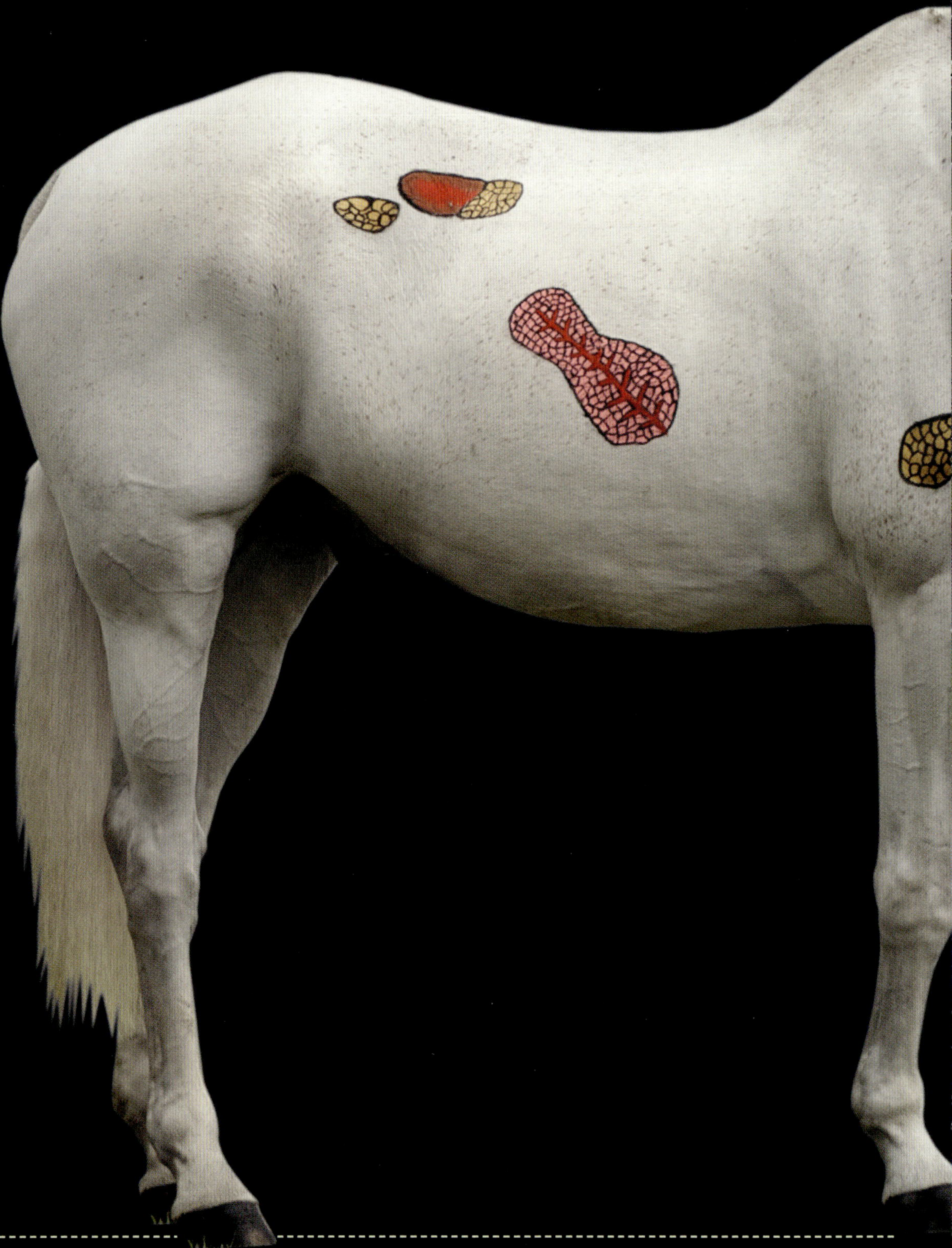

Vom endokrinen System ausgeschüttete Hormone sind die chemischen Botenstoffe, die Wachstum, Fortpflanzung, Verdauung und jede andere Organfunktion regulieren.

Endokrines System und Nervensystem im Vergleich

Das endokrine System arbeitet eng mit dem Nervensystem zusammen, um den Organismus im Gleichgewicht zu halten und Nachrichten durch den Körper zu senden. Beide sind Kommunikationssysteme. Während das Nervensystem (S. 108) schnelle elektrische Impulse verwendet, um Aktionen und Reaktionen zu kontrollieren, nutzt das endokrine System eine viel langsamere Kommunikationsart: chemische Botenstoffe, Hormone, die von verschiedenen Drüsen freigesetzt werden.

Endokrines System	Nervensystem
• dient der internen Kommunikation • sendet langsamere chemische Signale • Hormone übertragen Nachrichten mit dem Blutstrom • längerfristige Effekte • Drüsen setzen Hormone frei • oft reguliert durch den Hypothalamus • manche Hormone stimulieren Nerven	• dient der internen Kommunikation • sendet schnelle elektrische Signale • Nervensignale werden direkt von Neuron zu Neuron übertragen • kurzzeitige Effekte • Neuronen setzen Neurotransmitter frei • reguliert durch das ZNS • Informationen der Sinne werden vom Hypothalamus analysiert • manche Neuronen stimulieren endokrine Drüsen

Endokrine Funktionen

Zu den Funktionen, die vom endokrinen System kontrolliert werden, gehören:

- Wachstum
- Fortpflanzung
- Stoffwechsel
- Verdauung
- Immunantworten
- Entwicklung
- Emotionen
- Verhalten

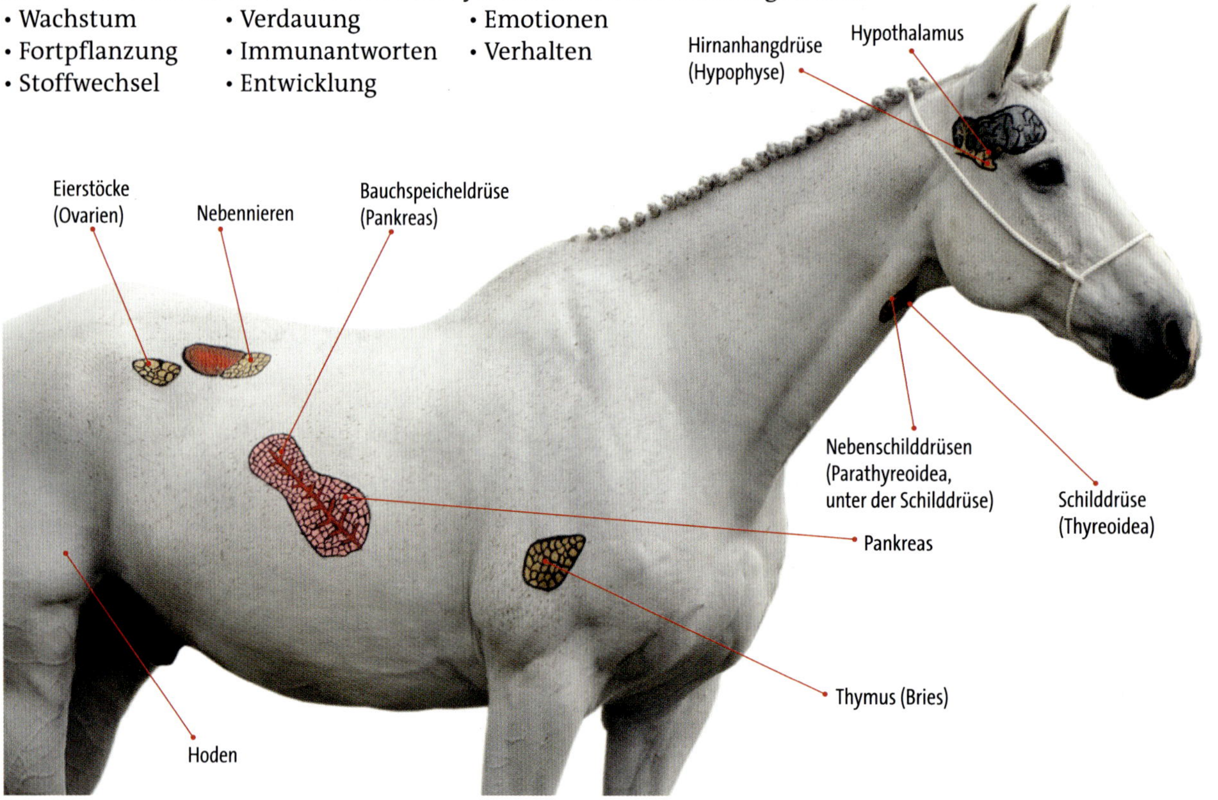

Hormone und Stoffwechsel

Ein **Hormon** ist eine natürliche Substanz, die von spezialisierten Drüsen freigesetzt (sezerniert) wird und den Stoffwechsel reguliert.

Die **Stoffwechselrate** ist die Geschwindigkeit, mit der Kalorien zur Energiegewinnung verbrannt werden.

Wird ein Pferd von einer Pferdebremse gestochen, reagiert das Nervensystem. Sieht ein Hengst eine Stute, reagiert sein endokrines System.

Hypothalamus

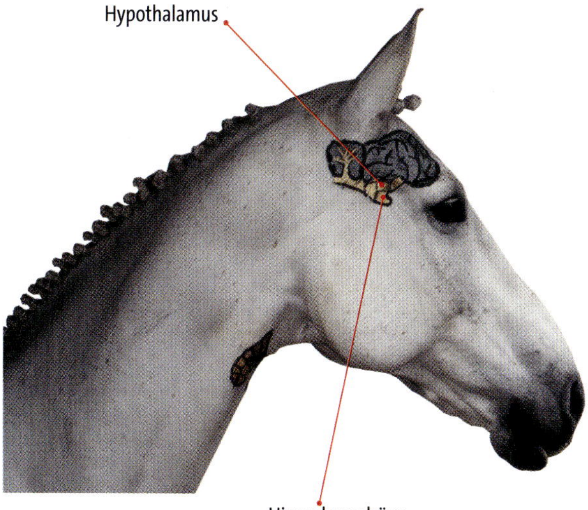

Der Hypothalamus ist selbst eine endokrine Drüse und gleichzeitig die wichtigste Verbindung zwischen Nervensystem und Hormonsystem. Er entschlüsselt und koordiniert Signale der äußeren Sinne ebenso wie Meldungen der inneren Organe und sendet entsprechende Nachrichten an das Nerven- oder das Hormonsystem.

Der Hypothalamus beeinflusst emotionale Reaktionen wie Ärger, Aggression und Freude.

Der Hypothalamus reguliert unter anderem:

- die Hormonfreisetzung aus der Hypophyse
- das Gleichgewicht der Organfunktionen inklusive Herzschlag, Verdauung, Leber- und Nierenfunktion, Harn- und Kotabsatz
- die Körpertemperatur (S. 12)
- den Blutdruck
- den Flüssigkeits- und Elektrolythaushalt
- Appetit und Stoffwechselrate
- das Sexualverhalten

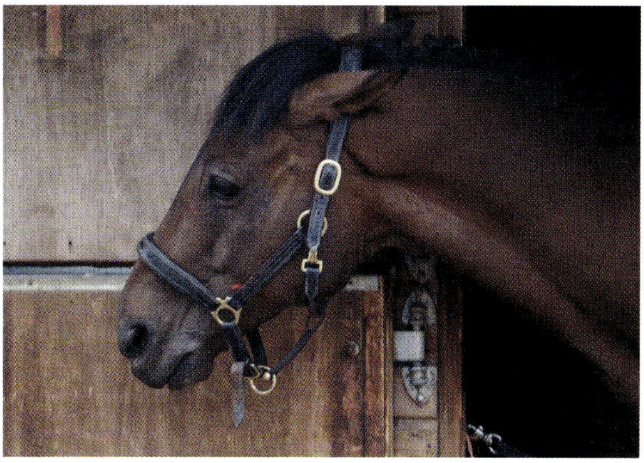

Hypophyse

Die Hypophyse kontrolliert mehrere andere endokrine Drüsen. Sie produziert:

- **Wachstumshormone**: Heftige ausdauernde anaerobe Arbeit fördert die Produktion von Wachstumshormonen, die:
  - helfen, Knochen, Bänder, Sehnen und Knorpel zu kräftigen
  - die Fettverbrennung fördern
  - den Blutzuckerspiegel regulieren helfen und dem Pferd erlauben, längere Trainingsphasen durchzuhalten
  - einen Energieschub liefern und die Konzentration verbessern
  - die aerobe Kapazität und die Kraft verbessern
- **Endorphine** sind Neurotransmitter, welche die Schmerzwahrnehmung unterdrücken und Opiatrezeptoren aktivieren, die Euphorie und Entspannung erzeugen. Ausdauerndes Training erhöht ihre Produktion und steigert das Wohlbefinden ebenso wie eine tiefe Gewebsmassage. Auch Kauen führt zur Endorphinfreisetzung. Pferde, die ohne Futter im Stall stehen, können anfangen, in die Krippe zu beißen, was einen angenehmen Beruhigungseffekt zu haben scheint. Einmal begonnen, ist dieses sich selbst belohnende Suchtverhalten nur schwer wieder zu eliminieren.
- **antidiuretische Hormone**, die auf die Nieren wirken und helfen, den Wasserhaushalt sowie die Urinproduktion zu regulieren.
- **verschiedene Sexualhormone**, die Hoden und Eierstöcke, Wehentätigkeit und Milchproduktion beeinflussen (S. 129).

Probleme der Hypophyse

Die häufigste Störung der Hypophyse ist als Cushing-Syndrom bekannt. Es wird durch einen gutartigen Hypophysentumor ausgelöst, der eine überschießende Kortisolproduktion in den Nebennieren auslöst, wodurch es auch zu einem erhöhten Blutzuckerspiegel kommt. Die klinischen Symptome dieser Hormonimbalance sind:

- langes lockiges Fell
- wiederholte Hufrehe und Hufabszesse
- starkes Schwitzen
- chronische Infektionen
- vermehrter Durst und gesteigerte Urinproduktion
- Teilnahmslosigkeit
- Muskelschwund vor allem an Rücken und Kruppe
- dicker Bauch

Die Symptome lassen sich im Frühstadium kontrollieren, doch es gibt keine Heilung.

Elektrolyte

Hypothalamus und Hypophyse sind beide an der Regulation der Schweißproduktion beteiligt. Während Anstrengungen kann ein Pferd bis zu 10 Liter Schweiß verlieren. Der Verlust an Salzen wie Kalium- und Natriumchlorid kann zu Müdigkeit, steifen Muskeln, Austrocknung und manchmal zu Koliken führen. Nach anstrengendem Training sollte das Pferd mit Wasser wieder rehydriert werden, und dem Futter sollten Elektrolyte beigemischt werden, um den Salzverlust auszugleichen. Dies wird die Leistungsfähigkeit verbessern und bei der Erholung helfen.

Thymus

Diese zweilappige Drüse liegt zwischen den beiden Lungen und kann beim Fohlen den Hals hinauf bis zur Schilddrüse reichen. Seine Hauptfunktion ist die Bekämpfung von Krankheiten durch die Produktion spezialisierter Lymphozyten, welche eingedrungene Mikroorganismen oder Krebszellen markieren und zerstören. Er ist besonders für die Entwicklung der Abwehrkräfte während der Trächtigkeit und im Fohlenalter wichtig. Wenn das Fohlen ausgewachsen ist, beginnt der Thymus sich zurückzubilden und wird ziemlich inaktiv. Er ist auch Teil des lymphatischen Systems (S. 100).

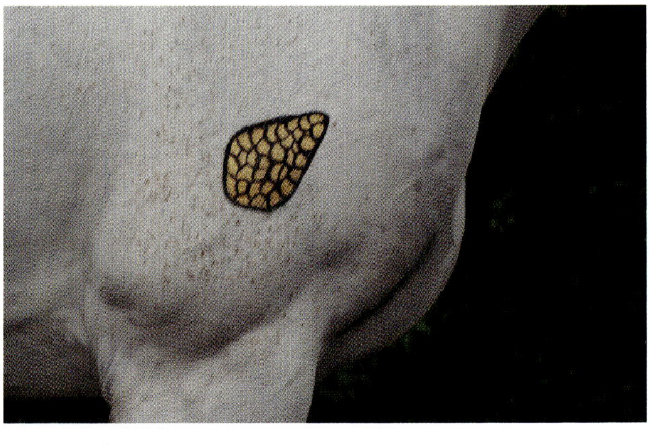

Schilddrüse

Die wichtigste Aufgabe der Schilddrüse ist die Produktion von Thyroxin mithilfe von Jod aus der Nahrung. Außerdem kann sie:

- die Stoffwechselrate kontrollieren
- die Wasserabgabe über den Urin erhöhen
- die Eiweißproduktion steigern
- Wachstum, körperliche Entwicklung und Gewichtsabnahme beeinflussen
- die Verwertung von Glykogen und Glukose anregen
- die Körperwärmeproduktion anregen

Während des Trainings erhöhen sich die Thyroxinwerte im Blut und bleiben für etwa fünf Stunden hoch. Das bedeutet:

- mehr Kalorien werden verbrannt
- das Herz schlägt kräftiger und schneller
- der Appetit nimmt zu
- die Verdauung wird angeregt
- das Pferd wird aktiver und aufmerksamer

Ein Thyroxinmangel kann zu schlechtem Appetit, stumpfem Fell, verzögertem Fellwechsel, Kälteempfindlichkeit, Antriebslosigkeit und mangelnder Milchproduktion führen.

Pferde im Training haben eine höhere Stoffwechselrate als Pferde in Ruhephasen.

Nebenschilddrüsen

Das von den Nebenschilddrüsen produzierte Parathormon (PTH) kontrolliert den Kalziumspiegel im Blut. Es sorgt für starke Knochen, die der Beanspruchung durch Training und Wettkampf trotzen.

Kalzium wird auch für die Weiterleitung elektrischer Signale entlang der Nerven benötigt, beeinflusst also die Funktion des Nervensystems inklusive des Gehirns.

Sinkt der Kalziumspiegel, veranlasst PTH, dass:

- mehr Kalzium aus den Knochen freigesetzt wird
- mehr Kalzium aus der Nahrung im Darm aufgenommen wird
- die Nieren weniger Kalzium ausscheiden

Steigt der Kalziumspiegel, wird mehr Kalzium in den Knochen gespeichert und mehr mit dem Urin ausgeschieden.

Pferde beziehen Kalzium hauptsächlich aus Gras, Heu und Leguminosen im Kraftfutter. Luzerne ist besonders kalziumreich.

Die Nebenschilddrüsen (rote Punkte) liegen hinter der Schilddrüse versteckt.

Pankreas

Nahe am Magen gelegen, produziert das Pankreas sowohl Verdauungsenzyme als auch die Hormone Insulin und Glukagon, die den Blutzuckerspiegel regulieren. Sie sind wichtig für die Mobilisierung gespeicherten Zuckers als extra Energiequelle während des Trainings und Wettkampfs (S. 130).

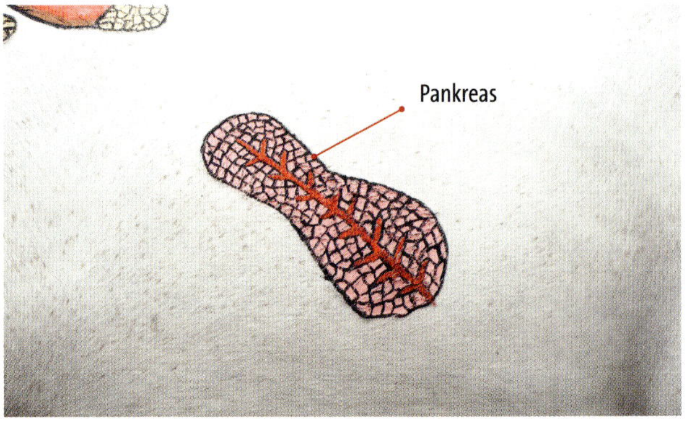

Nebennieren

Es gibt zwei Nebennieren, die jeweils vor den Nieren liegen. Sie produzieren hauptsächlich Kortisol, kontrolliert von der Hypophyse, und Adrenalin, kontrolliert vom Nervensystem.

Kortisol ist als das wichtigste Stresshormon bekannt und wird bei chronischem Stress ausgeschüttet. Es steigert die Produktion von Glukose aus Eiweiß und Fett, um den Körper in Stresssituationen mit ausreichend Energie zu versorgen. Allerdings könnte dieser Proteinverbrauch eine Ursache dafür sein, dass nervöse Pferde weniger Muskelmasse haben als ihre entspannteren Artgenossen. Kortisol unterdrückt auch die Entzündungsreaktion, die zum Beispiel bei Arthritis zu Schmerzen und Schwellungen der Gelenke führt. Längerfristige Ausschüttung, zum Beispiel durch längere Isolation oder lange Reisen bei schlechter Lüftung und begrenztem Zugang zu Wasser, können außerdem die Immunabwehr beeinträchtigen und das Pferd anfälliger für Erkrankungen machen.

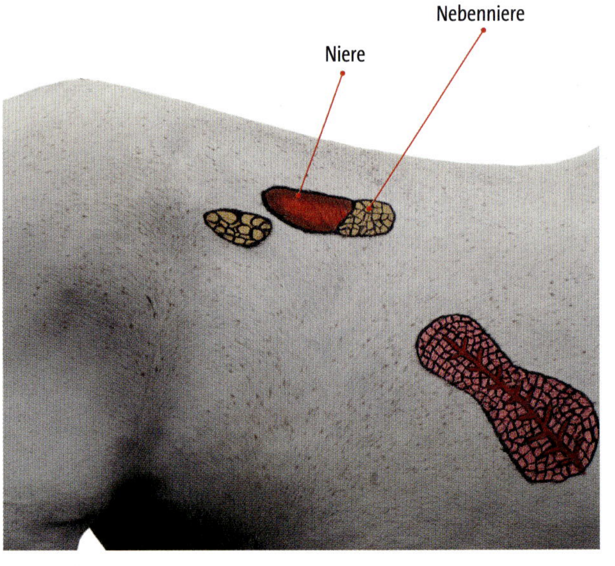

Adrenalin wird bei Angst und Furcht ausgeschüttet. Diese Gefühle aktivieren das vegetative Nervensystem und schüren die Stressreaktion. Adrenalin löst die Erweiterung der Pupillen, das Schwitzen sowie die Erhöhung der Herz- und Atemfrequenz aus, zur Vorbereitung auf die nötige Aktion.

Der Adrenalinschub in aufregenden Situationen erhöht die Sauerstoffmenge in den Lungen und fördert so für kurze Zeit die Leistungsfähigkeit.

Während längeren Trainings, beim Wettkampf oder bei Steigerung der Trainingsintensität, stimulieren Nervenimpulse die Nebennieren, die daraufhin Adrenalin freisetzen und so helfen, Kraftanstrengungen länger durchzuhalten.

Eierstöcke

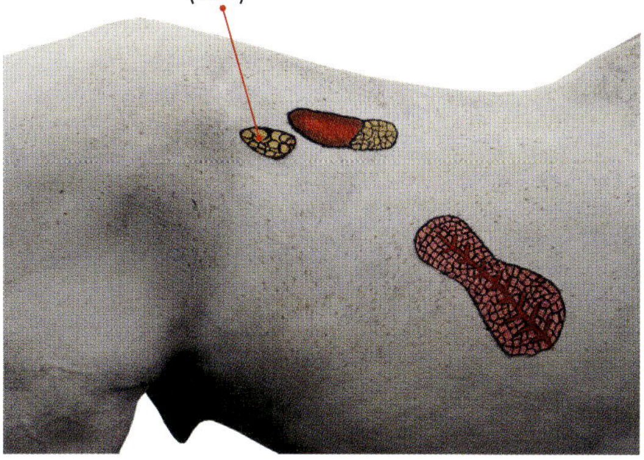

Die Eierstöcke (Ovarien) produzieren die weiblichen Geschlechtshormone:

- **Progesteron**, das die Gebärmutter auf die Einnistung des befruchteten Eis vorbereitet, die Trächtigkeit aufrechterhält und die Entwicklung des Euters fördert. Und
- **Östrogen**, das für die typisch weiblichen Geschlechtsmerkmale und die Feuchtigkeit im Genitaltrakt verantwortlich ist (S. 143).

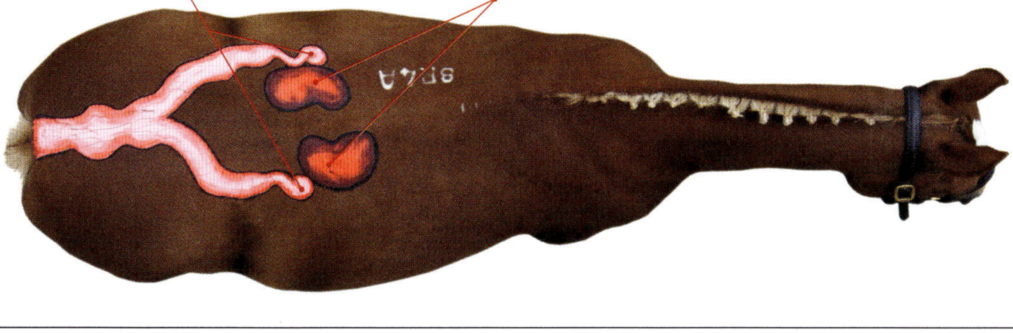

Hoden

Die Hoden (Testes) produzieren das für die Libido und die männlichen Geschlechtsmerkmale, inklusive Muskelmasse, -kondition, -tonus und -kraft, wichtige **Testosteron**. Eine geringe Menge Testosteron entsteht auch in den Nebennieren. Nach der Kastration fällt der Testosteronspiegel ab, sodass der Drang sich fortzupflanzen nachlässt. Deshalb sind Wallache in der Regel ausgeglichener, weniger leicht durch Stuten abzulenken, weniger temperamentvoll, gefälliger und besser zu trainieren als Hengste. Da die Blutspiegel von Testosteron, Adrenalin und Kortisol morgens am höchsten sind, ist dies die beste Zeit für das Training.

Training des endokrinen Systems

Regelmäßiges Training stimuliert die Ausschüttung von Hormonen wie Kortisol, Adrenalin, Testosteron, Wachstumshormon und Endorphinen, die für Wohlbefinden und Lernen wesentlich sind. Je mehr dieser Hormone im Blut zirkulieren, desto einfacher und effektiver werden die Übungen für das Pferd und desto stärker wird es. Sie beeinflussen Ausdauer, Wendigkeit, Courage und die Fähigkeit, den Reiter zu tragen.
Ein gut konditioniertes endokrines System erleichtert:

- **physiologisches Training** für die optimale Funktion von Herz, Lungen, Verdauungstrakt und der Drüsen selbst.
- **neuromuskuläres Training** der Muskeln, Faszien und Sehnen, ebenso wie von Gehirn, Rückenmark und Nerven.
- **psychologisches Training**, denn in ruhigem, entspanntem Zustand ist eine effektivere und konzentriertere Antwort auf Trainingsanforderungen möglich.

Stress reduzieren

Das Pferd so ruhig und entspannt wie möglich zu halten, schont das endokrine System und schützt vor endokriner Erschöpfung.

- Die Trainingsanforderungen sollten langsam gesteigert werden.
- In der Woche vor einem Wettkampf sollte nur leichte Arbeit verlangt werden.
- Reduzieren Sie Reisestress durch viele Pausen, in denen Sie dem Pferd Wasser geben. Gegen Trennungsangst können Sie ein Begleitpony mitnehmen.
- Achten Sie auf ausreichende Wasser- und Elektrolytzufuhr.
- Besonders junge und unerfahrene Pferde sollten Sie sehr langsam und ruhig an neue Situationen heranführen.
- Achten Sie auf freudige Mitarbeit und vermeiden Sie ein Training, wenn Reiter, Pferd oder Trainer bereits gestresst sind. Die schlechte Stimmung wird sich auf die anderen übertragen.
- Behandeln Sie Ihr Pferd immer ruhig und sanft.
- Achten Sie auf die Haltungsbedingungen. Ein Pferd, das auf der Weide oder von aggressiven Boxennachbarn unterdrückt wird, hat Stress.

Das endokrine System konditionieren

Ein individuelles, strukturiertes Trainingsprogramm vor einem Wettkampf erlaubt dem Pferd, mit dem physischen, emotionalen und mentalen Stress des Turniers umzugehen. Beständigkeit, Planung und Vorbereitung sind die Geheimnisse des Erfolgs.
Endokrines Training ist möglich durch:

- schrittweises In-Kontakt-Bringen mit neuen Situationen, um die Adrenalin- und Kortisolausschüttung anzuregen, beispielsweise durch Erfahrungen wie kleinere Turniere, unvorhergesehene Ereignisse beim Ausreiten, Hängerfahrten oder sogar Agilitykurse für Pferde. Einem solchen Training werden Polizeipferde unterzogen.
- kurze Phasen intensiven anaeroben Trainings, durch die Testosteron, Wachstumshormone, Endorphine und Thyroxin ausgeschüttet werden.
- längere Trainingseinheiten, um die Produktion von Adrenalin und Kortisol zu konditionieren.

Übertraining und Erschöpfung

Übertraining kann ein Pferd ängstlich, depressiv, energiearm und infektanfällig machen. Das endokrine System kann überlastet werden durch:

- anstrengende Übungen oder allzu ehrgeiziges Training ohne ausreichende Erholungspausen
- einen vollen Wettkampfkalender

Ruhe und Erholung

Während und nach Anstrengungen produziert die Hypophyse Hormone, welche die Ausschüttung von Adrenalin und Kortisol ins Blut auslösen. Wird vom Pferd erwartet, kontinuierlich intensiv zu arbeiten, oder auch nach einer dreitägigen Vielseitigkeitsprüfung kann es bis zu vier Wochen dauern, den Körper von überschüssigen Stresshormonen zu reinigen. Sobald das anfängliche „Hoch“ abflaut, werden viele Pferde lethargisch und desinteressiert an Futter und Training oder haben Verdauungsstörungen. Während dieser von Pferd zu Pferd unterschiedlich langen Zeit sollte es sich ausruhen und erholen dürfen und nur ruhige Ausritte genießen, bevor man das Training schrittweise wiederaufnimmt. Ein durchtrainiertes Pferd wird nach einer Erholungspause schneller wieder stärker.

Zusammenfassung

- Das endokrine System besteht aus im Körper verteilten Drüsen.
- Hypothalamus und Hypophyse arbeiten eng zusammen, um den Organismus im Gleichgewicht zu erhalten.
- Endokrine Drüsen produzieren chemische Substanzen, die Hormone genannt werden.
- Hormone beeinflussen alle Aspekte des Verhaltens und des Trainings.
- Adrenalin ist wichtig für die Leistungsfähigkeit.
- Das endokrine System zu konditionieren steigert die Hormonproduktion und macht sie effizienter.

Die Harnorgane filtern das Blut,
kontrollieren den Flüssigkeitshaushalt
und scheiden schädliche Abfallstoffe aus.

Das Harnsystem

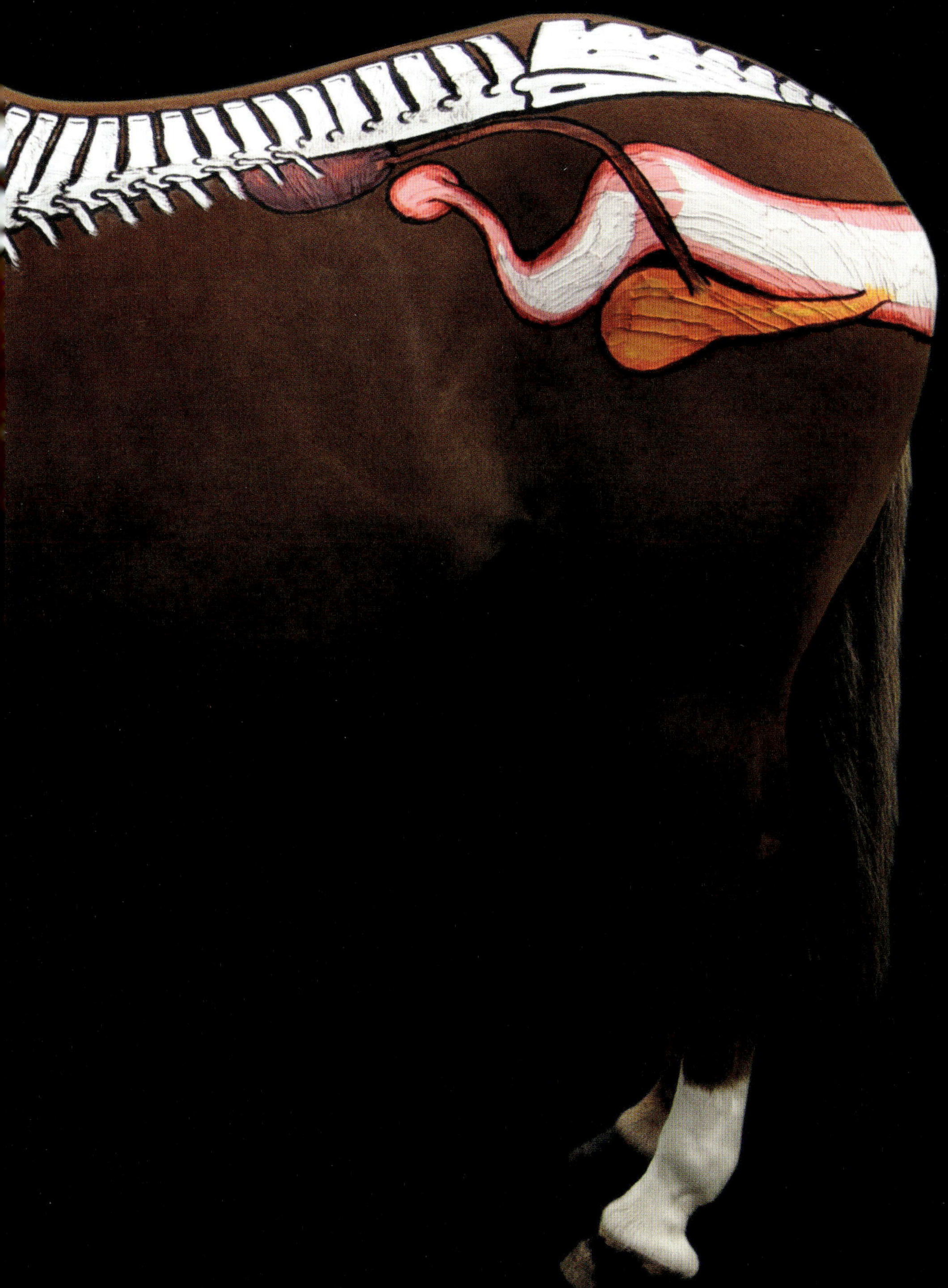

Das Harnsystem

Das Harnsystem besteht aus den Nieren, den Harnleitern, der Blase und der Harnröhre. Es spielt eine wichtige Rolle bei der Homöostase und der Ausscheidung von Abfallstoffen. Die Nieren kontrollieren das Blut durch Filtration, Wiederaufnahme und Sekretion.

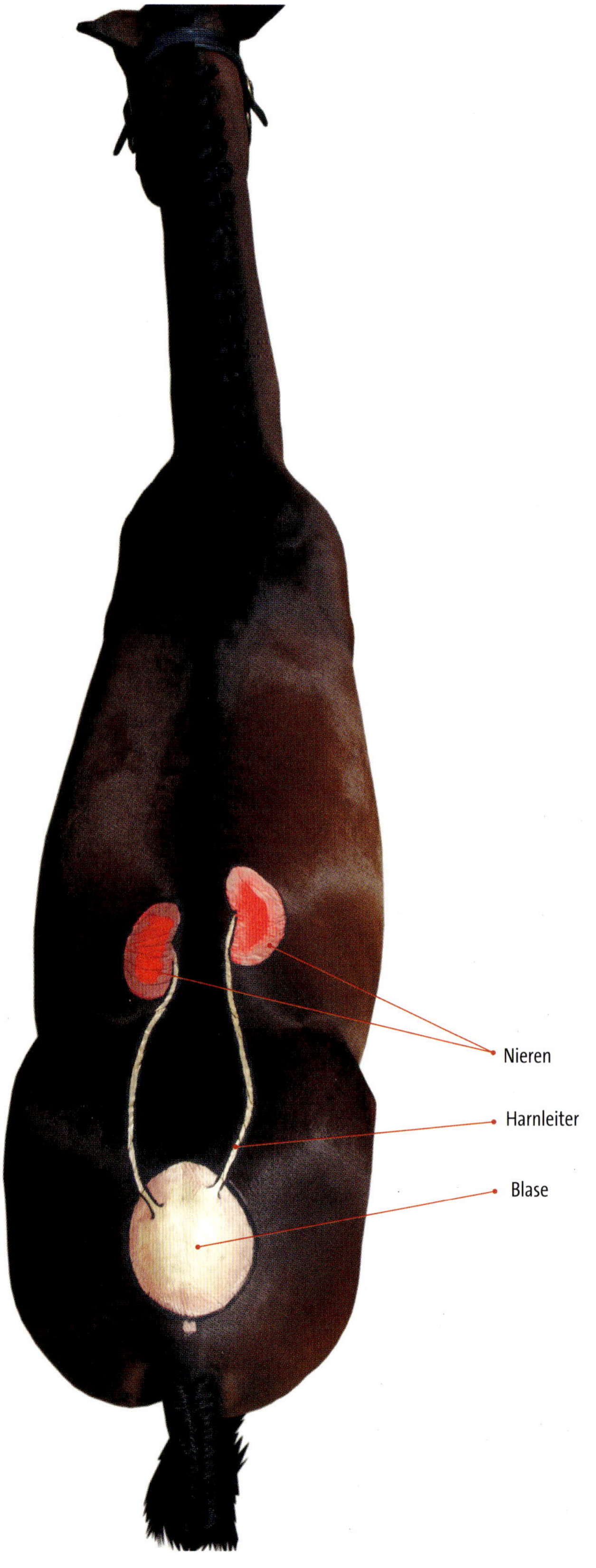

Homöostase

Homöostase ist die Fähigkeit des Organismus, seine inneren Funktionen anzupassen, um

- Nährstoffversorgung
- Flüssigkeitshaushalt
- Blutdruck, Blutvolumen und -konzentration sowie die
- Körpertemperatur

im Gleichgewicht zu halten. Sie wird durch das vegetative Nervensystem (S. 110) und das endokrine System (S. 122) kontrolliert und leicht durch Belastung, Stress und Krankheit gestört.

Nieren

Nierenfunktion

Als Entgiftungsorgane reinigen die Nieren das Blut, entfernen Toxine und scheiden flüssigen Abfall als Urin aus, der durch die Harnleiter in die Blase transportiert wird, wo er bleibt, bis er durch die Harnröhre ausgeschieden wird. Die Nieren:

- halten den Wassergehalt konstant
- eliminieren toxische Substanzen wie Harnstoff und Ammoniak
- filtern Blutplasma
- regulieren die Elektrolytspiegel im Blut
- halten die Blutkonzentration konstant, indem sie Flüssigkeitsverluste regulieren
- regulieren den Säure-Basen-Haushalt
- setzen über die Nebennieren, die Teil des endokrinen Systems (S. 128) sind, Hormone frei, um:
  - das Blutvolumen zu regulieren
  - den Kalziumspiegel zu regulieren
  - den Blutdruck mithilfe des Enzyms Renin zu regulieren
- regulieren Blutzucker- und Aminosäurespiegel

Nierenstruktur

Jede Niere wiegt etwa 700 Gramm und ist 15 Zentimeter lang. Die rechte, herzförmige Niere liegt unter den Rippen der letzten zwei bis drei Brustwirbel und unter dem ersten Lendenwirbel. Die linke, bohnenförmige Niere liegt unter der letzten Rippe und den ersten zwei bis drei Lendenwirbeln. Jede Niere ruht in einer Nierenkapsel aus derbem Bindegewebe, die sie zusammen mit den umgebenden Organen an ihrem Platz hält. Durch die Querfortsätze und ein Fettpolster sind sie gut geschützt. Die Nierennerven, -arterien, -venen, -lymphgefäße und die Harnleiter ziehen an einer „Hilus“ genannten Einziehung in die Nieren hinein oder hinaus. Die äußere Nierenrinde besteht aus Millionen dicht gepackter sogenannter Nephrone mit Nierenkörperchen und -kanälchen. Jedes Nephron beginnt mit einer schalenförmigen Bowman-Kapsel und ist eine eigenständige Filtereinheit. Nephrone sind die funktionellen Untereinheiten der Niere.

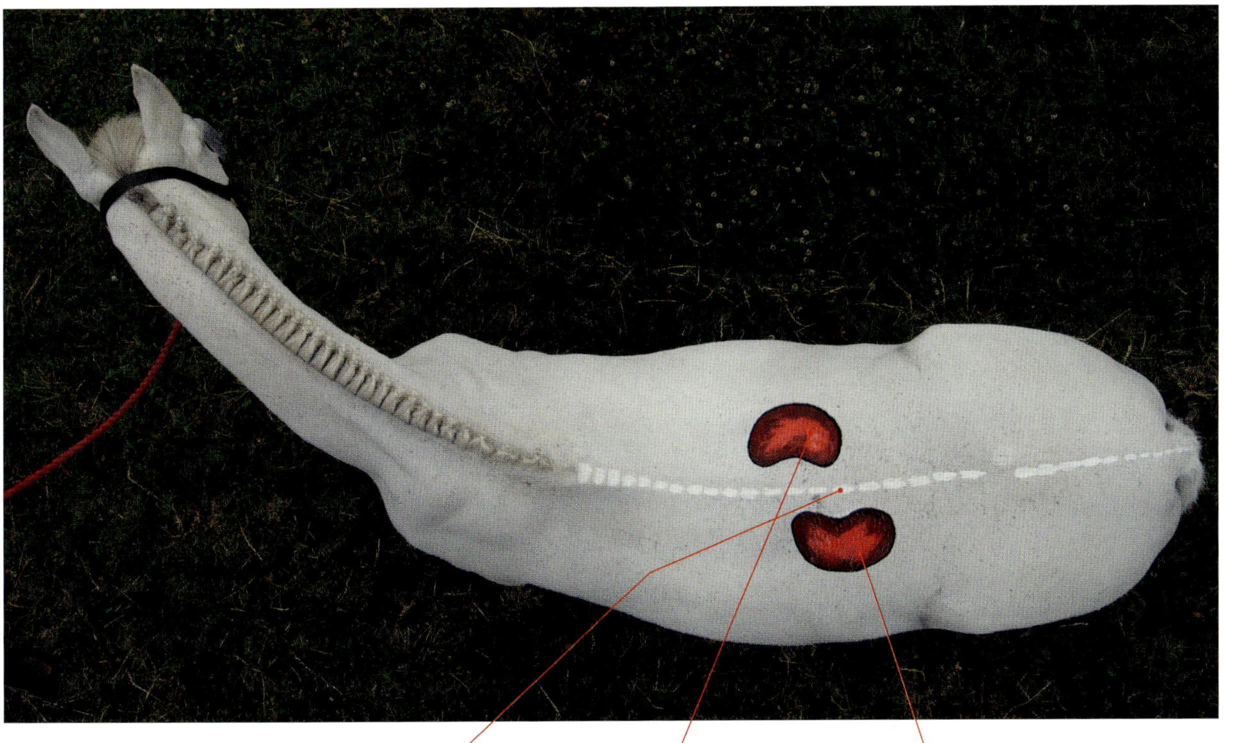

Dornfortsatz des ersten Lendenwirbels: der Punkt, vor dem der Sattel sitzen sollte.

rechte Niere

linke Niere

Wie die Nieren arbeiten

Die Nierenfunktion ist sehr komplex:

- Blut gelangt direkt aus der Aorta, über die sich immer weiter aufzweigende und Millionen kleiner, Glomeruli genannter Kapillarknäuel bildende Nierenarterie, in die Nieren.
- Blutplasma, das Wasser, Glukose, Harnstoff, Hormone und Enzyme, Vitamine und Mineralstoffe enthält, wird aus den Kapillaren des Glomerulus in die Bowman-Kapsel gepresst. Blutzellen und Eiweißmoleküle, die zu groß sind, um den Filter zu passieren, bleiben in den Kapillaren.
- Die Flüssigkeit fließt dann durch die verschiedenen Teile des Nephrons. In der Henle-Schleife und im distalen Tubulus wird die Salzkonzentration reguliert und Wasser wiederaufgenommen, um den Wassergehalt des Körpers zu halten. 99 % der Flüssigkeit werden wiederaufgenommen und nur 1 % wird als Urin ausgeschieden. Der konzentrierteste Urin ist am Boden jeder Schleife zu finden.
- Die Flüssigkeit gelangt mit dem distalen Tubulus wieder in die Nierenrinde, von wo aus sie über das Sammelrohr in das Nierenbecken fließt, das sich zum Harnleiter verengt.
- Die Harnleiter haben eine Schleimschicht, um die Wiederaufnahme von Stoffen zu verhindern, und transportieren den Urin mithilfe peristaltischer Bewegungen.
- In der Henle-Schleife rückresorbierte Flüssigkeit verlässt die Nieren über die Nierenvene.

Zwischen 1000 und 2000 Liter Blut filtert die Niere am Tag. Also bis zu 60-mal das gesamte Blutvolumen.

Jede Niere hat drei Teile: Rinde, Mark und Nierenbecken.

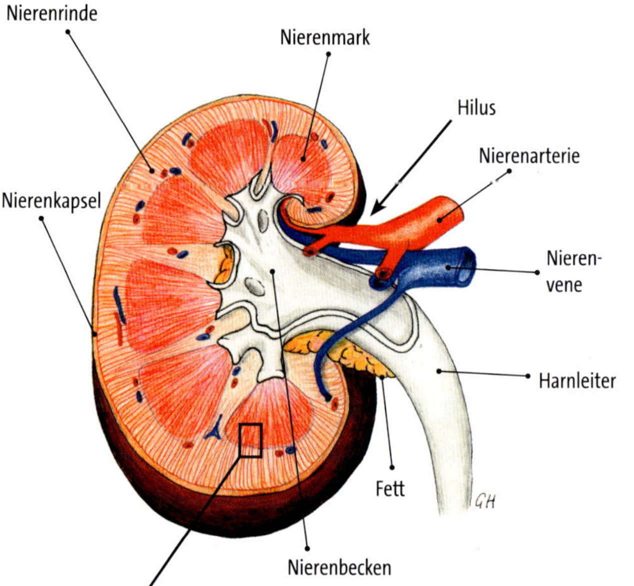

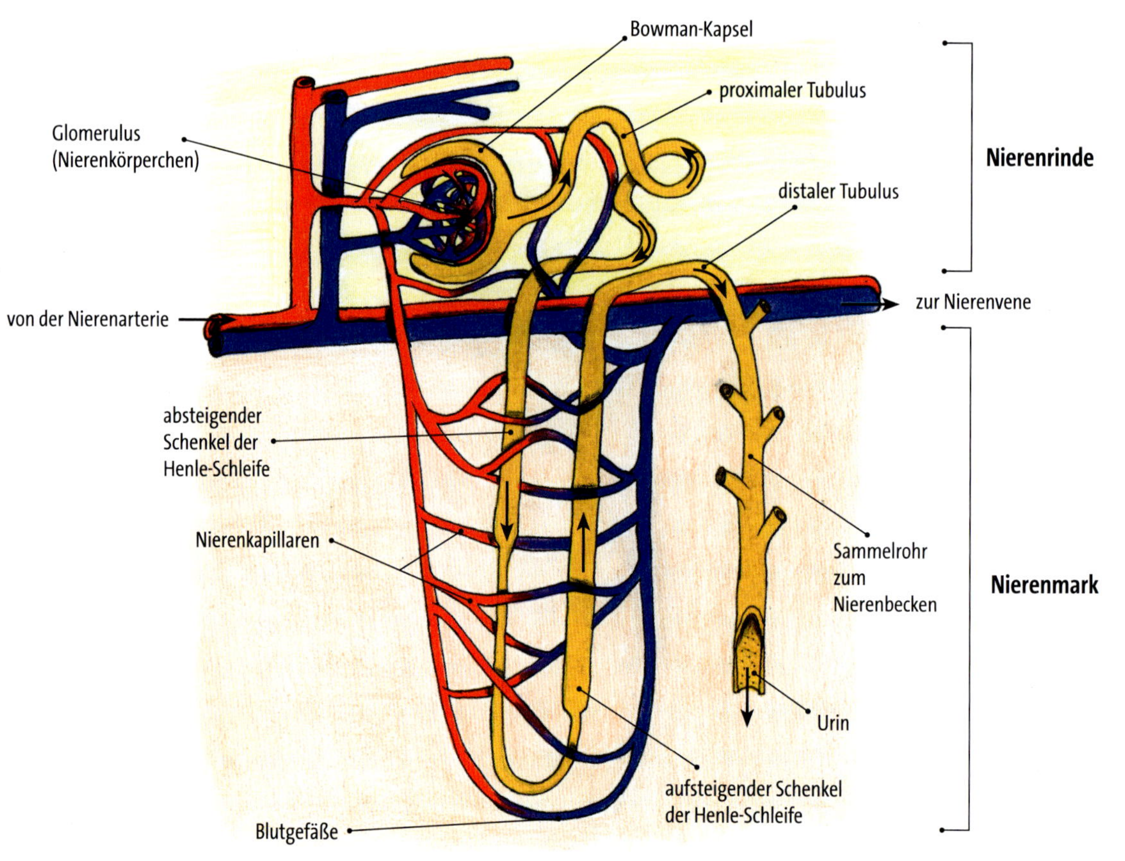

Blase

Die sehr dehnfähige Blase hat ein Volumen von etwa 4,5 Litern und dient als Sammelgefäß für den kontinuierlich aus den Nieren fließenden Urin. Ein Pferd produziert zwischen 5 und 15 Liter Urin am Tag, je nach Flüssigkeitszufuhr. Es nimmt Wasser durch Trinken auf, aber auch mit Gras, Heulage, eingeweichtem Heu oder Kraftfutter und als Nebenprodukt der Atmung. Mit Harn, Schweiß, Ausatemluft und Kot wird Wasser wieder ausgeschieden.

Die Blase ist mit einer Schleimhaut ausgekleidet, welche die Blasenwand schützt und die Rückresorption von Urin verhindert.

Ist die Blase voll, senden Sensoren diese Nachricht zum zentralen Nervensystem, das über Motoneuronen die Blase veranlasst, sich zusammenzuziehen, und den Schließmuskel, sich zu erweitern. Der Urin kann dann über die Harnröhre abfließen. Dieser Harnabsatz erfordert ein koordiniertes Zusammenspiel willkürlicher und unwillkürlicher Elemente des Nervensystems. Bei Hengsten und Wallachen ist die Harnröhre lang, da sie durch den Penis läuft. Bei Stuten endet die kurze Harnröhre im Scheidenvorhof und der Urin fließt durch die Vulva nach außen.

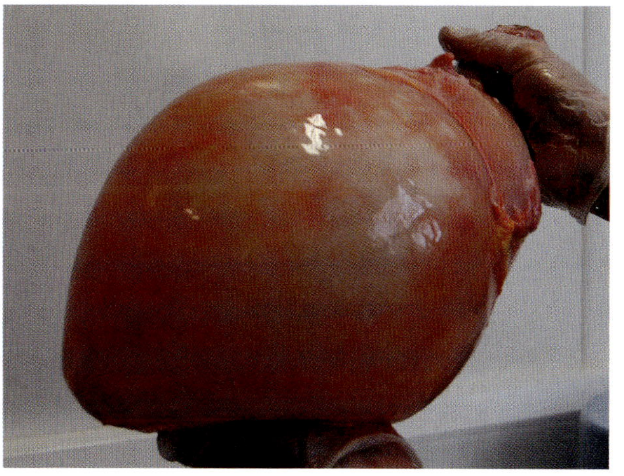

Eine volle Blase

Urin

Pferdeurin, der Stickstoffverbindungen, Salze und andere aus dem Blut gefilterte Substanzen enthält, ist dickflüssig, gelblich, Fäden ziehend und trübe durch Karbonatkristalle und Schleim. 96 % sind Wasser, 2 % Harnstoff, 2 % Salze, einige Gallefarbstoffe und einige Hormone sind enthalten.

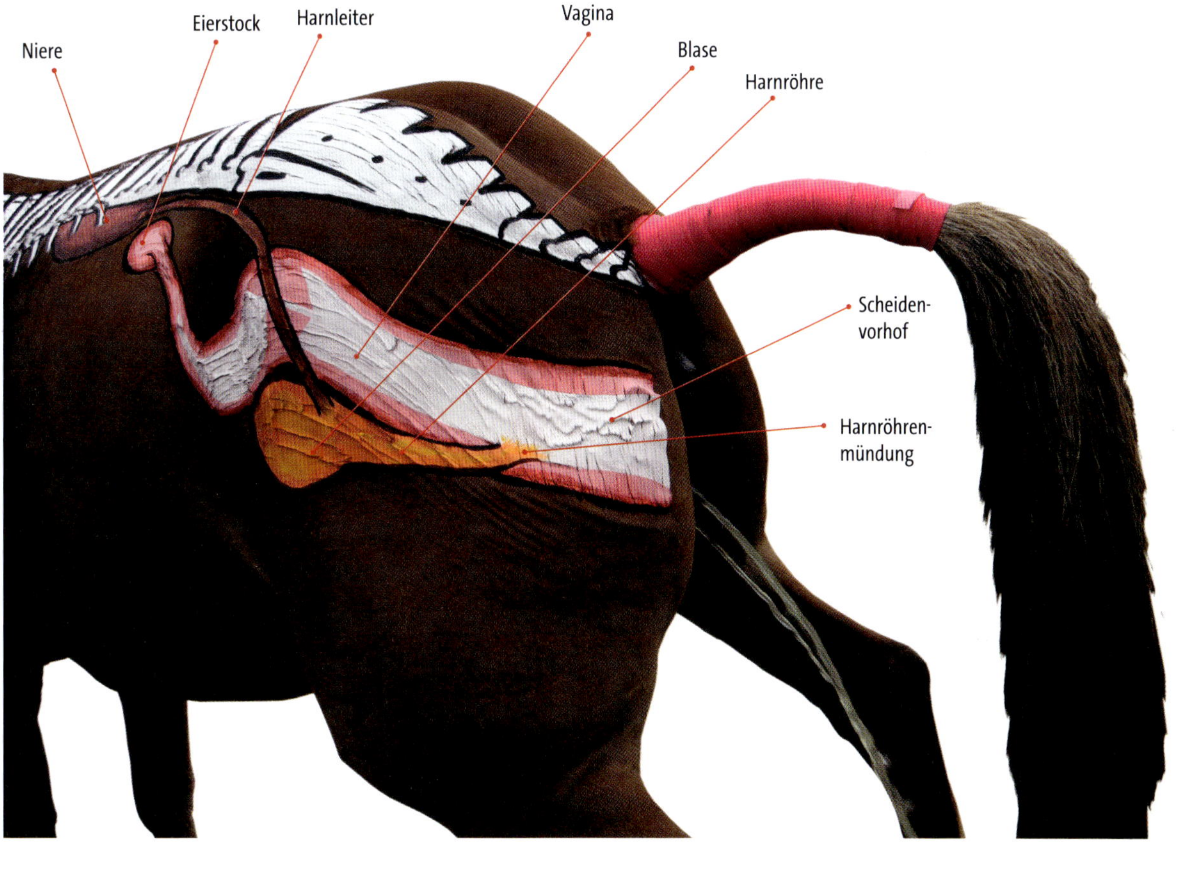

Blutdruck, Anstrengung und Flüssigkeitshaushalt

Wie die Nieren den Blutdruck beeinflussen

Die Nieren sind die wichtigsten Organe für die langfristige Kontrolle des Blutdrucks. Bei niedrigem Blutdruck setzen sie Renin frei, das den Blutdruck erhöht, indem es zur Bildung eines Hormons (Angiontensin II) führt, das:

- die Blutgefäße verengt (Vasokonstriktion).
- die Wiederaufnahme von Salzen aus dem Urin ins Blut fördert.

Der Effekt von Anstrengung auf die Nieren

Strengt das Pferd sich an, nehmen die Nieren mehr Flüssigkeit wieder auf und helfen so, den Blutdruck hoch zu halten, mehr Sauerstoff und Energie zu den Muskelzellen zu bringen und den Flüssigkeitsverlust durch das Schwitzen auszugleichen. Sie setzen auch das Enzym Renin frei, das den Blutfluss von den Nieren weglenkt und mehr Blutvolumen für die Muskeln verfügbar macht.

Wie die Nieren den Wasserhaushalt regulieren

Eine ausreichende Wasseraufnahme ist die Voraussetzung dafür, dass die Nieren gut arbeiten können, Nährstoffe zu jeder Zelle gelangen und Toxine, Abfallprodukte sowie überschüssige Nährstoffe aus den Organen geschwemmt werden. Die Flüssigkeitsmenge wird durch Steigerung oder Verminderung der Harnproduktion kontrolliert sowie durch die Elektrolytkonzentration im Blut. Überflüssiges Wasser wird von den Nieren aus dem Blut gefiltert und in Form reichlicher Urinmengen ausgeschieden. Ist ein Pferd hingegen ausgetrocknet, veranlassen sensorische Zellen im Hypothalamus die Hypophyse, antidiuretisches Hormon (ADH) auszuschütten, das die Rückresorption von Flüssigkeit in den Nieren fördert, die weniger, aber stärker konzentrierten Urin ausscheiden (S. 136). Es löst auch ein Durstgefühl aus. Bereits bei 3 % Austrocknung leidet die Leistung.

Die Gesundheit und das Harnsystem

Infektionen der Harnwege sind beim Pferd selten. Erste Anzeichen einer Infektion oder Entzündung sind Farbveränderungen oder starke Schleimbildung im Urin. Bei solchen Symptomen sollten Sie unbedingt einen Tierarzt verständigen.

Normale Trinkmengen

- 20 bis 30 Liter am Tag in Ruhe
- bis zu 90 Liter am Tag bei starker Anstrengung

Bedeutung der Elektrolyte

Die wichtigsten Elektrolyte sind Natrium- und Kaliumchlorid, Bikarbonat sowie Kalzium-, Phosphor- und Magnesiumsalze. Sie sind wichtig für dic Homöostase, die Weiterleitung von Nervenimpulsen sowie die Gesundheit von Muskeln und Kreislaufsystem. Pferdeschweiß enthält mehr Elektrolyte als menschlicher Schweiß und die Verluste beim Schwitzen müssen ausgeglichen werden. Das Elektrolytgleichgewicht geht Hand in Hand mit dem Flüssigkeitshaushalt.
Elektrolyte gehen verloren:

- in Trainingsphasen oder bei anstrengenden Leistungen. Das Schwitzen beginnt nach 10 Minuten Anstrengung.
- bei hohen Temperaturen und hoher Luftfeuchtigkeit, wenn das Pferd 10 bis 15 Liter Schweiß pro Stunde produziert, was bei einem zehnstündigen Distanzrennen 100 Litern entspricht!
- bei langen Reisen.
- mit dem Urin.

Um ein gesundes Elektrolytgleichgewicht aufrechtzuerhalten, muss jederzeit frisches Wasser zur Verfügung stehen und dem Futter sollten Elektrolyte beigemischt werden. Bei fortschreitender Austrocknung und Elektrolytverlust entsteht kein Durstgefühl mehr, und indem es nicht trinkt, verschlimmert das Pferd seine Austrocknung.

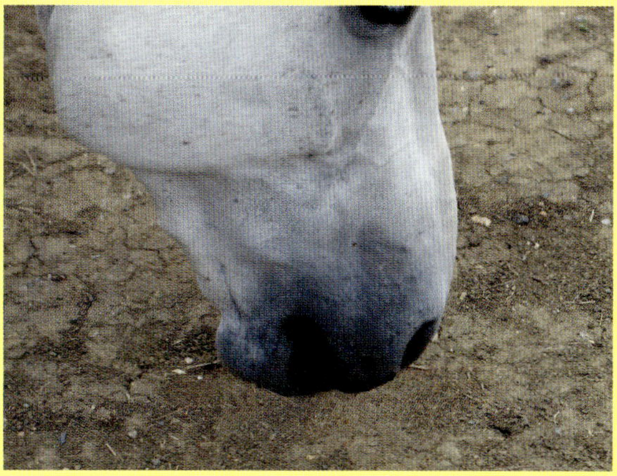

Ein Elektrolytmangel kann zu Austrocknung, Festliegen, Muskelermüdung, Teilnahmslosigkeit, Verstopfung und Leistungseinbußen führen. Natriumchlorid, das ganz normale Kochsalz, ist das wichtigste Elektrolyt. Bei einem Mangel lecken Pferde Erde, um es zu ersetzen. Pferde sollten Zugang zu einem Salzleckstein haben. Zu viel Salz kann allerdings ebenfalls zu Austrocknung führen.

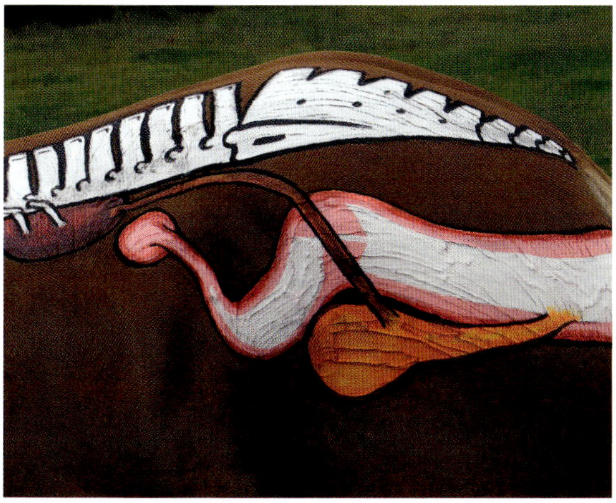

Zusammenfassung

- Das Harnsystem reinigt das Blut und scheidet Abfallstoffe wie Harnstoff, Ammoniak und Toxine aus.
- Das harnbildende System spielt eine wichtige Rolle bei der Homöostase.
- Die Nieren brauchen eine reichliche Blutversorgung, um richtig arbeiten zu können.
- Ein gesundes Pferd scheidet täglich 5 – 15 Liter Urin aus.
- Die Nieren spielen eine wichtige Rolle bei der Regulation des Blutdrucks.
- Das Elektrolytgleichgewicht ist der Schlüssel zur Regulation des Flüssigkeitshaushalts.

Die Fortpflanzung,
das Wunder der Geburt,
ist die Voraussetzung für
das Überleben der Art.

Das Fortpflanzungssystem

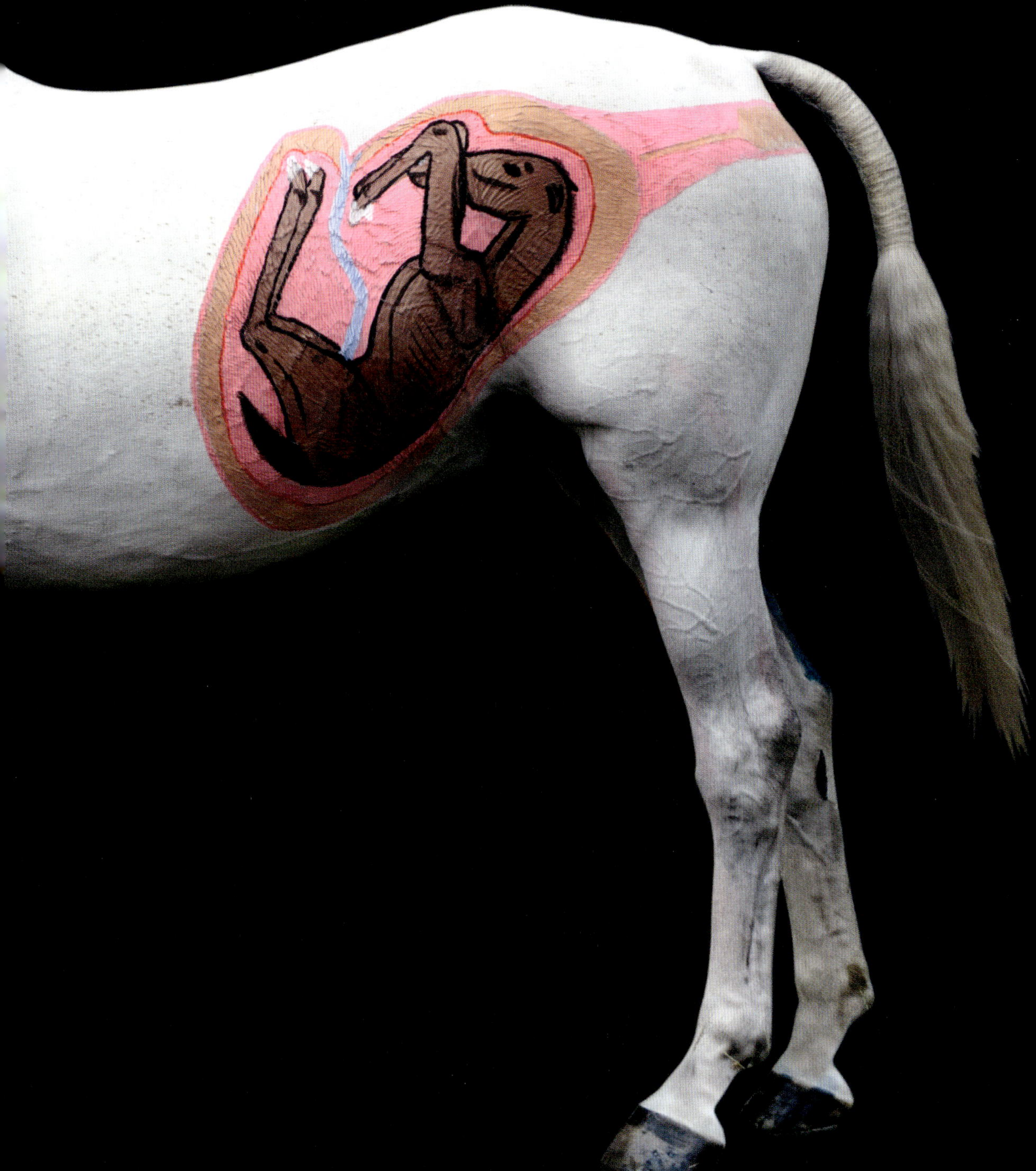

Fortpflanzung

Es gibt noch Gegenden auf der Welt, wo Pferde in Herden leben und nur die Stärksten sich fortpflanzen. Bei unseren modernen domestizierten Pferden obliegt die Zuchtauswahl den Pferdehaltern, und die Paarung erfolgt nicht spontan, sondern arrangiert, um Fohlen mit bestimmten Eigenschaften zu produzieren. Moderne Zuchtpraktiken erhöhen die Wahrscheinlichkeit der Befruchtung, einer gesunden Trächtigkeit und erfolgreichen Geburt. Unbedacht angewendet können sie aber auch zu viele ungewollte Fohlen produzieren.

Hengst

Zur männlichen Fortpflanzungsanatomie gehören Hoden, Skrotum, akzessorische Geschlechtsdrüsen und Penis.

Hoden

Die ovalen Hoden erreichen ihre volle Größe, die etwa einem Gänseei entspricht, wenn das Pferd zwei Jahre alt ist. Wenn sie ausgereift sind, produzieren sie Spermien und Testosteron, das wichtigste männliche Geschlechtshormon, das die Geschlechtsmerkmale prägt (S. 129). Die Spermienproduktion dauert 50 bis 60 Tage und findet in Wellen statt, um immer einen Vorrat bereitzustellen. Hengste, die oft ejakulieren, produzieren mehr Spermien. Über den muskulösen Samenleiter gelangen die Spermien bei der Ejakulation in die Harnröhre des Penis.

Skrotum

Die Hoden sind im Skrotum außerhalb der Bauchhöhle aufgehängt, wo es 4–7°C kühler ist, um die optimale Temperatur für die Spermienproduktion zu gewährleisten. Über die lose Haut des Skrotums kann Wärme abgegeben werden. Wenn es kalt ist, werden die Hoden vom Cremaster-Muskel näher an den warmen Körper gezogen.

Akzessorische Geschlechtsdrüsen

Samenblasendrüse, Prostata (Vorsteherdrüse) und Bulbourethraldrüsen bilden die Flüssigkeit, in der die Spermien schwimmen und die 60 bis 80 % der Ejakulatmenge ausmacht.

Penis

Der Penis besteht aus eregierbarem Gewebe, das sich mit Blut füllt und sich um 50 % vergrößert, wenn der Hengst erregt ist. Der Penis wird von der Vorhaut umhüllt und durch das in einer kleinen Schleimhauttasche gebildete Smegma gleitfähig gehalten. Es ist wichtig, den Penis sauber zu halten, da zu viel Smegma eine Infektionsquelle sein kann. Er sollte nur mit Wasser gewaschen werden, da antimikrobielle Seifen die schützende Bakterienflora zerstören.

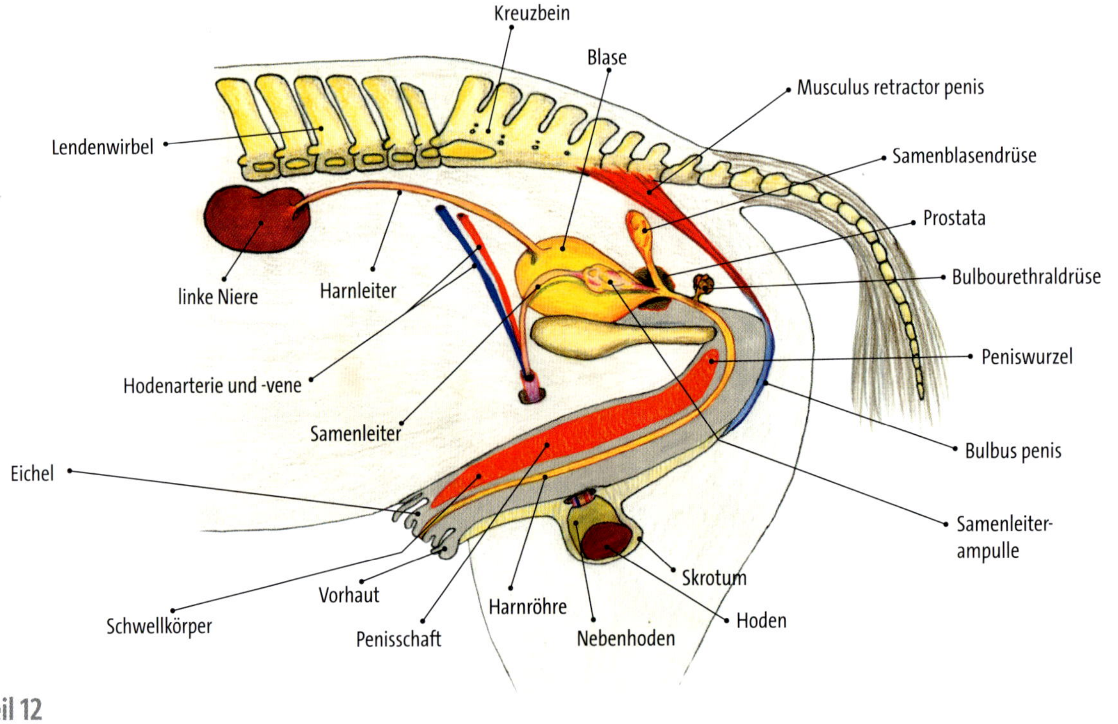

Stute

Zu den weiblichen Fortpflanzungsorganen gehören Eierstöcke, Eileiter, Gebärmutter, Vagina und Vulva.

Eierstöcke

Die etwa hühnereigroßen Eierstöcke (Ovarien) liegen geschützt unter den Lendenwirbeln und enthalten schon zum Zeitpunkt der Geburt sämtliche Eizellen. Ab dem zweiten Lebensjahr springt in jedem Zyklus eine Eizelle. Die Ovarien produzieren die weiblichen Geschlechtshormone Östrogen und Progesteron. Östrogen ist für den Eisprung und die Verhaltensänderungen während der Rosse verantwortlich. Wird die Eizelle befruchtet, erhält Progesteron die Trächtigkeit aufrecht.

Eileiter

Die engen, geschlängelten Eileiter sind etwa 2–3 mm dick, 20–30 cm lang und mit Zilien ausgekleidet. Wurde die Stute gedeckt, findet in ihnen die Befruchtung statt. Durch Wellenbewegungen der Zilien wird das Ei dann in die Gebärmutter transportiert. Unbefruchtete Eier lösen sich im Eileiter auf.

Gebärmutter

Die Gebärmutter (Uterus) ist y-förmig, mit einem Uteruskörper und zwei Uterushörnern, die an die Eileiter anschließen. Der Embryo entwickelt sich innerhalb der ihn nährenden Fruchtblase in dem sich durch das embryonale Wachstum enorm vergrößernden Uterus. Die Uteruswand enthält starke Muskeln, die das Fohlen bei der Geburt in den Geburtskanal pressen.

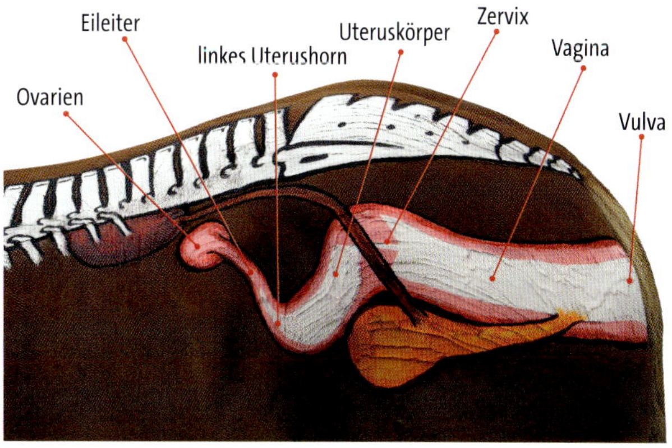

Muttermund

Der Muttermund (Zervix) ist etwa 4 cm dick und 6 cm lang. Während der Trächtigkeit und außerhalb der Rosse ist er fest verschlossen, um Infektionen zu verhindern. Während der ersten Geburtsphase weitet sich die Zervix, damit das Fohlen in die Vagina gelangt.

Vagina

Die Vagina ist etwa 15–20 cm lang und hat eine muskulöse, mit Schleim überzogene Wand. Sie nimmt bei der Paarung den Penis auf und leitet bei der Geburt das Fohlen durch das Becken.

Vulva

Die unterhalb des Anus gelegene Vulva bildet die äußere Öffnung der Vagina. Sie besteht aus zwei Schamlippen und der Klitoris.

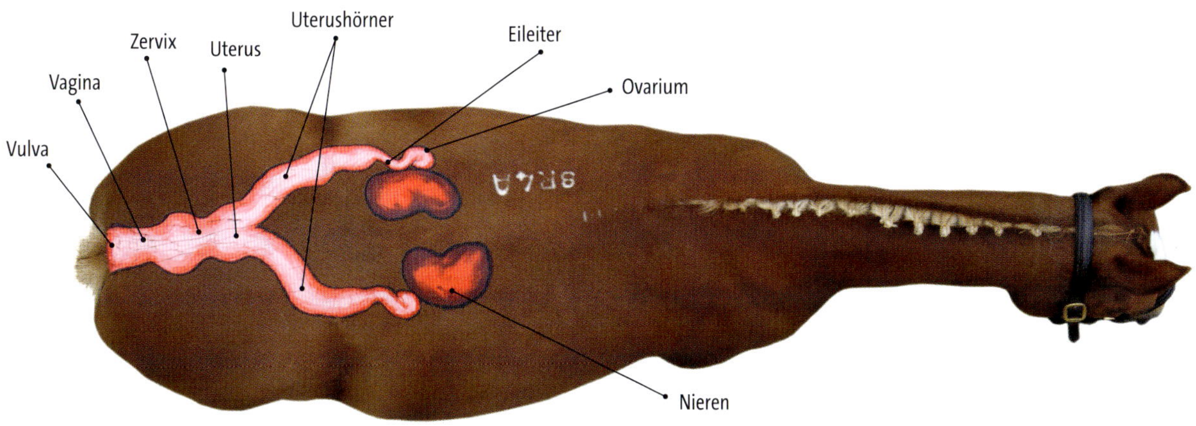

Stuten haben zwei Eierstöcke. Hier ist ihre Position in Bezug zum Sattel erkennbar. Zu bestimmten Zeiten im weiblichen Zyklus können die Ovarien zu Muskelschmerzen in der Lendenregion beitragen.

Der weibliche Zyklus

Der weibliche Zyklus wird von Hormonen des Hypothalamus und der Hypophyse gesteuert. Der Zyklus der Stute dauert normalerweise 21 Tage und ist nur zwischen März und September aktiv, wenn die Tage länger sind. Die Trächtigkeit dauert bei Stuten 11 Monate, sodass das Fohlen in den wärmeren Monaten zwischen März und August geboren wird. Die Stute lässt den Hengst nur an den 5 Tagen der Rosse decken, und der Eisprung findet normalerweise während der letzten zwei Tage der Rosse statt.

Wenn die Stute rossig wird, kann sie unkonzentriert werden, unwillig vorwärtszugehen, oder übersensibel. Sie wird oft ruhelos, leicht reizbar, zeigt leichte Koliksymptome, hebt ihren Schweif, „blitzt" mit der Vulva und setzt häufig kleine Mengen hellgelben Urins ab. Als Reaktion auf die Pheromone in diesem Urin flehmen Hengste (S. 81).

Trächtigkeit und Geburt

Trächtige Stuten reiten und managen

- Die ersten Tage der Trächtigkeit sind die kritischsten.
- Fitte, gesunde, kräftige Stuten können bis zum letzten Trächtigkeitsmonat geritten werden. Nach dem vierten Monat wird es für die Stute schwer, sich zu versammeln oder zu biegen, und es ist unklug zu springen.
- Eine ruhige Umgebung, angepasste Ernährung und Hufpflege, Entwurmungen, Impfungen und regelmäßige Bewegung fördern eine gesunde Trächtigkeit und eine unkomplizierte Geburt.

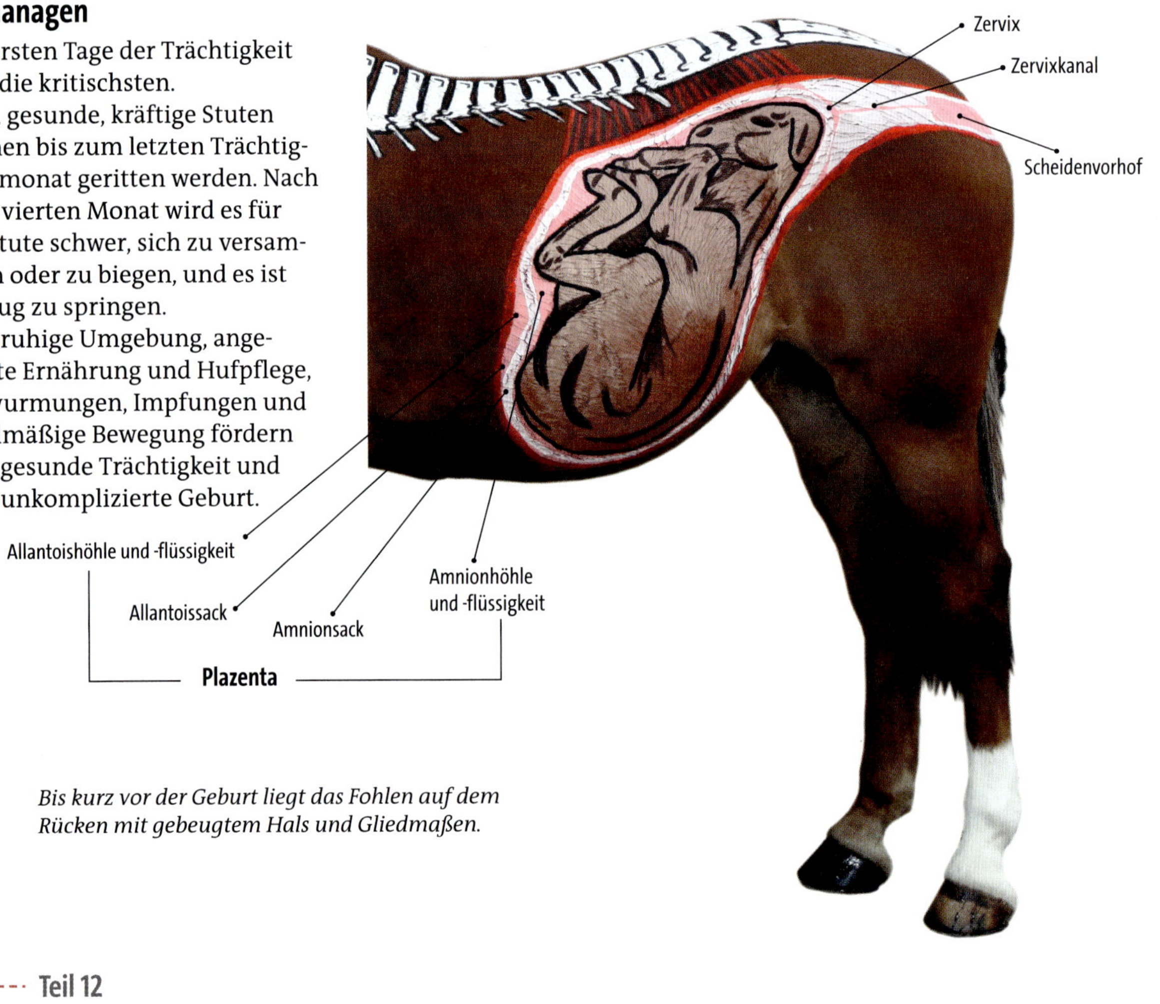

Bis kurz vor der Geburt liegt das Fohlen auf dem Rücken mit gebeugtem Hals und Gliedmaßen.

Stadien der embryonalen Entwicklung

Woche	ungefähre Länge in cm	wichtige Entwicklungsschritte
1	–	Nach der Befruchtung beginnen die embryonalen Zellen sich schnell zu teilen. Nährstoffe erhalten sie zunächst aus den Uterussekreten und dann vom Dottersack.
3	1,5 cm	Der Embryo schwimmt im Amnionsack, und der Kopf, Augenknospen, Schwanz und Beine beginnen sich auszubilden. Am Ende der vierten Woche kann ein embryonaler Herzschlag nachweisbar sein.
6	2,5 cm	Der Embryo verwächst mit der Uteruswand, der Kopf wird besser erkennbar, der Schädel bildet sich aus, ebenso wie Ansätze von Augenlidern, Nüstern, Knie- und Sprunggelenken.
8	3,5 cm	Die Plazenta entwickelt sich. Sie sichert die Blutversorgung und entfernt Abfallstoffe. Der Kopf wölbt sich, da der Schädel sich stärker ausprägt. Die Rippen beginnen sich auszubilden und kurze Beine entwickeln sich.
9	6 cm	Sauerstoff und Nährstoffe, welche die Stute über die Plazenta bereitstellt, werden gegen Kohlendioxid und Harnstoff ausgetauscht. Durch die dicke Plazentawand können keine Antikörper passieren. Hufe bilden sich aus und der Fetus beginnt einem Pferd zu ähneln.
12	12 cm	Die Wirbelsäule wird deutlicher und die äußeren Geschlechtsorgane entwickeln sich.
15	18 cm	Etwas Fell wächst, die Ohrmuscheln entfalten sich und das Saumband entsteht.
22	30 cm	Die Entwicklung schreitet fort, mehr und mehr Details sind zu erkennen. Der Fetus ist etwa so groß wie ein Kaninchen.
32	70 cm	Alle Merkmale werden ausgeprägter.
44	115 cm	Der Fetus ist nun mit Fell bedeckt, hat einen kurzen Schweif, voll entwickelte Lungen und stärkere Beine. Er ist etwa so groß wie ein großer Hund.
48		Das Fohlen ist bereit für die Geburt.

Zeichen der nahenden Geburt

Zwei bis vier Wochen vor der Geburt hat die Stute bereits Milch im Euter.

Mehrere Tage vor der Geburt:
- kann das Erschlaffen der Vulva die Schweifposition verändern
- erscheinen wachsartige „Harztropfen" an den vergrößerten Zitzen
- kann Milch aus dem Euter tropfen
- ist die Stute eventuell nervös, unruhig und zeigt leichte Koliksymptome, legt sich hin und wälzt sich
- setzt sie häufig weichen Kot ab

Die meisten Stuten fohlen entweder spät in der Nacht oder in den frühen Morgenstunden, wenn sie unbeobachtet sind. Sie haben also eine gewisse Kontrolle über den Geburtszeitpunkt, vermutlich um sicherzustellen, dass keine Raubtiere in der Nähe sind.

Die Geburt

Es gibt drei Geburtsphasen:

Phase 1

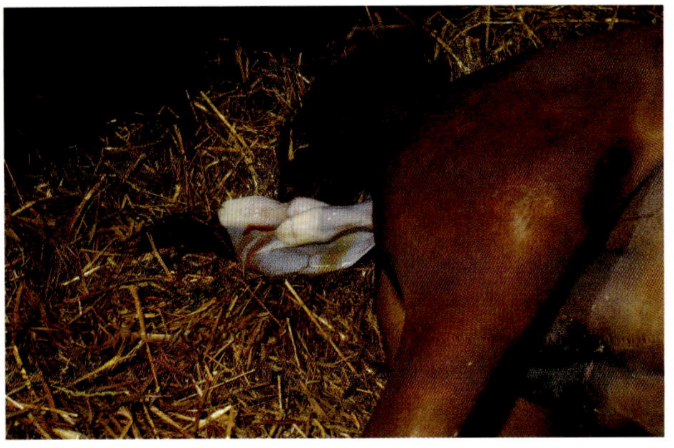

Die Uteruskontraktionen drücken das Fohlen gegen die sich schnell erweiternde Zervix. Es dreht sich auf den Bauch und streckt Kopf, Hals und Vorderbeine so in Position, dass es durch den Zervixkanal passt. Die Stute beginnt zu pressen. Die Vorderbeine des Fohlens durchstoßen die Fruchtblase, sodass Fruchtwasser austritt.

Phase 2

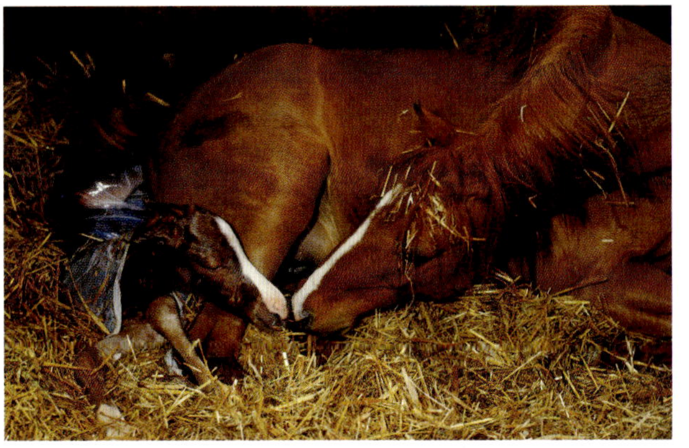

Die Stute legt sich hin und die Bauchmuskeln pressen mit, während die Vagina sich weitet. Die Vorderbeine erscheinen, gefolgt von der Nase und den Schultern. Der Amnionsack reißt und das Fohlen beginnt zu atmen. Starke Bauchmuskelkontraktionen dauern an, bis die Hinterbeine erscheinen.

Phase 3

Wenn die Stute aufsteht, reißt die Nabelschnur. In der ersten halben Stunde versucht das Fohlen mehrfach aufzustehen und sucht das Euter. Die Stute leckt den Anus des Fohlens, damit das Darmpech abgeht. Die Plazenta wird etwa eine Stunde nach der Geburt des Fohlens ausgestoßen.

Postnatal

Ein neugeborenes Fohlen erhält schützende Antikörper über das Kolostrum, die erste Milch. Dieser Schutz verschwindet mit vier bis fünf Monaten, wenn das Fohlen sich selbst schützen kann.

Nach der Geburt

- Stuten können geritten werden, wenn das Fohlen drei Monate alt ist.
- Das Fohlen sollte so lange wie möglich bei der Stute bleiben dürfen, um sicherzustellen, dass es die für einen guten Start ins Leben notwendige Ernährung erhält und um das Risiko von Trennungsängsten, Magengeschwüren und Gewichtsverlust zu minimieren.
- Es ist wichtig, die Stute langsam wieder anzutrainieren und Wert auf das Training der Kernhaltemuskeln, der Bauchmuskeln und Beckenstabilisierer (S. 45) zu legen, die durch die Trächtigkeit geschwächt wurden (S. 144).

Züchten

Praktische und ethische Gesichtspunkte, die zu berücksichtigen sind:

- die nötige Zeit und das nötige Geld
- die Gesundheit der Stute
- der Zweck, für den das Fohlen gezüchtet wird
- der Markt, falls das Fohlen nicht behalten wird
- das Fachwissen der Besitzer:
  - Kann er oder sie die Stute während Trächtigkeit und Geburt betreuen?
  - Kann er oder sie ein Fohlen nach der Geburt richtig betreuen und trainieren?

Techniken wie künstliche Besamung und Embryotransfer sind inzwischen leicht verfügbar. Sie erlauben eine bessere Zuchtauswahl, ein geringeres Verletzungsrisiko für Mensch, Stute und Hengst, ein geringeres Infektionsrisiko und größere Chancen für genetische Verbesserung.

Ein Pferd hat 64 Chromosomen, 32 von jedem Elternteil, die sich beliebig kombinieren können, sodass die Zucht auch ein Glücksspiel ist. Einen starken Hengst und eine Stute mit dem passenden genetischen Hintergrund sowie einem angenehmen Temperament auszusuchen, erhöht die Chance auf ein gut proportioniertes, sportliches Fohlen. Obwohl es verlockend ist, ist das Züchten mit einer Stute aus emotionalen Gründen, weil sie lahm ist, temperamentvoll, sich nicht so präsentiert wie erhofft oder andere Schwächen hat, nicht empfehlenswert.

Zusammenfassung

- In der modernen Pferdehaltung ist die Fortpflanzung größtenteils technisiert und kein spontaner Vorgang.
- Die männlichen Fortpflanzungsorgane bestehen aus den Hoden im Skrotum, den akzessorischen Geschlechtsdrüsen und dem Penis.
- Die weiblichen Fortpflanzungsorgane bestehen aus Eierstöcken, Eileitern, Gebärmutter, Vagina und Vulva.

Pferde bemalen

Die Farbe, die zum Bemalen der Pferde verwendet wird, ist auf Wasserbasis, ungiftig und völlig unschädlich.

Alle Bilder wurden von der Autorin entworfen und auf die Pferde gemalt. Es dauert zwischen vier und sechs Stunden, ein Pferd zu bemalen, je nach Komplexität der anatomischen Strukturen.

Der Großteil der Farbe lässt sich mithilfe eines Gummistriegels herausbürsten. Der Rest wird mit warmem Wasser abgewaschen.

Fachbegriffe verstehen

Amygdala – der für die Verarbeitung von Emotionen, vor allem von Ärger und Furcht, zuständige Hirnteil
Antigene – vom Immunsystem als fremd erkannte Stoffe wie Bakterien und Viren
Axon – der längste Teil eines Neurons, der Impulse vom Zellkörper wegleitet

Dendriten – Fortsätze von Neuronen, die Signale von anderen Nervenzellen aufnehmen
distal – weiter vom Körperzentrum entfernt
dorsal – in Richtung Rücken

Elektrolyte – in Flüssigkeit gelöste, elektrisch leitfähige Substanzen; meist mineralische Salze

Glykogen – ein Kohlenhydrat, das in Leber und Muskelzellen gespeichert und leicht zu Glukose abgebaut werden kann, um den Energiebedarf zu decken

Homöostase – inneres Gleichgewicht
Hypothalamus – Kontrollzentrum des vegetativen Nervensystems, das Funktionen wie Schlaf, Körpertemperatur und Appetit reguliert. Fungiert auch als endokrine Drüse und kontrolliert die Hormonsekretion der Hypophyse

Kampf-oder-Flucht-Reaktion – eine evolutionär alte Verhaltensstrategie in gefährlichen, unerwarteten Situationen (Stressreaktion)
kaudal – in Richtung Schwanz
Keratin – wichtigstes Strukturprotein in Haaren, Nägeln, Hörnern und Hufen
Kollagen – das wichtigste Strukturprotein in Knochen, Knorpel, Sehnen und anderen Bindegeweben
kranial – in Richtung Kopf
Kryotherapie – Einsatz von Kälte zum Entfernen von Hitze aus einem Körperteil

Lymphozyten – weiße Blutzellen, die der Immunabwehr gegen Krankheiten dienen

Medulla oblongata – verlängertes Mark; der Teil des Hinterhirns, der vegetative Funktionen wie Atmung, Verdauung und Herzfrequenz kontrolliert
Meningen – Hirn-/Rückenmarkshäute; drei Membranen, die Gehirn und Rückenmark umhüllen
Mitchondrien – Teile der Zellen, die für die Energieproduktion zuständig sind

Nesselausschlag – juckende Quaddeln aufgrund einer allergischen Hautreaktion
Neuron – Nervenzelle; zuständig für die Kontrolle von Reaktionen auf Sinneseindrücke, Stimmungen, Gedanken und Emotionen
Neurotransmitter – chemische Substanz, die Nervenimpulse zwischen Neuronen überträgt

Peristaltik – Transport und Durchmischung innerhalb von Hohlorganen mithilfe wellenartiger Muskelkontraktionen
Phagozyt – Fresszelle; weiße Blutzelle, die sich Mikroorganismen und Abfallstoffe einverleibt
pH-Wert – gibt den Grad der sauren oder basischen Wirkung einer Flüssigkeit an. Die Skala reicht von 0 (sauer) bis 14 (alkalisch), Wasser liegt bei 7 (neutral)
Pheromon – chemische Substanz, die freigesetzt wird, um das Verhalten eines anderen Mitglieds derselben Spezies zu beeinflussen
Plexus – Nervengeflecht
Protein – Eiweiß; essenziell für die Funktion aller lebenden Zellen, zum Beispiel in Form von Enzymen, Hormonen oder Antikörpern
Protraktion – vorwärtsstrecken; die Schwungphase eines Schritts

Retraktion – Stützphase eines Schritts, in der das Bein nach hinten geht
Rezeptor – gemeint sind hier Nervenrezeptorzellen, die einen äußeren Reiz wie Licht oder Hitze empfangen und ein Signal an eine sensorische Nervenfaser weiterleiten

Schwann-Zelle – diese fetthaltigen Zellen erhöhen die Nervenleitgeschwindigkeit
Sekretion – Abgabe/Ausschüttung von Substanzen (Sekreten) aus Drüsen
Subkutis – Unterhaut, die dritte und am tiefsten liegende Hautschicht

Vasodilatation – Erweiterung von Blutgefäßen, die den Blutfluss steigert
Vasokonstriktion – Verengung von Blutgefäßen, die den Blutfluss verringert
ventral – in Richtung Bauch

Zellkörper – enthält den Zellkern und die für die Energieproduktion sehr wichtigen Mitochondrien
Zilien – winzige, haarartige Strukturen, die Wellenbewegungen machen

Über die Autorin

Gillian Higgins ist Sport- und Physiotherapeutin für Pferde und Menschen, Vielseitigkeitsreiterin und Coach mit einer Leidenschaft für Pferdeanatomie und anatomische Kunst. Als eine führende Expertin auf ihrem Gebiet gründete sie „Horses Inside Out“. Diese einzigartige Organisation erlaubt Reitern, Trainern, Studenten und Therapeuten einen faszinierenden Einblick in Training, Management, Komfort und Wohlergehen ihrer Pferde durch das Verständnis der anatomischen, physiologischen und biologischen Grundlagen. Ihre mitreißenden, lebendigen Vorträge sind weltweit gefragt. Gillian gibt Kurse in Anatomie und Biomechanik, Sezierkurse für Therapeuten, Massage- und Stretchingkurse für Pferdebesitzer ebenso wie Tageskurse an Schulen und Universitäten oder Abendkurse für jedermann.

Bereits ihr erstes auf Deutsch erschienenes Buch „Anatomie verstehen – besser reiten“ und die gleichnamige DVD wurden von den Lesern begeistert aufgenommen.

Stephanie Martin hat schon von ganz klein auf mit Pferden zu tun und ein großes Interesse an ihrem Wohlergehen. Durch ihr Faible für Literatur und ihr Sprachtalent hat sie viele Artikel für verschiedene Zeitschriften geschrieben und einen großen Anteil an der Entstehung der Texte für dieses Buch.

Danksagung

Ich möchte meinem Vater David Higgins für die Fotografien, die Hilfe beim Malen, die Unterstützung am Computer, seinen Humor, seine Geduld und seine Weisheit danken. Danke an meine Freunde Andrew und Catherine Hemmings, die ihre Freizeit für das akribisch genaue Lesen des Manuskripts geopfert haben. Danke an meine Freundin Fiona Davidson für das Reiten und die Erlaubnis, ihre Pferde zu bemalen, ebenso wie an meine anderen Freunde, die auf die eine oder andere Art wertvolle Hilfe geleistet haben. Schließlich gehen ein besonderes Lob und extra Karotten an Freddie Fox, das wichtigste Model dieses Buches.

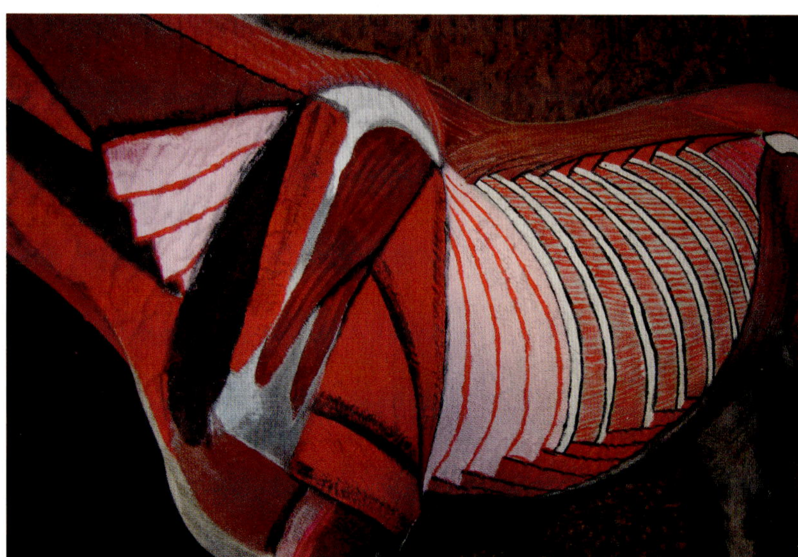

Register

Dieses Buch ist den Pferden in aller Welt gewidmet.

Bildnachweis

Alle Fotos © Gillian Higgins
Weitere Farbfotos von: Helen Richmond Photography (2): S. 5, 134 u. li.; Horse Pix (4): S. 14 u., 43 u. li., 48 u. re., 128 u. re.; David & Charles (8): S. 19 u., 20 mi., 23 o., 37 o. re., 41 u. li., 44 u., 54 u., 65 o.re.; Paula Lee (1): S. 106 o. re.; Warren Photographic (1): S. 146

Impressum

Umschlaggestaltung von GRAMISCI Editorial Design, Cornelia Sekulin, München, unter Verwendung von zwei Farbfotos von Gillian Higgins.
Mit 272 Farbfotos und 36 Farbzeichnungen

Titel der englischen Originalausgabe: Horse Anatomy for Performance, erschienen 2012 bei:
David and Charles Ltd, 1 Emperor Way | Exeter Business Park | Exeter | EX13QS

Der Umgang mit Pferden und das Reiten sind nicht ohne Risiko. Obwohl die Autorin und der Verlag größte Sorgfalt darauf verwendet haben, nach bestem Wissen und Gewissen genaue und verlässliche Informationen zu bieten, übernehmen sie keine Gewährleistung jeglicher Art. Die Autorin und der Verlag übernehmen keinerlei Haftung für Schäden, die im Zusammenhang mit der Nutzung der Informationen in diesem Werk entstehen.

Gedruckt auf chlorfrei gebleichtem Papier.
2. aktualisierte Auflage 2018
Aus dem Englischen übersetzt von Heike Listmann
Für die deutschsprachige Ausgabe:

ISBN: 978-3-440-16204-0
Redaktion: Heike Listmann
Projektleitung: Alexandra Haungs
Produktion: Hanna Schindehütte
Printed in China / Imprimé en Chine